国防特色学术专著·电子科学与技术

军用紫外探测技术及应用

许 强 编著

北京航空航天大学出版社

北京理工大学出版社　哈尔滨工业大学出版社
哈尔滨工程大学出版社　西北工业大学出版社

内容简介

本书阐述了军用紫外探测及应用的基本概念、基本理论和工程设计开发方法，内容包括紫外辐射源、辐射的传输及测量、紫外光学系统设计、各类紫外探测器及应用、光子计数和光子成像计数等检测和处理、典型紫外探测系统的设计实例分析以及系统的测试仿真与试验评估。

本书适合军用紫外探测领域工程技术人员和相关专业技术人员参考，也可作为光学工程专业研究生、本科生的辅助教材。

图书在版编目(CIP)数据

军用紫外探测技术及应用/许强编著. --北京：
北京航空航天大学出版社，2010.5
ISBN 978-7-5124-0076-4

Ⅰ.军… Ⅱ.①许… Ⅲ.①军用器材：紫外探测器
Ⅳ.①E933.4

中国版本图书馆 CIP 数据核字(2010)第 074354 号

版本所有，侵权必究。

军用紫外探测技术及应用

许 强 编著

责任编辑 史海文 杨 波 李保国

*

北京航空航天大学出版社出版发行

北京市海淀区学院路 37 号(邮编 100191) http://www.buaapress.com.cn
发行部电话：(010)82317024 传真：(010)82328026
读者信箱：bhpress@263.net 邮购电话：(010)82316936
北京市媛明印刷厂印装 各地书店经销

*

开本：787×1092 1/16 印张：19.25 字数：493千字
2010年5月第1版 2010年5月第1次印刷 印数：3 000册
ISBN 978-7-5124-0076-4 定价：64.00元

前　言

军用紫外探测似乎理应与可见光、红外探测技术共生共荣,但长期一度偏安于电磁频谱域的一隅,成为一块待垦的荒漠。军事目标的辐射如何? 紫外背景如何? 紫外的大气传输如何? 合适的探测器是什么? 紫外信号如何检测? 紫外探测设备如何测试评估? 这些与紫外探测技术相关的一系列技术理论问题,看似常规实则答案难觅。

20 年前,作者有幸在国内开始从事紫外探测技术领域的工作,白手起家。时至今日,军用紫外探测技术及应用已经历了从概念到理论、从理论到实践、从成果到装备等一个较完整的历程,积累了较为丰富的理论知识和工程经验。恰逢"十一五国防专著"良机,作者再次有幸能把军用紫外探测设计理论和工程实践的所学所研加以总结提炼,力图构建一个尽可能完整的体系,以与广大的新老同仁共学、共勉。

考虑到本书的工程性较强,作者从军事应用需求出发,以理论联系实际的方式,尽量多地结合一些实例和图示来介绍相关的基础和应用技术,以加深对紫外探测基本理论和设计方法的理解。紫外探测包含内容较广,本书主要集中在近年来研究应用较为活跃的一些军事领域。由于紫外告警目前应用最成功,研究成果较多,因此成为本书论述的主要内容。

全书共分 8 章,各章内容安排如下:

绪论。主要阐述了军用紫外探测的基本概念、定义以及应用状况。

第 1 章"辐射源"。主要介绍人工辐射源和自然辐射源等紫外目标的辐射特性,这些目标环境特性的测试与应用是军事紫外探测系统设计、试验和应用的基础,包括目标及背景特性的理论研究、威胁环境数据库设计与应用技术,尤其是导弹固体推进剂紫外辐射特性等是紫外探测系统的典型对象。

第 2 章"辐射传输及测量"。紫外辐射传输及测量的技术理论是紫外探测系统设计分析的重要支撑。主要介绍紫外大气结构、传输特性原理及测量分析技术,包括实测、仿真和理论计算等方法;还对辐射测量的有关仪器(辐射计、光谱辐射计及成像仪)的原理和应用进行了介绍。

第 3 章"紫外光学"。介绍紫外光学的基本要素和概念、紫外光学特殊材料及典型光学系统的设计,并对关键元件(滤光片、窗口、整流罩)进行专门介绍,包括特定波长紫外滤光片的设计及折射/反射式光学系统的设计等。紫外探测通过光学系统收集辐射能量,其性能主要反映于会聚能力和光学像质,其设计对军用紫外光学研究的全面开展具有重要意义。

第 4 章"紫外探测器"。光学系统收集到的辐射能量通过探测器实现光电转换。探测器是系统的心脏。在论述紫外探测器的一般理论基础上，着重对光电真空、充电半导体及混合3类探测器进行了介绍，并对典型器件的特性及应用作出分析。包括单元紫外探测器件（紫外真空二极管、分离打拿极型紫外光电倍增管及MCP光电倍增管等）和面阵紫外CCD（碳化硅、氮铝镓、金刚石等）。

第5章"信号检测与处理"。微弱信号接收、处理要经过诸如信号采集或调制解调、编码解码等过程，尤其是抗干扰、去噪声问题需要采取有效的措施（如相关处理、自适应噪声抵消及低噪声前置放大），以提高系统信噪比。单光子计数是极微弱信号探测的非常有效的技术，是检测部分的重点介绍内容，包括光子计数和光子成像计数两部分。从光子信号的统计特性出发，给出了机理分析和实现途径。模拟图像的采集处理和数字图像的处理和目标检测也结合其应用特点进行了针对性介绍，处理算法中重点介绍了时间相关和空间滤波处理。

第6章"系统设计"。从紫外探测系统基本设计理论和基础物理知识出发，分析系统设计的若干理论问题，推导系统输出SNR及探测距离，介绍如何进行系统的顶层设计，如何设计系统的主要技术指标，并对典型的紫外探测系统的设计实例进行分析，包括成像型和概略型紫外告警系统、天基紫外预警系统、紫外超光谱成像探测系统及紫外通信系统等的组成、工作原理、主要性能与可达性分析。

第7章"测试仿真与试验评估"。从系统建模出发，通过数字仿真和半实物仿真两种途径进行场景、探测系统及其传感器的建模介绍，并给出性能评估模型和仿真评估途径。从系统的内场性能指标测试和外场试验评估两方面，对军用紫外探测系统的效能评估方法及其关键技术理论和关键手段进行介绍。外场试验包括地面静态外场试验、地面动态外场试验和飞行试验；在关键手段方面，对远/近场紫外目标模拟器设计要求，紫外辐射源的模拟、组成及特性测试进行了阐述。

军用紫外探测是一门年轻的学科，是近年来国内外广大同仁倾注了汗水并收获颇丰的一片热土。本书采撷了国内外近年来诸多同仁的部分辛劳果实，并在参考文献中列出（如有遗漏、敬请谅解），特此致敬。在本书的编写过程中，得到了单位的领导和管理部门所给予的大力支持和关心，张洁等同志进行了大量资料的翻译并参与了编写，在此一并致谢。

辍笔驻足、掩卷回眸，在编著本书的两年间，作者虽倾己所知、所力，但全书涉猎范围之新、之广、之深，每每为我精力和能力所不堪，不详、不当之憾笔定然比比，故望同仁学者多持批判之目光，多怀关爱之心境。

作者
2010年4月

目 录

绪 论 ··· 1
   0.1 概念定义 ·· 1
   0.2 系统应用 ·· 4
      0.2.1 概 述 ··· 4
      0.2.2 典型应用 ··· 5

第1章 辐射源 ··· 11
   1.1 导 弹 ·· 11
      1.1.1 火箭发动机工作机制 ··· 12
      1.1.2 辐射机理 ·· 14
   1.2 飞 机 ·· 19
   1.3 人工辐射源 ·· 21
      1.3.1 气体放电光源 ·· 21
      1.3.2 发光二极管 ··· 26
      1.3.3 超高温黑体 ··· 29
      1.3.4 紫外激光器 ··· 29
   1.4 自然辐射源 ·· 32
      1.4.1 太 阳 ··· 32
      1.4.2 大 气 ··· 36
      1.4.3 气 辉 ··· 37
      1.4.4 闪 电 ··· 37
   1.5 背景杂波环境 ··· 38

第2章 辐射传输及测量 ·· 40
   2.1 中紫外辐射的大气传输 ·· 40
      2.1.1 大 气 ··· 40
      2.1.2 紫外辐射衰减机理 ·· 43
      2.1.3 辐射传输的 LOWTRAN 计算 ·· 49
   2.2 紫外辐射的测量 ··· 55
      2.2.1 紫外辐射传输的测量 ··· 55
      2.2.2 辐射源的测量计算 ·· 57
   2.3 紫外辐射的测量仪器 ··· 58
      2.3.1 辐射计 ··· 60
      2.3.2 光谱辐射计 ··· 65
      2.3.3 成像光谱辐射计 ··· 66

2.3.4　紫外成像仪 …………………………………………………… 67

第3章　紫外光学 ……………………………………………………………… 69
　3.1　光学系统设计 …………………………………………………………… 69
　　　3.1.1　关键设计参量 ………………………………………………… 69
　　　3.1.2　光学性能及像质 ……………………………………………… 72
　　　3.1.3　设计过程及分析 ……………………………………………… 77
　3.2　紫外光学材料 …………………………………………………………… 79
　　　3.2.1　一般描述 ……………………………………………………… 79
　　　3.2.2　玻　璃 ………………………………………………………… 80
　　　3.2.3　晶　体 ………………………………………………………… 85
　　　3.2.4　其他透紫外材料 ……………………………………………… 87
　3.3　滤光器 …………………………………………………………………… 88
　　　3.3.1　一般描述 ……………………………………………………… 88
　　　3.3.2　干涉滤光器 …………………………………………………… 89
　　　3.3.3　吸收型滤光器 ………………………………………………… 93
　　　3.3.4　声光滤光器 …………………………………………………… 94
　　　3.3.5　组合型 ………………………………………………………… 96
　3.4　窗口/整流罩 ……………………………………………………………… 96
　　　3.4.1　窗　口 ………………………………………………………… 96
　　　3.4.2　整流罩 ………………………………………………………… 98
　3.5　典型光学系统设计 ……………………………………………………… 99
　　　3.5.1　反射式紫外光学系统 ………………………………………… 99
　　　3.5.2　折反式紫外光学系统 ………………………………………… 101
　　　3.5.3　折射式紫外光学系统 ………………………………………… 102
　　　3.5.4　光学机械设计 ………………………………………………… 110

第4章　紫外探测器 …………………………………………………………… 112
　4.1　光电真空紫外探测器 …………………………………………………… 112
　　　4.1.1　主要组成单元 ………………………………………………… 112
　　　4.1.2　典型器件 ……………………………………………………… 123
　4.2　固体紫外探测器 ………………………………………………………… 130
　　　4.2.1　光电二极管 …………………………………………………… 130
　　　4.2.2　光敏电阻 ……………………………………………………… 133
　　　4.2.3　紫外扩谱CCD ………………………………………………… 134
　　　4.2.4　宽禁带探测器 ………………………………………………… 143
　4.3　混合组件 ………………………………………………………………… 148
　　　4.3.1　ICCD组件 …………………………………………………… 148
　　　4.3.2　电子轰击CCD ………………………………………………… 154
　　　4.3.3　组件的性能评估比较 ………………………………………… 155

4.4　小　结 ……………………………………………………………… 164

第5章　信号检测与处理 …………………………………………………… 166

　　5.1　光子信号的统计特性 ………………………………………………… 166
　　　　5.1.1　光子速率 ……………………………………………………… 166
　　　　5.1.2　辐射源发射光子的泊松分布 ………………………………… 167
　　5.2　光子计数 ……………………………………………………………… 169
　　　　5.2.1　基本原理 ……………………………………………………… 169
　　　　5.2.2　光电子脉冲的输出特性 ……………………………………… 170
　　　　5.2.3　检测电路 ……………………………………………………… 172
　　　　5.2.4　光子计数方法的优点 ………………………………………… 177
　　5.3　光子计数成像 ………………………………………………………… 177
　　　　5.3.1　光子计数成像器件的读出方式 ……………………………… 178
　　　　5.3.2　检测原理及解算方法 ………………………………………… 179
　　　　5.3.3　检测电路 ……………………………………………………… 185
　　5.4　模拟图像的采集与处理 ……………………………………………… 190
　　　　5.4.1　采　集 ………………………………………………………… 190
　　　　5.4.2　处　理 ………………………………………………………… 193
　　5.5　数字图像的处理及目标检测 ………………………………………… 196
　　　　5.5.1　图像的预处理 ………………………………………………… 196
　　　　5.5.2　点源目标的检测 ……………………………………………… 200

第6章　系统设计 …………………………………………………………… 209

　　6.1　基本设计理论 ………………………………………………………… 209
　　　　6.1.1　基础物理知识 ………………………………………………… 209
　　　　6.1.2　系统设计的若干理论问题 …………………………………… 214
　　　　6.1.3　系统输出 SNR 及探测距离 ………………………………… 218
　　6.2　成像型紫外告警系统 ………………………………………………… 220
　　　　6.2.1　概　述 ………………………………………………………… 220
　　　　6.2.2　紫外成像传感器 ……………………………………………… 222
　　　　6.2.3　信号处理 ……………………………………………………… 226
　　6.3　概略型紫外告警系统 ………………………………………………… 231
　　　　6.3.1　概　述 ………………………………………………………… 231
　　　　6.3.2　紫外概略传感器 ……………………………………………… 232
　　　　6.3.3　信号处理 ……………………………………………………… 233
　　　　6.3.4　应用方式 ……………………………………………………… 235
　　6.4　天基紫外预警系统 …………………………………………………… 236
　　　　6.4.1　工作原理 ……………………………………………………… 236
　　　　6.4.2　主要性能分析 ………………………………………………… 237
　　6.5　紫外超光谱成像探测系统 …………………………………………… 239

6.5.1　概　　述 ………………………………………………………… 239
　　6.5.2　工作原理 ………………………………………………………… 240
　　6.5.3　系统模型及内涵 ………………………………………………… 240
6.6　紫外通信系统 …………………………………………………………… 248
　　6.6.1　工作原理及特点 ………………………………………………… 248
　　6.6.2　系统组成 ………………………………………………………… 250
　　6.6.3　紫外通信的应用 ………………………………………………… 256
6.7　紫外制导系统 …………………………………………………………… 257
　　6.7.1　工作原理 ………………………………………………………… 257
　　6.7.2　寻的器 …………………………………………………………… 261

第7章　仿真测试与试验评估 ……………………………………………… 263

7.1　数字仿真评估 …………………………………………………………… 263
　　7.1.1　探测系统仿真模型 ……………………………………………… 263
　　7.1.2　传感器性能模型 ………………………………………………… 264
　　7.1.3　系统性能评估模型 ……………………………………………… 266
　　7.1.4　仿真评估途径 …………………………………………………… 267
7.2　半实物仿真测试 ………………………………………………………… 269
　　7.2.1　紫外场景仿真的要求 …………………………………………… 269
　　7.2.2　半实物仿真体系结构 …………………………………………… 270
　　7.2.3　半实物仿真的基本组成 ………………………………………… 272
　　7.2.4　仿真测试的应用 ………………………………………………… 273
7.3　内场性能测试 …………………………………………………………… 274
　　7.3.1　成像品质 ………………………………………………………… 275
　　7.3.2　灵敏度及视场 …………………………………………………… 276
　　7.3.3　空间分辨力 ……………………………………………………… 277
　　7.3.4　反应时间/探测概率 ……………………………………………… 278
7.4　外场试验评估 …………………………………………………………… 279
　　7.4.1　地面静态外场试验 ……………………………………………… 279
　　7.4.2　地面动态外场试验 ……………………………………………… 285
　　7.4.3　飞行试验 ………………………………………………………… 287
7.5　紫外目标模拟器 ………………………………………………………… 288
　　7.5.1　设计要求 ………………………………………………………… 288
　　7.5.2　紫外辐射源的模拟 ……………………………………………… 289
　　7.5.3　远场紫外模拟器 ………………………………………………… 291
　　7.5.4　近场紫外模拟器 ………………………………………………… 293
　　7.5.5　性能测试 ………………………………………………………… 295

参考文献 ……………………………………………………………………… 296

绪　论

0.1　概念定义

电磁频谱是指按照电磁波频率或波长排列起来所形成的谱系,各种电磁波在电磁频谱中占有不同的位置。图0-1为电磁频谱图及波长与频率的对应关系。短波电磁辐射包括紫外、X射线以及宇宙射线;而长波电磁辐射则随波长的增长依次包括红外、无线电。在军事上,电磁频谱是传递信息的载体。

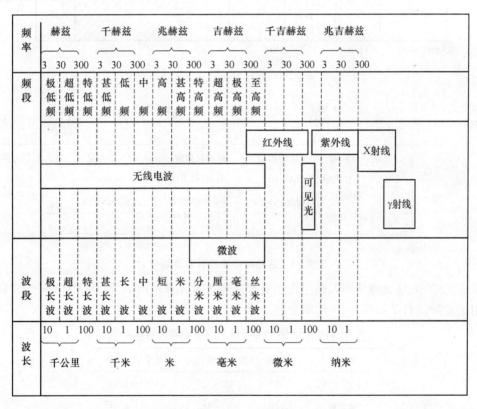

图0-1　波长与频率的对应关系图

光谱是电磁频谱的一部分,范围从极远紫外经可见光到极远红外(在0.01~1000 μm之间)。图0-2为光谱详图。在频谱的长波端,红外辐射和微波重叠。同样,X射线和极远紫外在频谱短波段重叠。

紫外是指在电磁频谱中10~400 nm波长范围的一段,其波长在电磁波谱中位于可见光谱紫光区的外侧。它是在1802年(物理学家赫舍尔发现红外之后的第二年)由德国物理学家Ritte发现的。紫外波段的划分有多种方式,美国空军地球物理实验室(AFGL)根据光学、大气物理学和人眼生理学对紫外和可见光谱区作了如图0-3所示的划分。

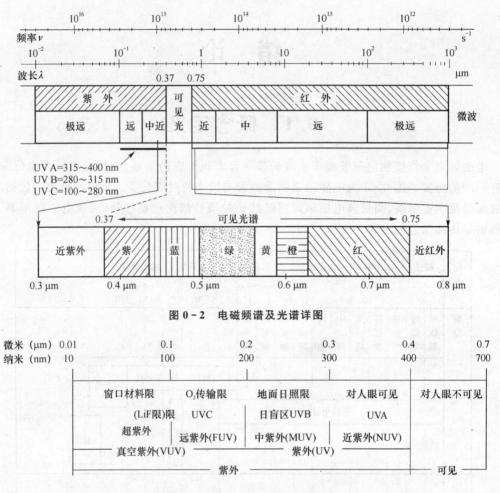

图 0-2 电磁频谱及光谱详图

图 0-3 紫外和可见波长范围划分

根据光学、大气物理学和人眼生理学对紫外和可见光谱区的划分,ISO-DIS-21348 对紫外辐射的波段进行了如表 0-1 的划分。

表 0-1 ISO-DIS-21348 对紫外辐射的波段划分

名称	缩写	波长范围/nm	光子能量/eV
UVA(长波)	UVA	400~320	3.10~3.94
近紫外	NUV	400~300	3.10~4.13
UVB(中波)	UVB	320~280	3.94~4.43
中紫外	MUV	300~200	4.13~6.20
UVC(短波)	UVC	280~100	4.43~12.4
远紫外	FUV	200~122	6.20~10.2
真空紫外	VUV	200~10	6.20~124
极紫外	EUV	121~10	10.2~124

真空紫外的得名是由于该波段的紫外在空气中被 O_2 强烈吸收而只能应用于真空,其长波限粗略在 150~200 nm。由于只有波长大于 200 nm 的紫外辐射才能在空气中传输,所以通常讨论的紫外辐射效应及其应用均在 200~400 nm 范围内。

图 0-3 和表 0-1 中都规定了中紫外波段为 200~300 nm 光谱区,在此波段,太阳辐射通过地球大气层到达地球表面时,受大气衰减的影响,形成了 UV 光谱的截止区,如图 0-4 中 C 所示的范围。其中,波长短于 300 nm 的中紫外辐射由于同温层中的臭氧的吸收,基本上到达不了地球近地表面,造成太阳光中紫外辐射在近地表面形成盲区。习惯上,将 200~300 nm 这段太阳光辐射到达不了地球的中紫外光谱区称作"日盲区"。

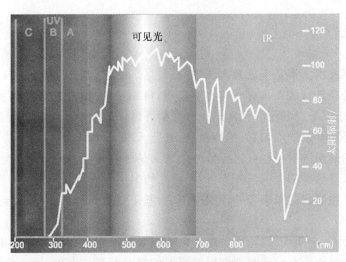

图 0-4 日盲紫外光谱区

紫外波长的单位用 nm,μm 或 Å 均可表示,三者间可按表 0-2 灵活换算。

表 0-2 波长换算单位

从右向下换算	Å	nm	μm
Å	1	10	10^4
nm	10^{-1}	1	10^3
μm	10^{-4}	10^{-3}	1

与红外、可见光相比,紫外辐射波长很短,光子能量相应较大。通过式(0-1)的计算,可对比可见光和紫外光子的能量。

$$E=h\omega=\frac{2\pi hc}{\lambda} \tag{0-1}$$

以 254 nm 波长为例计算可得,紫外辐射的光子能量比可见光(555 nm)的光子能量大 1 倍多。所以,当紫外辐射与物质相互作用时,呈现如下一些特点:

① 穿透能力弱。紫外辐射的波长较短,当它入射到物体表面时,容易被物体吸收。所以紫外辐射的穿透本领比可见光、红外都弱。尤其是 200 nm 以下的短波长紫外辐射,易被空气分子强烈吸收,所以只能在真空中传输。

② 紫外辐射的荧光效应。某些物质的表面(如荧光粉、蛋白质、人造纤维等)受紫外辐射

照射后,可发射出不同波长和不同强度的可见光(也可以是紫外辐射),产生紫外辐射荧光效应,比如日光灯中的汞蒸气放电产生的 254 nm 紫外辐射照到管壁上的荧光材料时,即可激发出可见光。

③ 紫外辐射的光电效应。物体受照后电学性质发生变化,如发射电子、阻值变化和感生电动势等。

0.2 系统应用

0.2.1 概述

军用紫外探测技术大多基于近地大气中"日盲区"和大气层中"紫外窗口"的基础上,其中中紫外波段由于处在日盲区而具有更独特的应用,可用于紫外告警、紫外预警、紫外通信及紫外成像辅助导航、侦察等。利用导弹尾焰在日盲紫外波段的辐射可对其进行告警探测;利用高空大气层在中紫外区背景的均匀、简单特性,可进行天基紫外预警;利用中紫外辐射易被氧吸收及其在大气中的强烈散射特性可进行紫外保密通信。在近紫外区,地面或近地面的飞机等空中目标挡住了大气散射的太阳紫外辐射,因而在均匀的紫外背景上形成一个"暗点",可藉此进行探测或制导。在诸多的军事紫外探测应用中,基于日盲紫外光谱区的导弹告警发展最迅猛、应用最成功。

早在 20 世纪六七十年代,美国就已经开始了在紫外波段探测洲际导弹发射的研究工作。早期的研究工作主要集中在对导弹羽烟紫外辐射的精确测量。其间,为人们所感兴趣的首要是中紫外区,然后是真空紫外区。在这些谱区,地球造成的紫外背景辐射很小,信号探测看起来很有希望。但是,由于难以确定信号强度是否大于地球辐射,再加上紫外辐射特有的非热态,不易建立模型和理论,紫外探测难以付诸实施,研究工作再一次转向了亮度较高且易建立模型的羽烟红外特征。进入 20 世纪 80 年代,美国战略防务部门开始重新考虑利用导弹羽烟紫外辐射来探测导弹发射的可行性。相关基础研究工作的进展也提供了良好的技术支撑。进展之一是通过地球轨道观测卫星获得了背景紫外辐射的数据,进展之二是紫外传感器技术获得重大进展,特别是高紫外灵敏度阴极、电荷耦合器件(CCD)和高增益微通道板的研究取得了突破。目前,美国航空航天局研究的 EBCCD 紫外成像系统已经应用于探测火箭,此外带有紫外探测阵列的 MX 卫星和 Clmentine 任务卫星也应用于天基预警。

军用紫外探测技术从 20 世纪 90 年代起进入实质性研究和应用开发,并在多个领域取得重大突破。被誉为 21 世纪最具影响力高技术之一的紫外告警技术异军突起,在短短的十几年间,发展成为迄今世界上型号最多、装备量最大的导弹告警装备,并已逐渐成为一种标准配置而越来越多地出现在各类高价值(包括民用)平台上;美国已率先研制出低功率紫外通信系统,并成功地将其应用于空间飞行器与卫星间、海军舰船间以及舰船与舰载机间的秘密通信。2000 年,美国 GTE 公司为美国海军研制并装备了紫外通信系统;同年前后,美军空军 SR71 黑鸟高空侦察机首次安装了紫外成像侦察设备;此外,紫外制导方面,美国的"毒刺"导弹等采用红外紫外双色导引,大大增强了抗干扰性能。

军用紫外探测拓展了军事上可利用的电磁频谱范围,带动了相关技术专业的发展。紫外目标及背景特性等基础性测试工作、微弱紫外辐射量值传递、核心元器件开发等诸多支撑性技术在紫外告警的需求牵引下，近年来也取得长足进展。

0.2.2 典型应用

1. 战术导弹告警

（1）用途及技术特点

在低空突防、空中格斗、近距支援、对地攻击和起飞着陆等阶段，作战飞机易受到短程红外制导的空空导弹和便携式地空导弹的攻击。从越南战争到海湾战争的历次局部战争的统计数字表明，由于缺乏有效的报警，75%的战损飞机都是在飞行员尚不知觉处于导弹威胁中而被击落的。导弹逼近告警（MAWS）作为对抗前端，是飞机获取威胁信息、启动红外干扰并进行战术规避的重要前提，它可以连续工作，对相当大空域内的威胁以很低的虚警率明确、快速告警，提示平台采取相应对抗措施，如图 0-5 所示。

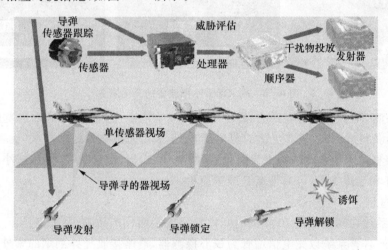

图 0-5 紫外告警设备的典型战术应用

紫外告警设备作为平台自卫的末端告警手段，具体作用如下：

1）威胁告警

紫外告警设备被动接收来袭威胁目标羽烟中的紫外辐射，实时对导弹的发射或逼近进行告警及精确定向，同雷达告警信息相关可判定来袭导弹的制导方式，供飞行员采取相应对抗措施及规避，并通过显示装置指出当前威胁源方位。

2）目标识别、威胁等级排序

紫外告警设备能有效排除战场环境中各类人工、自然干扰及非逼近导弹，低虚警地探测来袭导弹，并在多威胁状态下，依据威胁程度快速建立多个威胁的优先级。

3）引导红外干扰装置

飞机在高危险区执行任务时常通过不断投放红外干扰弹来阻止导弹的发射，以防不测，这种随意的人工发射有效性差，且势必造成作战飞机所携带有限红外干扰资源的浪费。为了使红外干扰弹的干扰获得最大效能，需要能对来袭红外威胁导弹实时告警，给出威胁的位置，以有针对性实施干扰。由于红外干扰弹的投放只需要大概方位,所以第一代紫外告警问世后就承担了引导红外干扰弹投放的任务,且构成了一种非常有效的配置。

定向红外干扰机是将红外能量会聚成狭窄光束,指向来袭导弹的寻的器,使寻的器工作混乱而丢失目标。其优点是除了可对抗新型红外导弹外,还可提高平台的隐蔽性。但要使干扰光束能准确地指向正在飞行中的来袭导弹的寻的器,必须要有角分辨率较高的导弹逼近告警装置引导。第二代导弹紫外告警的高分辨率特性,满足了定向红外干扰机的需求。

紫外告警通过在"日盲区"探测导弹的尾焰发射出的紫外光子,为平台所受的导弹威胁发出及时有效的告警。其特点如下:

① 由于中紫外区位于太阳日盲区,系统避开了最大的自然光源,同时由空间造成的紫外背景辐射较少,信号检测难度下降,虚警率下降。图 0-6 显示了紫外探测较红外和可见光探测所具有的工作环境简单、背景干净等优势。

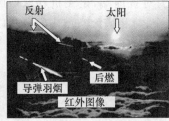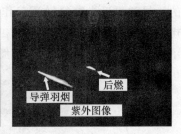

图 0-6 战术场景不同波段的光电图像

② 被动探测,不发射任何电磁波,适应了现代战争不断强调隐身和电磁静寂的作战需要。

③ 系统易获得成熟的、极其灵敏的探测器,便于采用先进信号处理技术。

④ 紫外探测技术使系统结构大为简化,不制冷、不扫描、重量减轻、体积减小、环境适应性强,无运动部件和制冷需求,可靠性高且维护简单。

(2) 发展过程

紫外告警系统在问世不到 10 年的时间内就发展了两代产品 10 余种型号。

第一代紫外告警系统以光电倍增管为核心探测器,概略接收导弹羽烟的紫外辐射,具有体积小、重量轻、低虚警和低功耗的优点,缺点是角分辨率差,灵敏度较低。

世界上第一套紫外告警系统 AAR-7 是美国洛拉尔公司在 1989 年为海军航空兵的一些机种研制的(图 0-7),它利用 4 个传感器在中紫外盲区内探测导弹羽烟的紫外辐射,提供了 360°的方位覆盖范围及 90°的俯仰覆盖范围。每个传感器直径 12 cm,重 1.6 kg。探测器是非制冷的光电倍增管,使用选择滤波来减少虚警并减轻 CPU 的负担。信息处理结果通过驾驶员的显示指示器或 AN/APR-39A 雷达告警

图 0-7 AAR-47 紫外告警设备

器显示器(RWR)显示,在导弹到达前 2~4 s 由视听告警装置发出导弹攻击的信息。系统能自动控制投放红外干扰弹、探测哑弹并在 1 s 内重新施放,全部投放/探测/再投放时间小于 1 s。

AAR-47在1991年海湾战争中投入实战后,又推出改进型AAR-47A和AAR-47B,并在原有型号紫外传感器周围通过增加6个激光探测器,开发出了紫外/激光告警型产品,其激光探测波段为0.4~1.1 μm,中央处理器是小型化电子处理单元,在不改变内部接口情况下通过插入一块新的电路板即增加了激光告警功能。

由于测量范围、虚警率和指示精度都不令人满意,多阳极探测成为第一代紫外告警后继型技术,出现了10×10像素探测器的准成像传感器形式,但仍不能分辨两种近似的紫外源,导致导弹告警的不可靠。

第二代导弹紫外告警系统以面阵器件为核心精确接收导弹羽烟紫外辐射,对所观测的空域进行成像探测,进而识别不同种类的威胁源,具有识别能力强、探测灵敏度高的优点。典型的二代紫外告警系统有美国AAR-54、AAR-57和AAR-60系统以及法国的MILDS-2系统。

AAR-54(V)系统早期称PMAWS-2000(图0-8),是在1993~1994年,由美国西屋公司在海军的资助下开发的。该系统包括凝视型、大视场、高分辨率紫外接收机和先进的综合航电组件电路,算法采用Ada软件编译。它可提供卓越的1s截获时间精度、1°角精度和全空域覆盖(6个传感器),可装在各种战斗机、攻击机、宽体飞机、直升机和坦克、步兵战车上,用来对逼近的红外制导弹告警。1996年末,生产的第一批AAR-54(V)交付给美国和英国,用于AN/AAQ-24(V)"复仇女神"定向红外对抗系统。目前美国特种作战司令部、葡萄牙空军

图0-8 AAR-54(V)紫外告警设备

和澳大利亚海军都选用AAR-54(V)装备了各自的飞机,丹麦、荷兰和挪威的空军也为F-16改进加装了AAR-54(V)。

截止到2004年3月,美空军特种作战司令部的所有MC-130E/H运输机都安装了AAR-54设备,如图0-9所示。

图0-9 AAR-54(V)紫外告警在C-130的应用

大型运输机等慢速平台是AAR-54(V)迄今装备的主要对象,美国、英国及其他各国装备AAR-54(V)的作战平台详见表0-3,此外还包括C-5,C-17等运输机平台。

表 0-3 各国装备 AAR-54(V)的作战平台

国 家	型 号
美国	MC-130E/H
英国	C-130
葡萄牙	C-130H
德国	C-160

紫外告警作为导弹告警的一种主要形式,迄今发展仍方兴未艾,而且随着新材料、新器件和新技术的不断推陈出新,不断取得长足进展。

① 基于铝/镓/氮材料的新型探测器的开发以及新体制紫外告警的发展,系统性能得以增强,成本得以降低。铝/镓/氮复合材料能够响应220～360nm间特定光谱带通的辐射,而对带外信号则高度衰减,性价比高。与最早的AAR-47相比,新型的成像式紫外告警灵敏度和角分辨率均提高了1～2量级。

② 以适当形式(如紫外/激光一体化告警、告警/干扰一体化、紫外/PD雷达复合告警、各种吊舱等),配置成先进的红外对抗系统。

③ 应用领域不断扩大。从起初的低速飞行器扩展到了高速飞行器,从空中平台扩展到地面平台,从探测导弹威胁源信息扩展到探测其他威胁源(如枪炮闪光)信息。

2. 天基紫外预警

无论是战争还是和平年代,弹道导弹对国家安全的威胁是严重的,因而对其采取积极的防御措施非常必要,尤其是对其进行早期预警,可在助推段将其摧毁在国门外。位于地球高轨的预警卫星不受地球曲率的限制,居高临下;覆盖范围广,能及早发现空间运动的弹道导弹,对其发射进行全球全时监视,以迅速发现目标特征,确定发射方向、威力和可能瞄准的目标区,并实施助推段和后助推段的探测、捕获和跟踪,提供基本数据,如图0-10所示。

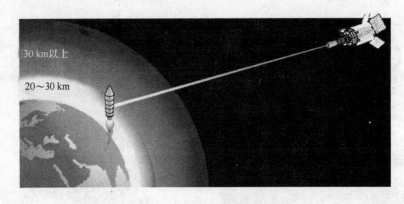

图 0-10 天基紫外预警的应用

弹道导弹助推段持续时间及燃尽高度在发射探测和跟踪方面很重要。首先,从防御角度看,非常希望洲际弹道导弹一发射即被探测到并把它消灭在助推段。其次,助推段的羽烟紫外辐射很强,最可能被探测到。

天基紫外预警系统利用导弹助推器羽烟发出的紫外辐射,在战略洲际弹道导弹发射中的助推段和末助推段时间内,从空间对其提供早期预警,可对敌方来袭弹道导弹进行可靠的预警与跟踪,为战略防御系统及时、准确提供敌战略打击信息并在火箭燃尽前精确跟踪其轨迹,燃尽后预测其一定阶段弹道轨迹。

天基紫外预警系统具有独特技术优势且实现技术较成熟,其作战应用场合如下:

(1) 区域防御

大气层 40 km 以上高度拦截来袭弹道导弹,防御战略弹道导弹的攻击。

(2) 助推段/上升段拦截

用于拦截处于助推段的战区弹道导弹,配合有人或无人飞机发射的高速动能拦截弹或机载激光器,摧毁敌方进攻。在助推段的导弹易被探测、跟踪和拦截,最终落到导弹发射方本土,从而保护导弹要攻击的地区。

美国在对紫外探测等技术的可行性研究中认为,利用紫外技术探测空间飞行的弹道导弹比预计的要容易。由于紫外探测器不需要冷却,它可以做得更小巧、更经济。

3. 紫外安全通信

紫外安全通信是一种基于紫外光谱的新型安全保密通信技术,其信息传输利用紫外辐射的散射效应,可以绕过障碍物进行保密通信,为战场指挥决策提供抗干扰、安全通信的技术优势,具有小型、轻便和模块化的特点,其规模可根据通信距离的要求进行配置。紫外通信凭借其局域性、非视距工作模式以及不受无线电干扰、对飞机及机场的电子系统不产生干扰、敌方无法窃听的优点,可以满足在"无线电静寂"条件下的战斗队形区域通信,适用于特种部队作战的通信要求。

紫外通信系统可用于超低空飞行的直升机编队(图 0-11)进行昼夜内部安全通信,可保持通信距离内编队飞机或地勤人员传送话音或数据,提高作战指挥的有效性。

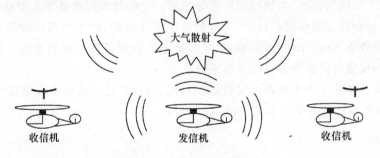

图 0-11 紫外通信系统

地面部队方舱间的紫外近距离数据通信可减轻后勤部署的电缆负担并节省收放电缆所需的时间,减少通信设备和线路的开设及拆除时间,同时减小方舱间树木等障碍物的影响。

紫外通信系统可用于岛屿间、舰船间内部的秘密通信。当舰队必须保持无线电静寂时,安装在中心舰艇上的紫外发射机以水平方式辐射紫外信号,通信系统可同时沟通编队内的所有舰船。这种方式也适用于航母与舰载机起降时它们之间的的通信。

掩蔽哨所间的秘密通信保密性好且省去了布、拆电缆的繁重工作;用于坦克、装甲车编队指挥的紫外通信,可有效指挥部队协同作战;单信道紫外系统可供参加巡逻或作战的各成员之间进行明语对话,并保持不被发觉;在城区或地形复杂地区巡逻的小分队,如果视距通信难以实现,也可用紫外通信系统传递秘密信息以协调行动。

星间紫外通信作为一种抗干扰、保密、安全通信技术,可在天基综合信息网中成为星间抗干扰、抗高功率武器、抗激光武器毁伤的保密、安全组网通信手段。国外研制的低功率紫外通信实验系统,经外场试验已验证了在近距非视线通信中的基本特性。

4. 紫外宽谱侦察

紫外宽谱侦察主要对紫外辐射或反射强的目标进行探测,所接收辐射是系统工作波段内的积分能量。工作于近紫外波段的紫外侦察系统利用军事目标对太阳光中紫外辐射反射系数的不同而进行探测,可应用于飞机和地面平台等对目标的侦察。

工作于"日盲区"的紫外侦察设备还可探测枪、炮口闪光中的紫外光谱成分,应用于巷战中反枪械探测系统的侦察,确定其发射的方位。

5. 紫外超光谱侦察

紫外超光谱侦察是一种基于方位和光谱三维信息探测(方位 x, y 两维,波长一维)的技术,可在紫外波段内以高光谱分辨率($\leqslant 10$ nm)对指定空域监视探测,获取目标的细微特征,获得常规侦察手段难以得到的信息,是紫外成像技术在充分利用目标光谱特性、提高光谱分辨率方面的发展和延伸,是光电侦察技术经历了单波长、多波段后发展的一个飞跃,是现代战争取得决策制胜权的重要情报手段,它集光学、光谱学、精密机械、电子技术及计算机技术于一体,是传统二维成像技术与光谱技术有机结合的产物。

紫外超光谱侦察利用目标与背景的光谱差异,通过与已知谱库比较,可识别给定像素内材料,包括利用目标特征的先验知识探测目标。超光谱侦察不但可将光谱信号明显区别于自然背景的目标检测出来,还可以将经过伪装而使其在部分谱段与自然背景极其相似的目标检测出来,因此可用于反伪装侦察、生物战剂告警等领域。生物战剂探测基于其主要生物色基——芳香烃氨基酸,能够强烈吸收波长在 275 nm 附近的紫外辐射,产生很明显的荧光谱。利用高光谱分辨率手段收集 200~400 nm 的辐射,经数据采集分析可判定制剂类型。此外也可利用紫外光谱信息的优势对弹道导弹进行可靠预警。

美国陆军实验室基于声光可调谐滤波器设计的 AOTF 超光谱成像光谱仪覆盖了从紫外(0.22 μm 起)到长波红外几乎所有的波段。

6. 紫外制导

为了增强导弹的抗干扰能力,多模制导已经广为应用。红外-紫外双色制导是目前地空便携式导弹采取的制导方式之一。紫外制导利用紫外能量比鉴别红外干扰和背景源,大大提高导弹的探测能力和抗红外干扰能力。导弹工作时,如果受到来自敌方的红外干扰,可使用目标的紫外信息,引导导弹继续攻击目标。采用紫外/红外双色体制进行制导的典型例子是美国的 Stinger post 导弹,其紫外工作波段为 0.3~0.5 μm,红外工作波段为 3~5 μm,扫描方式为玫瑰线准成像,具有更强的目标探测和抗干扰能力。

第1章 辐射源

辐射源可大致分为两大类：一类是天体、地面景物、大气等自然辐射源，另一类是飞机、导弹、工业目标等人工专门制作的辐射源对象。这些目标环境特性的测试与应用是军事紫外探测系统设计、试验和应用的基础，其内容包括目标及背景特性理论研究、测试系统的研究与建立、光电威胁环境数据库设计与应用技术，尤其是导弹固体推进剂紫外辐射源等是紫外探测系统的典型对象。

1.1 导 弹

导弹由推进系统、跟踪制导系统和弹头等部分组成，其推进系统通常为固体火箭发动机。典型的单推力战术导弹如图1-1所示。导弹辐射主要包括发射瞬间、飞行发动机和熄火(PBO)等阶段。发射级燃烧很快、时间很短。主推进发动机位于弹体内，是加速的主要装置，有1~2级，每级的燃烧时间为几秒，使导弹加速到正常的飞行速度并在主动飞行段保持正常的飞行速度。发动机的助推和主动飞行段产生的羽烟明亮，较大的助推段羽烟伴随着高推力能级，其辐射强度要比主动飞行段羽烟的强度大。飞行发动机羽烟是探测、识别和跟踪来袭导弹的最佳辐射源。

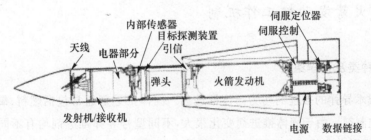

图1-1 单级助推系统的战术导弹组成

导弹一般分战术和战略两类。战术导弹按照发射平台和攻击目标可划分为空—空(AA)、空—面(AS)、面—空(SA)和面—面(SS)等。AA和AS武器在空中发射，SS和SA导弹从静止的或慢速移动的平台发射(如卡车、坦克、舰船或肩射式发射器)，主要有防空、反坦克、反舰导弹等(图1-2)。飞行中，这些武器的高度和速度变化很大，例如所有的SS和SA导弹开始飞行的速度几乎为零，但是在火箭发动机助推下，很快加速到几倍音速，并伴随一定紫外辐射的产生。

主动段战略洲际导弹、其他大型战略导弹，由于其发动机羽烟燃烧物中物质分子的转动和振动能级的跃迁，可引起各种不同频率的辐射，其中重要的辐射是由发动机加力和巡航阶段燃烧产生的。从助推器发动机点火加速上升到燃烧完毕阶段，助推器发动机燃烧温度在3 000℃以上，高温尾焰产生极强的紫外辐射。另外，高速飞行导弹的主动段和巡航初段，在导弹前端会产生冲击波，温度超过6 000 K，也有大量的紫外辐射。这些特征辐射为紫外探测和预警提供了依据。

导弹发出的辐射与导弹尺寸、推进剂成分、喷口设计、高度和速度等有关,并随时间、波长和从发射到击中目标的视角变化而变化,其羽烟大小、羽烟喷气与化学特性随工作高度、速度变化而改变。辐射特征可由辐射-时间函数、光谱、空间分布加以描述。

车载式防空导弹　　　　　肩射式防空导弹

空空导弹　　　　　舰载式防空导弹

图 1-2 典型的战术导弹

1.1.1 火箭发动机工作机制

1. 推进剂种类及化学组份

几乎所有战术导弹的推进剂均为固体推进剂。固体推进剂通常包括燃料、氧化物、黏接物、固化物及燃速控制剂。由于固体推进剂变化很大,不同型号导弹推进剂均有不同的配方且都极为保密,所以很难列出这些成分的固定配方,但其火药可经典地分为如下几大类:

$$
\text{推进剂火药} \begin{cases} \text{均质火药} \begin{cases} \text{单质药:硝化纤维为主} \\ \text{双基药} \begin{cases} \text{硝化纤维占 } 55\% \sim 80\% \\ \text{硝化甘油占 } 25\% \sim 30\% \end{cases} \end{cases} \\ \text{改性双基药:双基药中加入过氯酸胺、铝粉或黑索金、基纳等成分} \\ \text{异质火药} \begin{cases} \text{复合药} \begin{cases} \text{氧化剂(过氧酸胺)} \\ \text{燃料黏结剂} \end{cases} \\ \text{黑火药} \end{cases} \end{cases}
$$

战术导弹发动机常用的推进剂是过氯酸胺,并在其中添加铝以增大推力,但与此同时排出气体的持续高温,造成羽烟中高温 Al_2O_3 粒子成为紫外辐射的主要源。

2. 工作过程

导弹固体火箭发动机的工作过程是把推进剂的化学能转变为燃烧产物的动能,进而转变为火箭飞行动能的一种能量转换过程。

导弹的固体火箭发动机系统所携带的推进剂由氧化剂和燃料组成,它们在燃烧室中点燃后发生剧烈而复杂的化学反应。通过燃烧,推进剂中蕴藏的部分化学能转变为燃烧产物的热能,火箭推进剂在燃烧室内变成了高温(2 000~3 500 K)、高压(4~20 MPa)的燃烧产物。

燃烧产物从燃烧室流向具有先收缩后扩张的拉瓦尔喷嘴,得以先压缩后膨胀、加速,最后以高于音速数倍的速度从拉瓦尔喷嘴喷出,此时,喷管入口处燃烧产物的热能又部分转变为喷管出口处燃烧产物的动能,对火箭发动机产生的反作用力推动火箭运动,转化为火箭飞行的动能。图1-3为火箭发动机的能量转换过程示意。

图1-3 火箭发动机能量转换过程

当固体推进剂在燃烧室高压燃烧时,发动机产生推力,燃烧产生的气体通常从1个或多个喷口喷出。当气体通过喷口向出口流动时,膨胀后达到超音速的速度,并在产生推力的同时降低了气体温度和压力。推进剂排出气体离开出口的速度为几倍音速,典型温度为1 500~2 000 K,通过喷口时发生化学反应会造成气体成分发生改变。出口处气体成分是喷口气流流动过程中推进剂成分、燃烧室条件和压力-温度过程的函数。喷口附近最主要的紫外辐射源是粒子和非平衡自由基。

化学成分、温度及燃烧物在喷口处的压力等喷出条件对导弹的影响很大。在羽烟形成时,喷出条件对喷出的热气与周围空气相互作用影响较大。导弹设计和工作的一些参数也影响导弹羽烟紫外辐射特征。比如,推进剂类型、氧化物和燃料的比(O/F)、舱和喷嘴的设计、二次气体源的利用、弹道变化、紫外特征组份的空间分布及时间稳定性等。环境因素(比如太阳照射角度等)也有一定影响。

3. 排气特性

导弹固体火箭发动机喷管喷出的燃烧产物会在发动机喷管外形成一个形似羽毛的发光火焰流场,简称排气羽烟(exhaust plume),如图1-4所示。

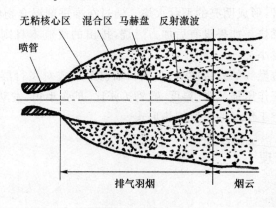

图1-4 排气羽烟

扩张比的火箭发动机在海平面点火时,其羽烟柱的长度可用下列经验公式粗略地估算为

$$L = 0.1446\sqrt{F/f} \qquad (1-1)$$

式中:L 为羽柱长度,m;F 为发动机推力,N;f 为经验系数,随发动机结构不同而改变,一般取 10。

导弹作为变化的紫外辐射源,从发射到燃尽,根据飞行阶段的不同具有不同的特征。导弹最大的辐射源是羽烟,羽烟的结构和辐射强烈地依赖于周围大气压和速度,当它在一定远距离点火发射时,可视为点源。从热气流喷嘴和燃烧舱发出的辐射被羽烟中固体粒子散射,可形成其他方向的散射辐射,特别是对于固体燃料发动机。羽烟辐射在理论上可通过如图 1-5 所示的过程确定。

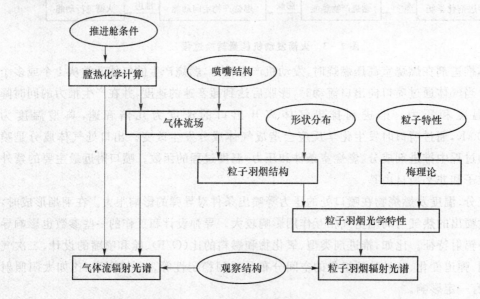

图 1-5 羽烟紫外辐射产生条件及过程

羽烟与周围环境相互作用,会造成噪声、烟雾、光、热辐射和信号衰减等多种效应,统称为羽烟特征效应。发动机排气产物中的燃料组份(如 CO 和 H_2 等)在较高的温度条件下与周围空气中的氧发生热反应,产生后燃(afterburning)反应。这种反应不能使发动机的推力增加,但造成喷管外流场的温升,形成明亮的羽状火焰。通过在推进剂混合物中添加化学阻燃剂,可以抑制羽烟中的后加力燃烧。如果没有后加力燃烧,排出的气流本身则是喷口处唯一的辐射源,羽烟特征很小,强度也小。

排气羽烟的高温通过燃气的直接冲击、对流和辐射等形式对飞行器产生加热作用。对流传热速率取决于发动机工作压强、燃气温度、喷管扩张比、扩张半角、发动机数量及其排列等因素。辐射是发动机在高空工作时的主要传热形式。

1.1.2 辐射机理

1. 羽烟化学组份

固体火箭羽烟粒子很丰富,铝化聚亚胺的燃烧产物见表 1-1。可以看出,大量的 Al_2O_3

以固体粒子或液体形式存在。由于喷嘴熔化,羽烟还可包括其他固体物质,固体燃料的燃速控制剂可产生像 FeO 之类的粒子。

表 1-1 铝化聚亚胺的燃烧产物

种 类	H_2O	CO_2	CO	H_2	HCl	Al_2O_3	N_2
质量/%	4.8	3.8	35.1	3.4	20.2	24.6	8.1

固体推进剂的高效推进燃料与氧化剂通常是富燃料,产生的燃烧气体与高浓度燃料混合后从喷口喷出,造成羽烟的温度大幅度提高,并由此产生了紫外辐射源。羽烟的辐射光谱及强度依赖于组份分子种类及后燃。在小于 50 km 的低空,尾气流和大气混合物在连续的流场中碰撞频繁,在热平衡下以一定温度保持分子态。导弹固体火箭发动机的燃料所产生的大量可燃物质,同大气中的氧混合并发生放热反应,形成后燃区,从而改变羽烟温度和化学组份,但并不总发生在喷嘴附近,点火的延迟取决于混合区达到的有限最小厚度。后燃是低空中火箭羽烟的明显特征,能引起羽烟温度升高 500 K。高度增加时,由于大气中氧的减少,后燃程度减少。紫外辐射依赖于轨迹羽烟中变化频繁的粒子种类,这些粒子在中紫外区一般不活跃,但受激到电子能级高的激发态后则处于非平衡状态。表 1-2 列出了低空火箭尾焰的辐射机制及特征。

表 1-2 低空(50 km 以下)火箭尾焰的特征辐射

燃料类型	紫外辐射机制	波长范围
液胺/氮的氧化物	CO+O 化学发光	V,NUV,MUV
	OH 化学发光	NUV
铝化混合固体燃料	Al_2O_3 微粒热致发光	V,NUV,MUV
	Al_2O_3 微粒散射	V,NUV
	CO+O 化学发光	V,NUV,MUV
	OH 化学发光	NUV
烃类/液氧	烟尘热致发光	V,NUV,MUV
	OH 化学发光	NUV
	CO+O 化学发光	V,NUV,MUV
	CH,C_2 燃料碎片的化学发光	V,NUV

注:V 表示可见光;NUV 表示近紫外;MUV 表示中紫外。

由表 1-2 可见,固体火箭尾焰光谱中含有 NUV 和 MUV 成分。

2. 热发射

温度高于 0 K 以上的物体均会发出电磁辐射,普朗克(Plaunck)定律给出了绝对黑体辐射的光谱分布,表示为

$$M_\lambda = \frac{C_1}{\lambda^5} \frac{1}{e^{C_2/\lambda T}-1} \tag{1-2}$$

式中:M_λ 为绝对黑体的光谱辐射出射度,$W \cdot cm^{-2} \cdot \mu m^{-1}$;$\lambda$ 为波长,μm;T 为绝对温度,K;C_1 为第一辐射常数;C_2 为第二辐射常数。

由黑体辐射的公式(1-2)可知,辐射的波长和能量决定于物体的温度。物体温度升高时,发出的辐射能量增加,峰值波长向短波方向移动。当温度达 1 000~3 000 K 时,羽烟所产生的紫外辐射逐渐明显。导弹羽烟的热辐射主要是热粒子辐射。例如,低空固体含铝火箭羽烟是一种混合的辐射源,在二次燃烧中大量的 Al_2O_3 粒子呈现灰体辐射,其热状态一直保持到后燃热量释放完毕。而小的、未燃尽的粒子在很高的非平衡温度下也可以发出紫外辐射,其典型的粒子是铝。另外,含有铝的推进剂尾气流中有 Al_2O_3 粒子,其温度足够高,也可产生紫外辐射,且辐射的连续谱同一般灰体发射的谱相似,在紫外发射中起关键作用。

3. 化学荧光

化学荧光是由化学动力学过程导致的非平衡自由辐射,简言之,化学荧光源于自由光子的化学反应过程。

大部分尾气流中包含了大量的未燃尽的燃料。根据所用燃料类型,它们生成了高浓度的碳、氮和氢,这些未燃尽燃料产生的化学反应导致了紫外辐射。羽烟紫外辐射的一些分子反应如下:

$$O+O \rightarrow O+光子$$
$$N+O \rightarrow NO+光子$$
$$CO+O \rightarrow CO+光子$$
$$H+OH+OH \rightarrow H\ O+OH$$

4. 其他辐射

在几乎所有碳氢焰的燃料同氧化剂燃烧过程中,OH 基团都可发出强烈的紫外辐射。当燃料燃烧时,激发态的 OH 基团衰变到基态时产生紫外光子,成为一主要紫外辐射源。

另外,NO 化学荧光发射也以相似的方式对 UV 辐射产生贡献。NO 的 Gamma 辐射在所有以氮作基本燃料的火箭羽烟中均可观测到。OH 基团等的发射带见表 1-3。

表 1-3 OH 基团等的发射带

分 子	紫外波段/nm
OH	244~308
CO_2	287~316
CO	200~246
NO	250~370
O_2	244~437

5. AlCl 的吸收

在含铝推进剂的灰体热发射谱中,261~263 nm 波段处存在一由 AlCl 的 X-A 吸收谱造成的吸收峰。AlCl 在羽烟燃烧产物中含量很少,但在以过氯酸胺为氧化剂的推进剂尾气中均含有,它可由 Al_2O_3 和 HCl 在热马赫盘区形成。

综上所述,对固体推进剂而言,产生羽烟紫外辐射的机制有:

① 热发射;
② 化学荧光;
③ 粒子发射;
④ 分子电子发射。

尽管每一种机理都对紫外辐射有贡献,但贡献大小不一,最主要的贡献是粒子的热发射和 CO+O 的化学荧光,合起来产生特征连续谱。图 1-6 为火箭尾焰的紫外光谱。

同红外辐射相比,导弹羽烟产生的紫外光子数较少,因此紫外信号检测手段必须非常灵敏。另外,不同导弹的固体推进剂变化很大,紫外光谱能量依赖于所要观测的波长和燃料组份。

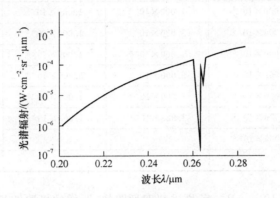

图 1-6 火箭尾焰的紫外光谱

6. 不同类型推进剂的紫外辐射特征

按照强度、推力大小,例举 4 类不同类型的推进剂,通过成分、温度和出口平面排出气体的压力等因素来分析其紫外辐射特征。第一类推进剂是常规的 HTPB-AP-Al 固体推进剂,能够在紫外波段产生高推力和高强度羽烟。羽烟中的 Al_2O_3 粒子产生大量紫外辐射;第二、第三类推进剂为低强度的 HTPB-AP 和 HTPB-AP-HB,二者均不含铝,但后者燃料燃烧率高;第四类推进剂是 GAP-AN,应用在低可观测导弹中。表 1-4 中假定每种型号推进剂的推力都是 1 kN,相当于重 5 kg,最大速度为 500 m/s 的导弹在 2.5 s 内所达到的推力。

表 1-4 羽烟结构和成分

	HTPB-AP-Al	HTPB-AP-AP	HTPB-AP-AB	GAP-AN
排气口半径/mm	16.2	16.3	13.2	23.2
轴向速度/(m·s^{-1})	2 404.6	2 388.1	2 205.8	2 292.4
径向速度/(m·s^{-1})	356.7	354.2	327.2	340.0
排气口压力/kPa	200.4	168.7	420.3	57.6
排气口温度/K	2 327.2	1 578.0	1 783.3	689.4
排气口平面分子效率				
N_2	8.151×10^{-2}	9.912×10^{-2}	9.852×10^{-2}	2.517×10^{-1}
CO	2.106×10^{-1}	6.745×10^{-2}	7.752×10^{-2}	1.344×10^{-1}
H_2O	1.368×10^{-1}	4.212×10^{-1}	4.266×10^{-1}	3.943×10^{-1}
CO_2	1.713×10^{-2}	1.537×10^{-1}	1.456×10^{-1}	7.773×10^{-2}
H_2	2.985×10^{-1}	6.370×10^{-2}	6.085×10^{-2}	1.390×10^{-1}
H	4.094×10^{-3}	8.000×10^{-6}	3.700×10^{-5}	1.090×10^{-4}

续表 1-4

	HTPB-AP-Al	HTPB-AP-AP	HTPB-AP-AB	GAP-AN
OH	3.210×10^{-4}	2.000×10^{-6}	1.700×10^{-5}	3.800×10^{-5}
O_2	1.000×10^{-6}	1.000×10^{-8}	1.000×10^{-8}	1.000×10^{-8}
O	3.000×10^{-6}	1.030×10^{-8}	1.000×10^{-8}	1.000×10^{-8}
HO_2	1.000×10^{-8}	1.000×10^{-8}	1.000×10^{-8}	1.000×10^{-8}
Cl	1.552×10^{-3}	2.000×10^{-5}	8.800×10^{-5}	—
Cl_2	1.000×10^{-6}	1.000×10^{-8}	1.000×10^{-8}	—
HCl	1.576×10^{-1}	1.929×10^{-1}	1.863×10^{-1}	—
Al_2O_3	9.065×10^{-2}	—	—	—
MgO	—	—	—	2.661×10^{-3}

图 1-7 所示为 HTPB-AP-Al 推进剂羽烟图像,图像的摄取波长为 280 nm,观测角从迎头正向 0°(图像的底部)至羽柱侧向 90°(图像的顶部),间隔为 10°。

图像中羽烟长度为 2 m,距喷口约 1 m 处的亮区域是加力引起的高温区域,是高温铝粒子和化学荧光产生的紫外辐射。图 1-7 中也可以清晰地看到马赫圆(内部冲击结构使气体压缩和加热的区域);0°观测角时被导弹体遮挡的辐射图像见图 1-7 中最下部分(中心黑圆代表导弹体)。

图 1-8 是 4 种推进剂在不同观测角时产生的羽烟图像。图像的摄取波长为 280 nm,观测角从迎头 0°~20°,观测角间隔为 2°。图像中从左至右分别是 HTPB-AP-Al,HTPB-AP,HTPB-AP-HB 和 GAP(喷口在图案中的左侧),从下到上是观测角范围 0°~20°。HTPB-AP 和 HTPB-AP-BHB 推进剂中因缺少铝而使羽烟变小。GAP 排气温度很低,只有与周围空气混合在才会因加力而距喷口后 1 m 有明显的 UV 辐射。将 HTPB-AP-Al 羽烟在 20°测试角的强度设为 1,则 HTPB-AP,HTPB-AP-HB 和 GAP 在相同角的辐射强度可分别归为 0.032,0.047 和 0.026。

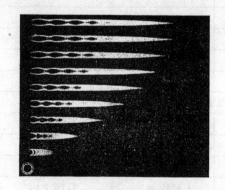

图 1-7 HTPB-AP-Al 羽烟

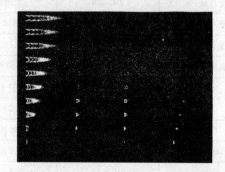

图 1-8 4 种推进剂在接近迎头视角的羽烟图像

图 1-9 是 4 种推进剂的侧视图像。图像对应羽烟长度为 2 m,摄取波长为 280 nm,传感器工作带宽为 20 nm。从上到下分别为 HTPB-AP-HB,HTPB-AP-Al,HTPB-AP 和 GAP。HTPB-AP-Al 推进剂产生的紫外羽烟从喷口一直到图像的 2/3 处;低强度 GAP 仅

在远离喷口的区域(离图像左侧较远)发射紫外辐射,辐射强度只是目前铝化推进剂(假定等推力)的百分之几。

图1-9 4种类型推进剂的的羽烟图像

图1-10为羽烟辐射强度与离轴视角的函数关系。羽烟的形状和尺寸决定了辐射强度的大小。左图的离轴角从0°~90°,右图的离轴角从0°~20°。从图1-10中可见,羽烟辐射强度很大程度上依赖于观测的离轴角。0°观测时,由于受弹体遮挡,无铝推进剂测得的强度值均较低,而HTPB-AP-Al受影响较小,这是由于羽烟外散射造成的探照灯效应所致。GAP-AN推进剂产生的羽烟在接近迎头视场时的强度高于其他低可见度燃料产生的羽烟,但其辐射强度最低。

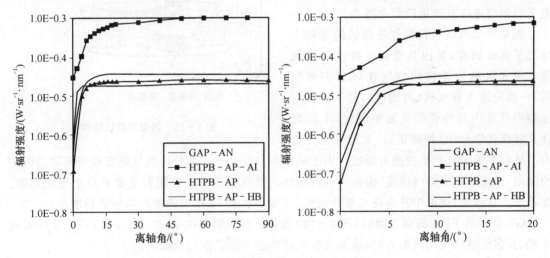

图1-10 4种推进剂羽烟总辐射强度的变化

1.2 飞 机

飞机的紫外特征主要来源于飞机尾喷口喷出的羽烟辐射、日光反射及天空反射等,如图1-11所示。飞机尾喷口喷出的羽烟辐射涵盖了中紫外、近紫外全部成分,而日光反射及天空辐射反射只对近紫外有贡献,且表现出与可见光类似的性质。下面以现役飞机广泛应用的涡扇发动机为例,分析飞机尾喷羽烟辐射的紫外特性。

涡扇发动机具有耗油率低、起飞推力大、噪声低和迎风面积大等特点,在现代飞机上得到广泛的应用。其中高推重比、带加力燃烧室的低流量比涡扇发动机,常用于空中优势战斗

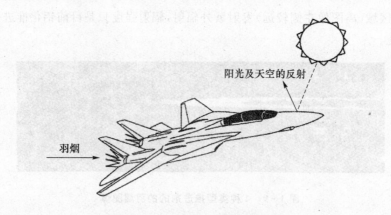

图 1-11 飞机的紫外辐射特征源

机的动力;而大流量比(5~8)、大推力的涡扇发动机则用于大型宽体客机和战略远程大型运输机上。图 1-12 所示是涡扇发动机的工作原理。

涡扇发动机基于的涡轮喷气发动机以循环方式工作。它从大气中吸进的空气经压缩和加热过程后,获得足够能量和动量,然后以近 2 马赫的速度从推进喷管中排出。

涡扇发动机在涡轮喷气发动机的基础上增加了几级涡轮,并由其带动一排或几排风扇。流入涡扇发动机的空气在风扇中增压后,一部分进入压气机(内涵道),另一部分由围绕燃气发生器外壳的外涵中流过,不经燃烧直接排到空气中(外涵道)。发动机推力由

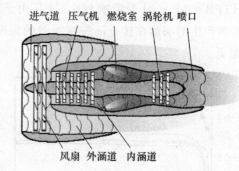

图 1-12 涡扇发动机结构

内、外涵气流分别产生的推力形成。由于涡轮风扇发动机一部分的燃气能量被用来带动前端的风扇,因此降低了排气速度,提高了推进效率。排气系统的紫外辐射主要来自于尾焰辐射。在不加力状态下,尾焰中基本没有紫外辐射;在加力状态下,尾焰的紫外辐射明显增加。

GE 公司的 F404 涡扇发动机(图 1-13)装备于海军舰载机 F/A-18,F-117A 及阵风战斗机,其涡轮增压发动机加力时,能为飞机机动和起飞提供附加的推力。

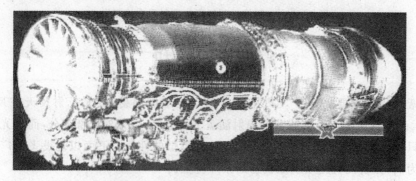

图 1-13 GE 公司的 F404 军用涡扇飞机发动机

符合 MILF-7024 的 JP-4 级喷气燃油火焰可以模拟 F404 发动机在高马赫数的加力燃烧。图 1-14 是 JP-4 不同条件下在紫外光谱区的发射光谱。

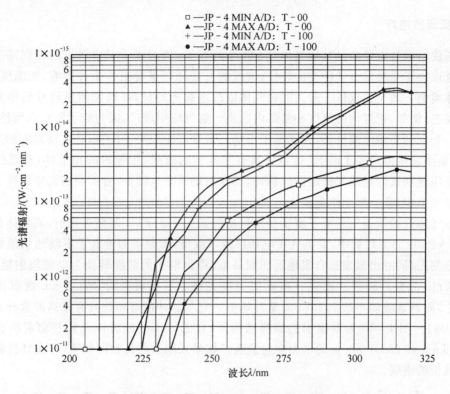

图 1-14 JP-4 喷气燃油火焰的发射谱

1.3 人工辐射源

早期常用的人工紫外辐射源有汞灯、氙灯等气体放电光源。由于热源的亮度一般不超过同温黑体，大多数难熔金属的蒸发率将灯丝温度限制为低于 3 500 K，因此等离子源是获得强辐射的重要形式，主要有高压和低压等离子，连续(弧光)或脉冲(闪光灯)等。

20 世纪 60 年代，随着激光的发明，各种紫外激光器相继问世，主要有氩离子激光器、准分子激光器、翠绿石激光器、3 倍频、4 倍频 Nd:YAG 激光器、氟分子激光器、氦镉激光器、金属蒸气激光器和氮分子激光器等。

1.3.1 气体放电光源

气体放电光源是紫外辐射源迄今的主要形式，其电弧长度为几厘米到四百厘米，电弧单位长度功率从 0.1 W/cm 到 400 W/cm，辐射光谱范围覆盖紫外区域，效率最高达 60%，寿命为 $10^2 \sim 10^3$ 小时。这类紫外辐射源中，电子在 1 V/cm 到 100 V/cm 的电场中加速，然后产生激发和电离，最后通过能级跃迁，辐射出紫外能量。

弧光灯适用的填充气体范围从氢气到氙气，包括汞-氩气和钠-氩气。汞弧光是非常有效的紫外源,其大部分输出在紫外波段(特别接近254 nm)。氢和氘灯在紫外波段能产生强连续光谱,短波输出主要受限于窗口的光源透过性能。

1. 低压放电灯

低压放电通过电子激励其他气体分子产生线光谱,辐射光子又由激发态回到基态。光谱线的位置取决于受激发分子种类的特征,谱线的长度和宽度受工作条件影响,如温度、压力和其他气体类型。填充的气体一般为混合气体以改进弧光特征,并辅助能量转移到辐射分子的预期激发态,例如,汞灯内的氩气和氘灯内的氦。氩气应用较广,因为除了便宜和惰性以外,它还具有一个低的初始电离电势,弧光易于击穿。击穿电压取决于压力,并在高真空和高压条件下升高,最小发生值约为 1 torr。低压灯具有非常窄的谱线(中等时间相干性)和低的空间相干性。低压氢和氘灯是线光谱法则的例外,其发射谱明亮连续,一直扩展到真空紫外。氘灯发射的可见光很少,且一般工作在低压下。

低压气体灯的汞蒸气受电子激发而发射出波长为 253.7 nm 的紫外辐射,其气体放电原理是:在 0.8 Pa 压力下灯管中,汞蒸气在电场作用下放电,汞原子的价电子不断地从原始状态被激发到激发态,同时由激发态自发地返回到基态,将价电子的势能转换为电磁辐射能,并辐射出 253.7 nm 的紫外辐射。光谱分布近似为线光谱。石英玻壳对 253.7 nm 透射比可高达 92% 以上,而普通玻璃不透 253.7 nm 紫外辐射。它与脉冲氙灯相比具有较高的紫外发射效率(约为 20%)。图 1-15 为汞原子的能级结构图,在汞原子的能级以及跃迁辐射的谱线波长中,184.9 nm 和 253.7 nm 处的谐振辐射最强。如果采用汞的几种同位素,可在日盲紫外区发射不同波长的谱线。

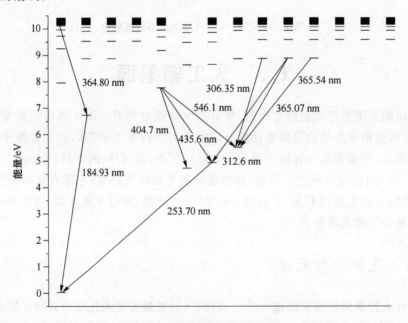

图 1-15 汞原子的能级结构图

低压汞灯发射的 253.7 nm,184.9 nm 短波紫外辐射见图 1-16(a),但 184.9 nm 的紫外辐射在空气中传输距离很短,在毫米量级的距离范围内即因氧分子离解成氧原子而消耗殆尽,氧原子很快与氧分子结合形成臭氧(O_3)。目前，石英管中通常都掺入少量其他元素，以吸收184.9 nm的紫外辐射，只辐射波长为253.7 nm的紫外辐射，俗称无臭氧紫外辐射源（图1-16(b)）。

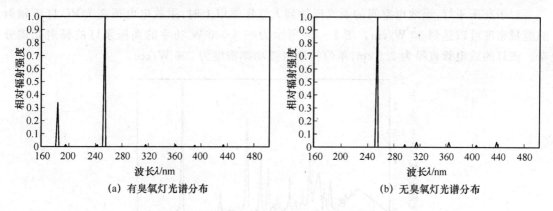

(a) 有臭氧灯光谱分布　　　　　　　(b) 无臭氧灯光谱分布

图1-16　有氧及无氧低压汞灯的光谱分布

低气压汞灯的紫外辐射效率很高。当放电条件为0.8 Pa饱和汞蒸气压、放电管直径为26 mm和38 mm、冷端温度为315 K(42℃)时，汞的谐振辐射达到最大。在该条件下，如果采用氩气作为缓冲气体，放电电流控制在430 mA，那么253.7 nm处的辐射效率高达60%。不过，这种最佳的放电条件只能维持比较低的功率密度，即小于0.5 W/cm。在253.7 nm处，该功率密度仅为0.2~0.3 W/cm。如果采用铋铟汞代替纯汞，再辅以合适的放电管径，放电的功率密度可以提高到2 W/cm。另外，低压中频感应灯在253.7 nm处的辐射能量密度也可以达到2 W/cm，其寿命可达60 000 h。图1-17为该灯的结构。

2. 高压弧光灯

高压弧光灯分为短弧和长弧型，光源尺寸取决于弧的长度。弧光灯有两种封装类型：带有石英窗和整体反射镜的短陶瓷金属圆柱型以及中间具有凸出部分的长石英管型。陶瓷型更易于使用，其多数具有与窗口垂直的弧光形式，封装中的抛物反射镜可基本地准直从其反射回的光（典型发散角±1°~±3°，且随灯泡的使用时间而增加）。

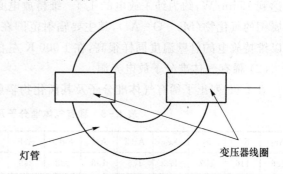

图1-17　改进的低压汞灯结构

光谱一般取决于组份气体内电子跃迁对应的强发射谱线。这些谱线由高压热气碰撞所致（一般几十纳米）。此外，发射谱线中还有来自等离子的弱黑体连续光谱以及来自热电极的、更弱的低温热辐射。等离子本身是不稳定的，因此光谱和功率输出随时间、按$1/f$形式波动，一般具有±10%的功率变化。高的温度梯度造成管内参量随时间和预热发生大的变化。压力随温度增加，改变了线宽。弧的位置也随时间以0.1到几毫米量值变化。

高压汞灯中填充一些金属的碘化物，比如碘化银、碘化镓和碘化铟等，可以改变紫外辐射的光谱分布。填充碘化镓和碘化铟，可以分别在403 nm，415 nm和410 nm，451 nm处得到高强度谱线；填充碘化铁，可以在辐射光谱的358 nm和388 nm波长之间引入铁的谱线群。不过,在填充金属碘化物后,虽然UVA区域的紫外辐射得到很大的加强,但UVC区域的辐射以及UVB部分区域的辐射会受到很大削弱。

对于高压汞灯,当放电空间的汞气压达到大气压强以上时,汞放电电弧在UVC区域辐射的能量密度可以达到30 W/cm。图1-18所示为一4 000 W功率的高压汞灯的辐射光谱分布。该灯的放电管直径为2.6 cm,单位长度电弧功率密度为200 W/cm。

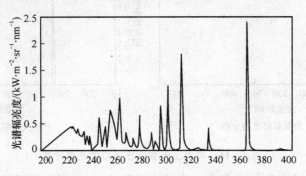

图1-18 高压汞灯的光谱辐亮度

传统的汞放电紫外辐射源效率高,寿命长,但其中的汞会对环境造成威胁。随着环保要求的增强,无汞气体放电紫外辐射源的开发越来越受到重视,出现了如下一些新型的紫外辐射源:

(1) 锌、钼等金属代替物

锌的电离能和激发能分别为9.4 eV和7.4 eV,与汞的十分接近。纯锌放电的光效通常可以达到15 lm/W,约为纯汞放电的1/4。维持放电必要条件的管壁温度约为1 500 K。如果用金属钼的氧化物(Mo-O-Ar),其主要辐射范围在365~604 nm,光效可达40 lm/W。不过,用以维持放电的管壁温度同样很高,在1 000 K左右。

(2) 稀有气体准分子放电光源

表1-5列出了稀有气体准分子及其卤化物辐射的特征谱线。

表1-5 稀有气体准分子及其辐射特征谱线

Ar_2	Kr_2	F_2	Xe_2	ArCl	ArF	KrCl	KrF	XeI	Cl_2	XeBr	Br_2	XeCl	I_2	XeF
126	146	157	172	175	193	222	248	253	259	282	289	308	342	354

从表1-5中可以看出,稀有气体准分子的辐射波长均位于真空紫外(VUV)区域。

氙准分子放电紫外辐射源的构成如图1-19所示。

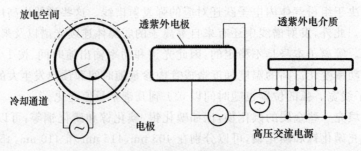

图1-19 氙准分子放电紫外辐射源的构成

在石英材料围成的放电空间中填充 0.1 MPa 的氙气,然后用交变电场对放电空间进行作用,使气体放电。放电形成的氙准分子 Xe_2 在退激时产生峰值波长为 172 nm、峰值波长半高宽为 10～15 nm 的真空紫外辐射。理论上,氙介质阻挡放电的紫外辐射率可以达到 60%～80%。

3. 脉冲弧灯

脉冲弧灯一般充有氙气和氪气,可达到超过 10^4 K 的色温,瞬时亮度比相同尺寸的钨光源亮 100 倍。在高功率使用时,其等离子区很厚(即非常高的吸收能力),因此其辐射主要是连续分量。在低脉冲能量使用时,等离子是冷却器,线光谱更显著。脉冲氙灯的体积紧凑、发射功率大,但是发射谱带宽、可见光和红外辐射所占的比重大,紫外发射效率较低。

脉冲弧灯由电容器放电提供能量,通过将小型感应器连接到灯上的特殊电容器进行充电。当电容器完全充满时,由缠绕在电子管阴极周围的反馈线圈触发弧光(由 10 kV 脉冲驱动),也可以通过脉冲变压器快速增加电子管的电压来触发。一旦弧光启动,电容器在由弧光阻抗、配线、电容器寄生感应和电阻(包括绝缘体损失)决定的时间内放电,直到电压下降至低于保持弧光运转所需电压。这个激励振荡意味着光强随着时间不断增强,除非采取特殊措施,否则光脉冲没有平顶。事实上,由于电容器和导线内的 LC 共振,电流易于振荡。因此脉冲弧灯常设计一个精密阻尼网络。

脉冲弧灯的总持续时间一般在 10～100 ms。脉冲能量受限于灯泡炸裂和电极发射等因素。获得长时间使用寿命(10^5～10^7 次闪光)需要灯泡工作系数低于炸裂能量的 6～10 倍。峰值功率受限于能量进入到灯泡内的速度,平均功率受限于制冷。如果脉冲足够弱,光源能以千赫兹重频工作。一个设计良好的电源及一个新灯可以达到脉冲间变化的 0.1%,但是一般约为 1%。弧光灯存在空间变化大、电弧漂移及 $1/f$ 噪声等缺点。

弧光的启动取决于气体中最初产生的离子,类似于产生激光脉冲的固有扰动。典型扰动在几百纳秒以内,是光源设计的一个主要功能项。扰动可以由一个"慢热"电路降低,在闪光之间保持一个低电流弧光,或在主要脉冲之前预触发启动一个弱弧光。带有同轴反射镜的闪光灯和弧光灯,可将图像倒转向到弧光,从本质上进一步抑制来自弧光散射的光源噪声。如果弧光向左移动,图像则向右移。对于一等效光学厚度的等离子体来说,这种效果甚至有助于稳定性;如果左侧变得更热,其图像将热量倾斜到右侧。

4. 其 他

微波紫外辐射源作为一种新型的紫外辐射源而广泛应用。传统的紫外辐射源无法克服单位长度输出功率太小的限制。微波诱导低气压汞灯或低气压硫灯能较好解决这个问题,其单位长度的紫外功率输出可以达到传统光源的 40 倍。微波辐射源的微波传导使用电缆而不是波导管,紫外灯管下部插入谐振腔以获得能量。图 1-20 是微波等离子体紫外辐射源的组成示意图。

表面放电灯也是一种新型的紫外辐射源。当在绝缘体的两端加上高电压时,绝缘体表面被击穿的等离子体内产生电流,并同时伴随着高温和高效的宽谱带辐射。表面放电灯具有结构紧凑、成本低和发射频率高等特点,但发光时大量热量引起的散热问题严重。

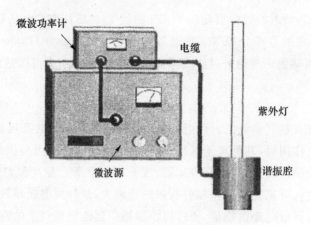

图 1-20 微波紫外辐射源

1.3.2 发光二极管

1. 基本原理

基于半导体技术的发光二极管(LED)在 20 世纪 20 年代发明于俄罗斯,相对传统的光源具有低能耗,长寿命(典型为 25 000~100 000 h)、小尺寸和快速转换等优点,但缺点是受环境温度影响,且需要更精确的电流和热管理。LED 通常面积小(小于 1 mm^2),便于集成为光学元件并按照一定的模式发光,LED 的组成如图 1-21 所示。

LED 通过在半导体基片上注入、掺杂杂质生长 PN 结而得到,发光机理缘其电致效应,当所加电压超过二极管的导通电压时就会发光。

当二极管加正向偏压时,电流容易由 P 结到 N 结。当载流子在结处遇到空穴而复合后,则跌到较低的能级并且以光子的形式释放能量。光发射波长取决于组成 PN 结材料的带隙能量。硅或锗二极管的材料是间接带隙材料,其电子和空穴复合是非辐射跃迁,不产生光的发射。图 1-22 是 LED 的内部工作原理和 I-V 特性。

LED 的材料为直接带隙材料,其带隙能量与发射波长对应。用于 LED 的许多材料有很高的折射率,这意味

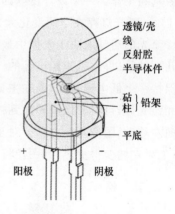

图 1-21 发光二极管

着在材料-空气界面上的很多光会被反射进材料。LED 通常生长在 N 型基片上,电极附在沉积 P 型层的表面。P 型基片较少使用,许多商用的 LED(尤其是 GaN/InGaN)采用蓝宝石基片。

LED 可由多种无机半导体材料制作,表 1-6 是紫外波长范围对应的电压和材料。

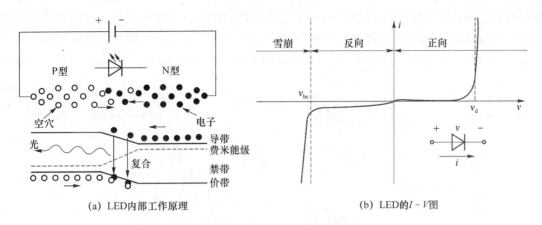

(a) LED内部工作原理　　　　(b) LED的 I-V 图

图 1-22　LED 的内部工作原理和 I-V 特性

表 1-6　半导体材料紫外波长范围对应的电压和材料

波长/nm	电压/V	半导体材料
$\lambda<400$	$3.1<\Delta V<4.4$	金刚石(C) AlN AlGaN AlGaInN (210 nm 下限)

2. 紫外 LED

紫外 LED 由夹在较薄 GaN 三明治结构中一个或多个 InGaN 量子阱组成,形成的有源区为覆层。通过改变 InGaN 量子阱中 InN-GaN 的相对比例,发射波长可由紫光变到其他光。AlGaN 通过改变 AlN 比例能用于制作紫外 LED 中的覆层和量子阱层,但这些器件的效率和成熟度较差。如果有源量子阱层是 GaN,与之相对是 InGaN 或 AlGaN 合金,则器件发射的光谱范围为 350~370 nm。

当蓝色 InGaN 发光二极管泵出短的电子脉冲时,则产生紫外辐射。含铝的氮化物,特别是 AlGaN 和 AlGaInN 可以制作更短波长的器件,获得系列波长的紫外 LED,其外形如图 1-23 所示。波长可达 247 nm 的二极管已经商业化,基于氮化铝,可发射 210 nm 紫外辐射的 LED 已研制成功,250~270 nm 波段的 UV LED 也在大力研制中。

Ⅲ-Ⅴ族金属氮化物基的半导体非常适合于制作紫外辐射源。以 AlGaInN 为例,在室温下,随着各组份比例的变化,电子和空穴在复合时所辐射的能量在 1.89~6.2 eV。如果 LED 的活性层单纯由 GaN 或 AlGaN 构成,则其紫外辐射效率很低,因为电子和空穴之间的复合为非辐射复

图 1-23　系列波长紫外 LED 的外形

合。如果在该层当中掺杂少量的金属In,活性层局部的能级就会发生变化,此时,电子和空穴就会发生辐射复合。因此,当在活性层中掺杂了金属铟之后,380 nm处的辐射效率要比不掺杂的高大约19倍。图1-24所示为InGaN基LED的外部量子效率以及UVA区域中的辐射光谱。

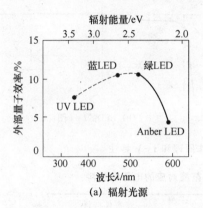
(a) 辐射光源

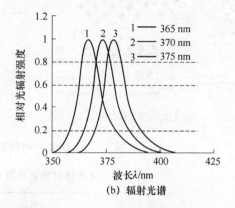
(b) 辐射光谱

图1-24 InGaN基LED的外部量子效率以及UVA区域中的辐射光谱

紫外LED的发光功率较低,其主要原因是受制于管芯制作水平、材料和封装技术等。目前,紫外LED封装主要有环氧树脂封装和金属与玻璃透镜两种形式,前者主要应用于400 nm左右的近紫外LED,但材料受紫外辐照的老化影响较大。后者主要应用于波长小于380 nm的紫外LED。GaN、蓝宝石等材料与空气存在较大的折射率差而引起全反射,限制了光效,导致封装后出光效率低。

美国Sandia国家实验室开发的一种高功率紫外发光二极管(LED),采用倒装晶片和导热衬底,可增加亮度和效率。在直流工作方式下,其一个器件能够提供1.3 mW的290 nm连续辐射,而另一个能提供0.4 mW的275 nm辐射,具有波形系数小、几乎不需要维护和极低功耗的特点,适用于非视线隐蔽通信用的发射器、手持式生物传感器和固态照明等场合。

高功率LED(HP LED)能工作在数百毫安(普通LED的工作电流为几十毫安),有些甚至超过1 A的电流,因此能发出很强的光。因为过热是破坏性的,HP LED的效率必须高从而使发热最小,并需要安装在散热片上来散热,否则热量没有散掉的HP LED会在几秒内烧毁。安装散热片的HP LED如图1-25所示。

因为使用一种GaN活性层制作高效发光器件很困难,商用高功率紫外(波长大于290 nm)、蓝/绿光发射二极管均使用InGaN活性层。具有1 mW输出功率、波长400 nm的InGaN/AlGaN双异质结构紫外发光二极管,其外部量子效率已实现7.5%。

图1-25 安装散热片的HP LED

可以工作在交流电源的LED目前也已在国外研制成功,它在上半个周期发光,下半个周期不发光。

1.3.3 超高温黑体

超高温黑体工作温度可高至 3 200 K,典型辐射光谱范围为 200～2 400 nm,能够作为标准的紫外光谱辐射源使用,并通过比对的方式,提供对二级光谱辐射标准源(如钨卤灯)的量值传递和校准。

超高温黑体的构成包括加热元件、电源和控制电路等。加热辐射腔体的元件有石墨、钨灯等类型。目前常见的加热元件是直热式石墨。腔体形式有管式、双腔体式和平板式 3 种。管式辐射腔体包括 2 个同轴石墨管,其中 1 个石墨管置于内管中(图 1-26)。双腔体式黑体中的一个腔体用于控制,一个用于测量;平板式组件的石墨板以相等的距离,相对安装于腔体两侧。

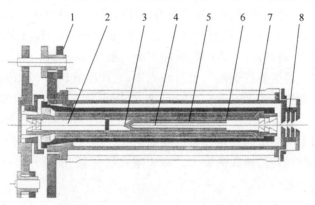

1—水冷电连接;2—温控腔;3—腔底;4—辐射腔;
5—内同轴管;6—外同轴管;7—热屏;8—出射孔径

图 1-26 石墨高温黑体的原理图

模块化的黑体组件需要冷却水带走高温产生的热量并降低设备箱内的温度,同时需利用充氮气或氩气的防护罩以延长加热体的寿命(在 2 800～3 200 K 温度区间的寿命只有数小时)。黑体的闭环控制系统包括光学温度传感器、数字温度控制器和显示屏等。

1.3.4 紫外激光器

1. 半导体激光二极管

20 世纪 80 年代中期以来,半导体制造技术的发展以及与激光技术的结合,催生了半导体激光二极管,这类兼具半导体和激光器特性的激光源,具有更高的峰值功率和较低的能耗,且它的发射脉宽也较窄,本身不需要温度和光学补偿,比传统的发射光源具有明显的优势,并成为中紫外波段 AlGaN 发展的重点方向。因为该波段紫外辐射的激发效率最高,其输出效率也比较高。

为了使紫外辐射源更为实用化,半导体紫外二极管发展的一个方向是大幅缩小现有紫外激光器及其电源的体积和功耗,另一个方向是开发发射波长为 280 nm、功耗小于 10 mW 的发光二极管以及发射波长为 340 nm、功耗小于 25 mW 的激光二极管。

2. 气体紫外激光器

气体激光器包括以脉冲方式工作的准分子激光器、以连续方式工作的离子激光器和氦-镉激光器以及金属蒸气紫外激光器。气体紫外激光器的波长依赖于所使用的气体混合物类型。

准分子激光器是一种脉冲激光器,产生的光束呈非矩形,光束截面强度大致均匀且光斑边缘陡,其输出可使用掩膜技术来产生不同几何形状的光斑,也可使用全息术来产生具体的光束能量图样。准分子激光的产生可分3个过程,即:激光气体的激励过程、准分子生成反应过程和准分子解离过程。其激励方式有电子束激励、放电激励、光激励、微波激励和质子束激励等。不同活性物质产生不同波长的准分子激光,一般为紫外、远紫外和真空紫外波段。准分子激光器是 CO_2 激光器和 YAG 激光器之后的新一代激光器,其所发出的紫外短脉冲激光具有波长短、光子能量高等优点。常用的准分子激光器有 ArF(193 nm),KrCl(222 nm),KrF(248 nm),XeCl(308 nm),XeF(351 nm)等。激光脉冲频率一般在 10~100 Hz,有些特殊用途的能够达到 1 000 Hz,平均功率一般在 10~100 W,脉冲宽度一般在 ns 量级。

金属蒸气紫外激光器主要指铜蒸气紫外激光器,它产生波长为 511 nm 和 578 nm 的光,利用混频和倍频则可产生波长为 255 nm,271 nm 和 289 nm 的紫外辐射。激光器光束分布服从高斯分布。

气体激光器应用中的突出问题是设备占地面积大、可靠性有限、寿命短、高能耗和高费用。而且,准分子激光光束质量差,掩膜损失大。离子激光器和氦-镉激光器存在光束方向稳定性差的缺点。

3. 固体紫外激光器

固体紫外激光器按泵浦方式分为氙灯泵浦紫外激光器、氪灯泵浦紫外激光器以及新型的激光二极管(LD)泵浦全固态激光器。固体紫外激光器光电转换效率一般较低,而 LD 全固态紫外激光器则具有效率高、重频高、性能可靠、体积小、光束质量较好及功率稳定等特点。

由于紫外光子能量大,难以通过外激励源激励产生一定高功率的连续紫外激光,故实现紫外连续波激光一般是应用晶体材料非线性效应变频方法产生。全固态紫外激光谱线产生的方法一般有两种,一是直接对红外全固体激光器进行腔内或腔外3倍频或4倍频来得到紫外激光谱线;二是先利用倍频技术得到二次谐波然后再利用和频技术得到紫外激光谱线。前一种方法有效非线性系数小、转换效率低,后一种方法由于利用的是二次非线性极化率,转换效率比前一种高很多。晶体倍频可实现连续紫外激光,其光束形状为高斯型,所以光斑呈圆形,能量从中心到边缘逐渐下降。由于波长短和光束质量限制,光束可以聚焦在 10 μm 量级范围。

根据倍频过程中光子能量动量守恒条件,具体变频的方法有二次谐波发生(SHG)、三次谐波发生(THG)、四次谐波发生(FOHG)、五次谐波发生(FIHG)、和频发生(SFG)、差频发生(DFG)、光参量振荡(OPO)等。二次谐波发生(SHG)又称倍频,倍频主要特点是最低的非线性效应和较高的倍频效率。2倍频频率转化公式如下:

$$P_{2\omega} = \frac{52.2 L^2 d_{\text{eff}}^2}{n_a^2 n_{2\omega} \lambda_{2\omega} c A} P_\omega^2 \tag{1-3}$$

式中:L 为倍频晶体的长度;d_{eff} 为倍频晶体的非线性有效系数;ω 为基频光在倍频晶体中的折射率;$n_{2\omega}$ 为倍频光在倍频晶体中的折射率;$\lambda_{2\omega}$ 为倍频光在真空中的波长;c 为真空中的光速;A

为基频光在倍频晶体中光斑面积；P_ω 为基频光的功率。

和频(SFG)又叫激光频率上转换，相应差频(DFG)为激光频率下转换。利用和频和差频可设计所需波长激光。

倍频实际上是一个和频过程，以 3 倍频为例，它是由频率为 ω 的红外信号与频率为 2ω 的激光束在非线性晶体中通过三波互作用进行混频，转换为 3ω 高频率的，即 $\omega+2\omega=3\omega$。忽略泵浦光的损耗，利用波耦合方程可以推导出 3 倍频激光的输出光强表达式：

$$I_3 = \frac{8\pi^2 L^2 X_{\text{eff}}}{n_{1\omega} n_{2\omega} n_{3\omega} \lambda_3^2 c \varepsilon_0} I_1 I_2 \frac{\sin^2(\Delta k \cdot L/2)}{(\Delta k \cdot L/2)^2} \tag{1-4}$$

式中：L 为晶体长度；X_{eff} 为二阶有效非线性极化系数；I_1，I_2 和 I_3 分别为三光束的光强；$n_{1\omega}$，$n_{2\omega}$ 和 $n_{3\omega}$ 分别为三光束在晶体中的折射率；Δk 为相位匹配系数，$\Delta k = k_3 - k_1 - k_2$。

由倍频理论可知，选择非线性晶体的依据是：材料应具有较大的有效非线性系数、在宽光谱范围内尽量高的透明度、在需要的波段容易实现相位匹配、具有强的抗光损伤能力且容易实现晶体的生长和加工。KTP，LBO 是倍频、和频广泛应用的晶体，目前的晶体转化效率已能够达到 50% 左右。

一种频率和强度较高的泵浦光和另一种频率及强度较低的信号光通过非线性晶体后，信号光会得到放大，并且产生差频的闲频光。采用光参量振荡(OPO)设计谐振腔，则形成光参量振荡器。OPO 是实现全固态可调谐激光光源的有效办法。例如用 LD 泵浦 Nd:YAG 晶体产生 1 064 nm 近红外激光辐射，通过 KD_xP(磷酸二氢钾)等晶体产生 2 倍频 532 nm 辐射，再通过与 1 064 nm 和频或者再一次倍频就会产生近紫外辐射(355 nm)或者中紫外辐射(266 nm)激光。实际过程中，需要考虑晶体对各波长是否有大的吸收，并且需要考虑晶体的有效非线性效应系数大小。图 1-27 为常用腔外 4 倍频光路图。

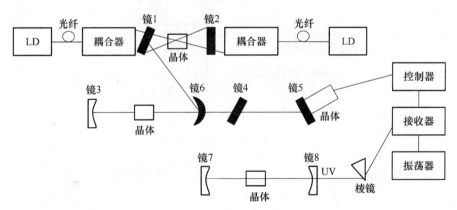

图 1-27 腔外 4 倍频光路图

掺 Nd^{3+} 的 Nd:YAG，Nd:YVO$_4$，Nd:YLF，Nd:YAP 全固化紫外激光技术已经比较成熟，尤其是 Nd:YAG。对基波 1 064 nm 进行腔内、腔外倍频及和频可得到它的三次谐波 355 nm、四次谐波 266 nm、五次谐波 213 nm 的紫外输出，其中，355 nm 和 266 nm 是两个应用较广泛的波段。美国光谱物理公司的 Nd:YVO$_4$ 激光可获得 12 W、30 kHz 的 355 nm 激光。日本三菱公司等新研的波长为 266 nm 的紫外固体激光器，用非线性光学晶体将由半导体激光泵浦的固体激光器发出的波长为 1 064 nm 变换成 532 nm 之后，再用其他非线性光学晶体变换成 266 nm 紫外波长，功率为 23 W，可连续工作 50 h 以上。

1.4 自然辐射源

太阳、地球表面、天空、外层空间和星体等自然辐射源,既可能是探测目标时的辐照源(如太阳),也可能是探测的背景干扰源。

1.4.1 太 阳

1. 太阳光谱功率分布

太阳是能量最强、天然稳定的自然辐射源,其中心温度为 1.5×10^7 K,压强约为 10^{16} Pa,内部发生由氢转换成氦的聚核反应:

$$^1H+{}^2H\rightarrow{}^3He\rightarrow{}^4He$$

太阳聚核反应释放出巨大的能量,其总辐射功率为 3.8×10^{26} W,其中被地球接收的部分约为 1.7×10^{16} W。太阳的辐射能量用太阳常数表示,太阳常数是在平均日地距离上、在地球大气层外测得的太阳辐照度值。从 1900 年有测试数据以来,其测量值几乎一直为 1 350 W/m²。对大气的吸收和散射进行修正后的地球表面值约为这个值的 2/3,即 900 W/m²。

通常假定太阳的辐射温度为 5 900 K,则其辐射温度随波长的增加而降低。根据黑体辐射理论,当物体温度升高时,发出的辐射能量增加,峰值波长向短波方向移动。如图 1-28 所示,黑体温度超过 1 000 K 时,黑体有强的紫外辐射发出,3 000 K 黑体在 250 nm 处的光谱辐亮度可达 10^{-4} W·cm^{-2}·sr^{-1}·nm^{-1}。

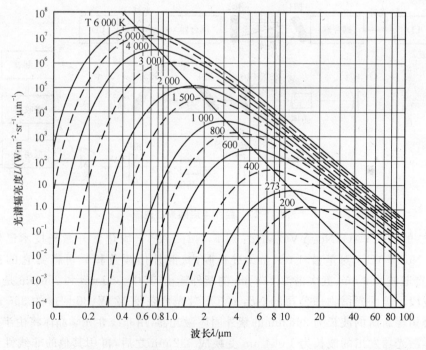

图 1-28 黑体光谱辐亮度

太阳辐射的波长范围覆盖了从 X 射线到无线电波的整个电磁波谱。在大气层外,太阳和 5 900 K 黑体的光谱分布曲线非常相近。受大气中各种气体成分吸收的影响,太阳光在穿过大气层到达地球表面时某些光谱区域的辐射能量受到较大的衰减而在光谱分布曲线上产生一些凹陷,图 1-29 给出了标准海平面上以及在平均地—日距离上的太阳光谱功率分布。

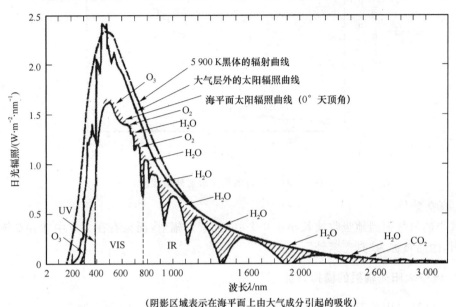

(阴影区域表示在海平面上由大气成分引起的吸收)

图 1-29　海平面及平均地—日距离上太阳光谱功率分布

2. 太阳紫外辐射通过大气时的特性

(1) 近紫外波段的紫外窗口

太阳辐射中的近紫外成分(300～400 nm)通过地球大气层到达地表的辐射较多,如图 1-30 所示,因此该波段被称为大气的"紫外窗口"。由于紫外辐射在大气层中传输时的强烈散射,所以近地大气中的紫外辐射分布均匀。

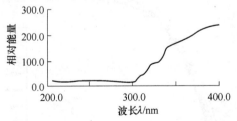

图 1-30　太阳光的近地紫外光谱分布图

(2) 日盲区

波长短于 0.28 μm 的中紫外辐射由于同温层中臭氧的吸收,基本上到达不了地球近地表面,造成太阳紫外辐射中波长 0.28 μm 以下部分在近地表面基本形成盲区,光学背景微乎其微,如图 1-31 所示。习惯上把 0.28 μm 以下这段太阳辐射到达不了地球的中紫外光谱区称作"日盲区"。

在地球大气层外观察地球背景时,由于光谱辐射中只有很少的紫外辐射会反射到大气层外,因此中紫外波段的背景辐射非常微弱且比较均匀。

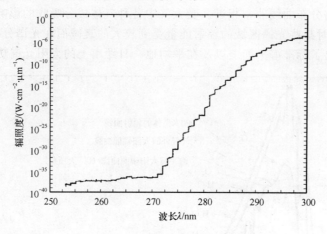

图 1-31 绝对太阳光谱紫外辐照度

(3) 真空紫外

大气中的氧气强烈地吸收波长小于 $0.2\ \mu m$ 的紫外辐射,而只有在太空中才存在该波段的紫外辐射,因而被称为"真空紫外"。

3. 中低空太阳光辐射的模拟计算

图 1-32 是采用美国标准大气(1976 年)模拟计算的自然光辐射光谱分布,计算的高度范围是 $0\sim20$ km。从图中可见,在高度小于 12 km 的中低空,自然光的光谱分布随高度的变化极小,光谱辐亮度在 $290\sim300$ nm 附近随波长的减小而急剧降低,300 nm 波长点的光谱辐亮度为 $10^{-10}\ W\cdot cm^{-2}\cdot sr^{-1}\cdot nm^{-1}$ 数量级,波长为 290nm 时辐亮度仅为 $10^{-18}\ W\cdot cm^{-2}\cdot sr^{-1}\cdot nm^{-1}$ 数量级,比 300 nm 处下降了 8 个数量级,说明中低空太阳辐射在 290 nm 附近截止;高度在 12 km 以上时,随高度的增加,中紫外辐射增大,太阳辐射的截止波长向短波移动。

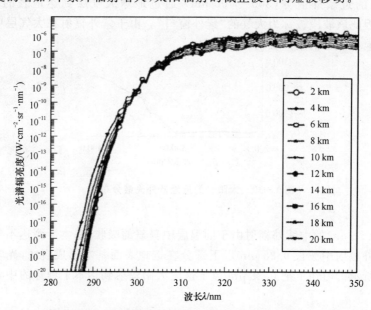

图 1-32 自然光辐射光谱分布的模拟计算

同理可计算出透射到各高度的太阳光子数。首先计算出在不同波长范围和不同工作距离的大气透射比。表 1-7 计算了从 41.4 km 到 9.656 km,6 km,4 km,2 km 和 1 km 不同距离的大气紫外透射比(天顶角成 29.6°)。

表 1-7 不同距离的大气紫外透射比表

紫外波长/nm	41.4~9.656 km 高空透射比	41.4~6 km 高空透射比	41.4~4 km 高空透射比	41.4~2 km 高空透射比	41.4~1 km 高空透射比
270~271	4.04×10^{-26}	2.86×10^{-27}	5.42×10^{-28}	6.87×10^{-29}	2.09×10^{-29}
271~272	6.12×10^{-23}	4.09×10^{-26}	9.98×10^{-27}	1.38×10^{-27}	4.40×10^{-28}
272~273	1.42×10^{-23}	1.29×10^{-24}	2.83×10^{-25}	4.31×10^{-26}	1.43×10^{-26}
273~274	4.28×10^{-22}	4.44×10^{-23}	1.05×10^{-23}	1.76×10^{-24}	6.25×10^{-25}
274~275	1.54×10^{-20}	1.85×10^{-21}	4.83×10^{-22}	8.97×10^{-23}	3.35×10^{-23}
275~276	2.41×10^{-19}	3.23×10^{-20}	9.00×10^{-21}	1.81×10^{-21}	7.07×10^{-22}
276~277	3.85×10^{-18}	5.81×10^{-19}	1.74×10^{-19}	3.80×10^{-20}	1.55×10^{-20}
277~278	5.29×10^{-17}	8.91×10^{-18}	2.84×10^{-18}	6.72×10^{-19}	2.86×10^{-19}
278~279	1.21×10^{-15}	2.30×10^{-16}	7.94×10^{-17}	2.04×10^{-17}	9.14×10^{-18}
279~280	1.71×10^{-14}	3.62×10^{-15}	1.33×10^{-15}	3.71×10^{-16}	1.72×10^{-16}
280~281	3.79×10^{-13}	9.00×10^{-14}	3.53×10^{-14}	1.06×10^{-14}	5.19×10^{-15}
281~282	6.09×10^{-12}	1.61×10^{-12}	6.76×10^{-13}	2.21×10^{-13}	1.12×10^{-13}
282~283	5.06×10^{-11}	1.47×10^{-11}	6.53×10^{-12}	2.28×10^{-12}	1.20×10^{-12}
283~284	2.28×10^{-10}	7.08×10^{-11}	3.26×10^{-11}	1.19×10^{-11}	6.44×10^{-12}
284~285	3.26×10^{-9}	1.13×10^{-9}	5.54×10^{-10}	2.18×10^{-10}	1.22×10^{-10}
285~286	2.50×10^{-8}	9.68×10^{-9}	5.03×10^{-9}	2.11×10^{-9}	1.22×10^{-9}
286~287	1.13×10^{-7}	4.51×10^{-8}	2.43×10^{-8}	1.07×10^{-8}	6.36×10^{-9}

表 1-8 是与天顶角成 29.6°、从 41.4 km 到 9 km,6 km,4 km,2 km,1 km 不同距离的太阳光子数(count·cm^{-2}·s^{-1})。从 41.4 km 到 9.656 km 高度,在波长 270~271 nm 间太阳光子数很少,几近为零;从 280~281 nm 波段,太阳光子数开始增加,在大于 280~281 nm 波长范围明显增加。还可以计算小于 280~281 nm 波长范围——紫外日盲区的光子数。如果紫外系统直接指向太阳,同温层的臭氧和大气对太阳紫外辐射强烈吸收而形成太阳暗背景,波长小于 280 nm 的太阳紫外光子几乎为零,由此也可看出日盲区的特质。

表 1-8 从 41.4 km 透射到各高度的太阳光子数　　　　　count·cm^{-2}·s^{-1}

紫外波长/nm	41.4~9.656 km	41.4~6 km	41.4~4 km	41.4~2 km	41.1~1 km
270~271	1.68×10^{-13}	1.19×10^{-14}	2.26×10^{-15}	2.86×10^{-16}	8.69×10^{-17}
271~272	2.32×10^{-12}	1.86×10^{-13}	3.79×10^{-14}	5.24×10^{-15}	1.67×10^{-15}
272~273	5.2×10^{-11}	4.71×10^{-12}	1.03×10^{-12}	1.57×10^{-13}	5.22×10^{-14}
273~274	1.85×10^{-9}	1.92×10^{-10}	4.54×10^{-11}	7.62×10^{-12}	2.71×10^{-14}
274~275	4.72×10^{-8}	5.67×10^{-9}	1.48×10^{-9}	2.75×10^{-10}	1.03×10^{-10}
275~276	1.25×10^{-6}	1.67×10^{-7}	4.66×10^{-8}	9.36×10^{-9}	3.66×10^{-9}
276~277	2.99×10^{-5}	4.51×10^{-6}	1.35×10^{-6}	2.95×10^{-7}	1.20×10^{-7}
277~278	4.59×10^{-4}	7.73×10^{-5}	2.47×10^{-5}	5.83×10^{-6}	2.48×10^{-6}

续表 1-8

紫外波长/nm	41.4~9.656 km	41.4~6 km	41.4~4 km	41.4~2 km	41.1~1 km
278~279	7.77×10^{-3}	1.48×10^{-3}	5.10×10^{-4}	1.31×10^{-4}	5.87×10^{-5}
279~280	6.0×10^{-2}	1.27×10^{-2}	4.67×10^{-3}	1.30×10^{-3}	6.04×10^{-4}
280~281	4.82×10^{-0}	4.32×10^{-1}	1.69×10^{-1}	5.08×10^{-2}	2.49×10^{-2}
281~282	7.44×10^{1}	1.97×10^{1}	8.26×10^{1}	2.70×10^{0}	1.35×10^{0}
282~283	9.5×10^{2}	2.76×10^{2}	1.23×10^{2}	4.28×10^{1}	2.25×10^{1}
283~284	5.08×10^{3}	1.58×10^{3}	7.26×10^{2}	2.65×10^{2}	1.44×10^{2}
284~285	5.92×10^{4}	2.05×10^{4}	1.01×10^{4}	3.96×10^{3}	2.21×10^{3}
285~286	2.89×10^{5}	1.04×10^{5}	5.41×10^{4}	2.27×10^{4}	1.31×10^{4}
286~287	3.23×10^{6}	1.30×10^{6}	6.97×10^{5}	3.07×10^{5}	1.83×10^{5}
287~288	2.05×10^{7}	8.78×10^{6}	3.79×10^{6}	3.79×10^{6}	3.79×10^{6}
288~289	1.18×10^{7}	5.40×10^{6}	3.74×10^{6}	3.74×10^{6}	3.74×10^{6}
289~290	6.81×10^{7}	5.97×10^{7}	5.97×10^{6}	5.97×10^{6}	5.97×10^{6}

根据以上对太阳紫外盲区的计算，能够得出以下结论：

① 由于高空臭氧层对中紫外辐射具有很强的吸收作用，到达地面的太阳光在 290 nm 波长附近中断。自然光辐射在波长小于 290 nm 的光谱波段内非常微弱，波长超过 290 nm 后将迅速增大。

② 在 12 km 高度以下的大气中，太阳光的截止波长变化很小；高度超过 12 km 后，随着高度的升高，截止波长将向短波方向移动，日盲紫外探测系统的背景噪声增大，因此日盲紫外探测的高度应限制在 12 km 以下。

1.4.2 大 气

不同波段以及不同季节、地理位置、天顶角、地面反射率对大气背景的影响所产生的变化规律是紫外探测的重要理论基础之一。图 1-33 为中纬度夏季、乡村型气溶胶、天顶角为 50°情况下，大气背景紫外辐射的光谱辐亮度曲线。

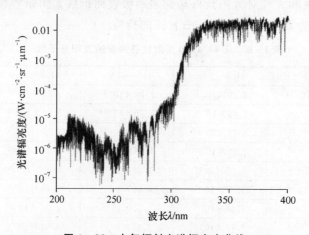

图 1-33　大气辐射光谱辐亮度曲线

无云条件下的大气紫外光谱辐亮度明显低于有云情况。各种气象条件下,大气紫外光谱辐亮度在 290~320 nm 光谱范围内,大约有 3 个数量级的剧烈变化。

1.4.3 气 辉

天空中,气辉辐射覆盖了从 100~390 nm 的整个紫外光谱,是紫外探测系统的主要背景源,但其辐射量级极低,通常只有几百个光子/$cm^2 \cdot s$。气辉主要是由不能到达地面的太阳紫外辐射在高层大气中激发原子并与分子发生低几率碰撞产生的。气辉紫外光谱由钠原子、氧原子、氧分子、氢氧根离子以及其他连续发射谱组成,分日辉和夜辉两种。

(1) 日 辉

大气受太阳照射而产生的辐射叫日辉。日辉是由大气组份吸收了太阳辐射并再辐射产生的。这些光谱辐射是由太阳辐射的共振和荧光散射、化学和离子反应及原子和分子的光电激发产生的。白天背景辐射主要源自 NO 在 200~300 nm 的辐射。

(2) 夜 辉

夜辉是由于大气在白天吸收了太阳紫外辐射而在夜间产生的。由于各种缓慢的反应,氧气在白天形成的 O 和 O_3 贮存了一定能量,这些能量在夜间释放出来而形成气辉。在中紫外波段 200~300 nm,夜辉的主要特征出现在 O_2 的 Herzberg 带。图 1-34 为天空背景的紫外辐射谱。

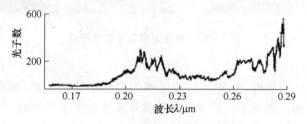

图 1-34 天空背景的紫外辐射谱

1.4.4 闪 电

闪电是积雨云中的大气放电现象。在闪电过程中,气体温度在 20 000 K 以上时所发出辐射的光谱包含有紫外成分,如图 1-35 所示。由闪电光谱分布可知,闪电放电强度在日盲区极大。积雨云的闪电频数和闪击(闪电是由数次放电组成的,每一次放电称为闪击)频数根据气象条件具有较大变化范围。

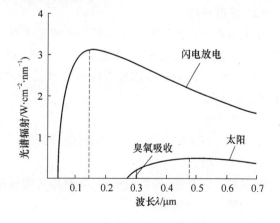

图 1-35 闪电和太阳辐射光谱

1.5　背景杂波环境

人类活动造成的紫外光学杂波环境是军用紫外探测系统面临的重大挑战,典型环境包括乡村环境、城市环境、工业区及大面积火源,如图1-36所示。工业生产过程中的各种弧光放电光源,如电焊、高压汞灯和钠灯等也是紫外探测过程中的主要干扰源。

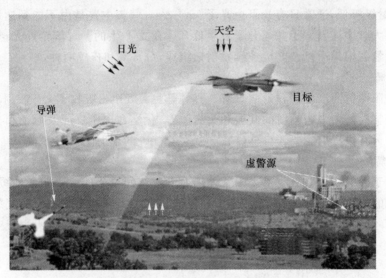

图1-36　紫外光学杂波工作环境

(1) 乡村环境

定义为在探测系统视场内,至少90%的区域为自然物体或植被,如水、森林、农场、云,也包括少量的房屋和路面的机动车。鉴于自然物体等不存在中紫外的辐射和(或)反射,所以乡村环境是中紫外探测系统理想的工作环境。

(2) 城市环境

定义为在探测系统视场内大部分区域充满着非工业人工物体,如房屋、停车场、仓库,但不包括工厂。城市环境很复杂,常常存在一些点源(太阳在玻璃或金属上的反光等)。如果以2 km高度为界分层,则低高度城市环境的背景杂波源通常呈现移动快、出现突然(被其他物体遮挡后)等特征。

(3) 工业区

定义为最可能辐射强烈光学辐射信号的工厂,包括高烟囱、塔等。

(4) 战　场

包括爆炸的炸弹、燃烧的车辆、导弹和其他战场环境特有的东西。火炮射击时,炮口可发出一定的瞬态紫外辐射。

(5) 大面积火源

可发生于任何乡村城市工业区,例如森林火灾、燃烧的建筑物和车辆等,其大多不可控,且因其燃烧面积、强度以及遮挡火焰的烟不断变化,也很难量化。

电晕放电、弧光放电、等离子体和燃料燃烧等过程发生的化学变化、物理变化都伴随着光辐射发生,会产生较强的紫外辐射。电晕放电主要发射的紫外波段范围是 230～405 nm,在空气中典型的发射谱如图 1-37 所示,图中最强的谱线是 298 nm,317 nm,337 nm 和 357 nm。

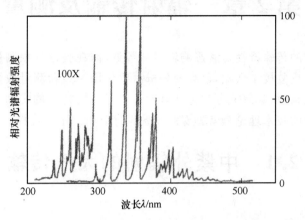

图 1-37　电晕放电在空气中典型的发射谱

第 2 章　辐射传输及测量

大气在紫外区域的传输特性显著影响辐射度数据，需在验证气象测量数据或使用大气传输和散射模型基础上反复校正数据，最终的分析需要使用模型和测量数据来计算从接收面到辐射源间的大气修正系数，其研究方式包括对紫外辐射传输特性的实测、仿真和理论计算等。紫外辐射传输及测量的技术理论是紫外探测系统设计分析的重要支撑。

2.1　中紫外辐射的大气传输

2.1.1　大　气

大气是由多种不同气体混合组成的，各种气体成分的含量一般以体积混合比来表示，定义为同样温度和压力下该气体成分的体积与干空气的体积之比。在大气中，含量较多的气体成分有 N_2，O_2，H_2O，Ar 和 CO_2，其中 N_2 和 O_2 的体积混合比分别为 78% 和 21% 左右。悬浮于大气中的各种固体和液体粒子统称为大气溶胶，其浓度随地区、气候的不同变化很大。此外，大气中还有多种含量很少的气体，其中对紫外辐射作用最强的是臭氧。

1. 大气层的结构组成

（1）大气层的垂直温度结构

大气层大致可分为对流层（troposphere）、同温层（stratosphere）、中间层（mesosphere）和热层（thermosphere）。如图 2-1 所示。

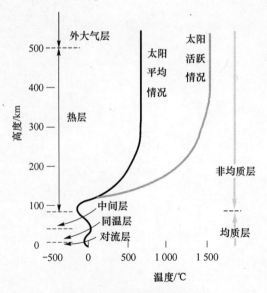

图 2-1　大气层的垂直分层

1) 对流层

最接近地面的大气层为对流层,平均高度约 10 km。对流层是对流最活跃(热空气上升、冷空气下降)的区域,也是各种气象发生的地方。大气中的水汽约有 80% 存在于对流层,因此它也是蒸发、云、雨等最经常发生的区域。一般而言,越接近地面,水汽含量越高,因为温度较高且较接近水汽来源(如:海、湖、森林、沼泽……)。大气吸收日光的效率不高(约 50%),而且由于不断的冷却,空气的辐射大于吸收,因此大气的温度分布呈随高度递减的现象。平均而言,对流层中温度随高度递减率约为 6.5℃/km。

2) 同温层

同温层位于对流层和中间层之间的 10～50 km 高度,其特点是温度随高度增加,因此空气特别稳定,不易产生对流,大气运动多为水平方向的运动。同温层没有降水,大气中的悬浮微粒(如火山灰、污染物、核爆辐射尘……)可停留在同温层数月至数年之久。臭氧层是同温层中含有相对高臭氧(O_3)的部分,大气层中约 90% 的臭氧位于此。同温层的温度分布与臭氧有关,且由于臭氧不断进行的化学反应在高度 50 km 处效率最高而导致该处温度最高。

3) 中间层

中间层底部高度大约 50 km,该层没有特殊的热过程,高度越高,温度越低,其顶部是大气层最冷的地方。

4) 热 层

N_2,O_2 和 O 在该层吸收波长非常短的太阳辐射($<0.1\ \mu m$),产生光电离作用,生成许多电离子,因此也称为电离层。由于空气稀薄,只要吸收一点能量,温度就变得很高且温度变化与太阳黑子活动关系密切。太阳黑子活跃与否可改变温度达 1 000 K。

(2) 气压及空气密度的垂直分布

气压及空气密度随高度增加基本呈指数递减(图 2-2)规律。

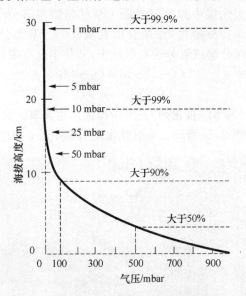

图 2-2 气压及空气密度随高度的变化

由于空气是可压缩的,因此大部分空气聚集在低对流层,而且低层大气密度远大于高层大气,大约一半重量的空气聚集在 5 km 以下。假设一大气压为 1 000 mbar,则 500 mbar 等压面的上方及下方大气各占 50% 的重量。气压与高度间的换算与当地气温有关。比如,热带地区气温较高,在同一压力下,空气所占体积较大,因此两等压层间的厚度较厚。一般而言,同一等压面的高度由热带向极区递减。大气压力随高度的变化如图 2-3 所示。

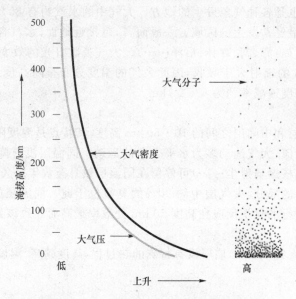

图 2-3 大气压和空气密度随高度的变化

2. 臭氧层

(1) 臭氧的起源

O_3 是地球大气中有效吸收中紫外辐射的最重要气体,太阳光中 93%~99% 的中紫外辐射被臭氧层所吸收。地球大气层中的臭氧来源于紫外辐射对氧分子(O_2)的激发,O_2 受激励后分解成的单独氧原子和未被分解的 O_2 组合成臭氧(O_3)。臭氧分子也不稳定(尽管在同温层中较稳定),受紫外辐照时分解成氧分子和氧原子,其化学反应表达式如下:

$$O_2 + O + M = O_3 + M \tag{2-1}$$

$$O_3 + h\gamma = O_2 + O \tag{2-2}$$

由式(2-1)看出,O_2、O 和 M(催化剂)三组份碰撞产生臭氧。臭氧-氧持续的循环过程在同温层中产生了臭氧层,如图 2-4 所示。臭氧吸收太阳紫外光子的过程可产生较暗的背景。

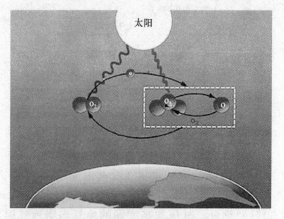

图 2-4 臭氧的产生及循环

臭氧层不断进行的化学反应的结果是化学成分不变,而大气却因吸收了更多能量而温度升高。

(2) 同温层中臭氧的分布

臭氧主要分布在 10~50 km 高度层,其在大气中的含量极少,体积混合比只有 10^{-8}~10^{-7},如果压缩成海平面气压气体,仅几个毫米厚,但是不同高度大气的臭氧浓度变化非常显著。在 10 km 以下的低空,臭氧的浓度极低,平均浓度约为 $3×10^{-5}$ g/m³ 量级。从 10 km 起,臭氧浓度随高度增加而急剧升高,高度为 18 km 时浓度为 $5×10^{-3}$ g/m³,在 20~30 km 达到 10^{-2} g/m³ 量级,23 km 左右的浓度达到最大,接近 $3×10^{-2}$ g/m³,高度为 50 km 时浓度则下降为 $5×10^{-4}$ g/m³。因此 20~30 km 的高度层被称为臭氧层。同温层中臭氧的分布如图 2-5 所示。臭氧随海拔变化的原因是慢循环使空气中较少的臭氧从对流层上升进入同温层。当空气在热带缓慢地上升,臭氧被太阳光分解产生氧分子。随着慢循环向中纬度推进,富臭氧的空气从热带的同温层中部到达了中高纬度同温层的低部。臭氧高纬度高浓度特征归因于低海拔臭氧的积累。

臭氧层的厚度,即高空臭氧的总量随多个因素变化,包括太阳光强变化、大气的循环模式以及高度、纬度及季节。

臭氧层大多出现在南北两半球的中高纬度,臭氧的总量在两半球一般从回归线到高纬度增加,通常近赤道处厚度较小而向两极变大。然而,臭氧量在北半球高纬度比南半球高纬度大很多。臭氧最高的含量出现在北半球春季(3~4 月份)的北极,与之相对的是南极最低臭氧含量出现在南半球的春季(9~10 月份)。地球臭氧含量最大地区是 3~4 月份春

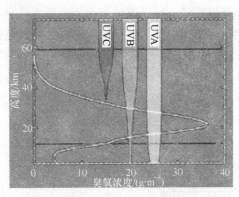

图 2-5 同温层中臭氧的分布

季的北极地区,其臭氧含量在夏季降低,在冬季则臭氧层的厚度增加。这是由于尽管大多数臭氧在热带产生,但是同温层的循环使它们迁移到南北极区和较高纬度的同温层下部。由于臭氧空洞的现象,地球上臭氧含量最低的地区出现在南极的春季(9~10 月份)。

美国大陆(北纬 25°~49°)的臭氧含量在北半球的春季(4~5 月份)最大,经过夏季到 10 月份下落到最低,经过冬季后又上升。对于高纬度臭氧模式的季节性变化,风的传输是主要原因。

2.1.2 紫外辐射衰减机理

大气对中紫外辐射产生影响的因素主要有 4 个:
① O_2 的吸收;
② O_3 的吸收;
③ 瑞利散射;
④ 溶胶散射和吸收。

每种因素影响的大小取决于大气粒子组份的浓度和反应截面,截面又随着不同波长、不同位置的变化而变化。太阳紫外辐射通过地球大气传输时,由于大气中分子及粒子的散射和吸收而衰减,如图 2-6 所示。

当波长 $\lambda < 0.3\ \mu m$ 时,太阳紫外光子就开始被臭氧吸收。UVC 辐射在海拔 35 km 处被臭氧完全过滤掉。波长短于 290 nm 的紫外辐射被臭氧层吸收强烈,其强度在地球表面仅是大气层顶部的 3 500 亿分之一。而大多数 UVA 会到达地球表面。目前,同温层由于臭氧的减少,降低了对太阳紫外光子的吸收。

1. O_2 的吸收

辐射通过大气时,大气分子随入射辐射的频率作受迫振动。所以辐射束为了克服大气分子内部阻尼而消耗能量,其中一部分转化为其他形式的能量,表现为大气分子的吸收。

O_2 是大气中含量仅次于 N_2 的气体。在波长 $0.2 \sim 0.3\ \mu m$ 的紫外辐射区,氧有两个吸收带,一个位于 175~203 nm 波段,另一个位于 242~260 nm 波段。在 250 nm 以上,O_2 的吸收效应同其他衰减效应相比已不明显。O_2 的垂直分布随高度增加而浓度递减,O_2 的吸收决定了中紫外波段在低空中探测目标的波段下限。

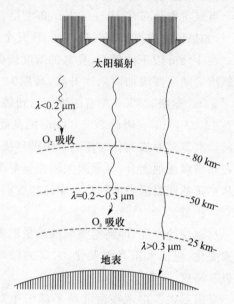

图 2-6 大气层随臭氧层对太阳辐射的吸收

2. O_3 的吸收

O_3 对光谱存在几个吸收带,其中最强的吸收带在 200~300 nm 波段,恰好位于中紫外区,如图 2-7 所示。

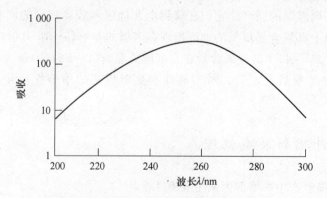

图 2-7 紫外波段臭氧的吸收特征曲线

该吸收带内 O_3 的吸收系数 K_a(km^{-1})可用下式表示(如在 266 nm 处):

$$K_a |_{266\ nm} = 0.025 \times d \qquad (2-3)$$

式中:d 表示大气中 O_3 的浓度,单位为 10^{-9}。

不同的 O_3 浓度对紫外辐射的吸收作用如图 2-8(a)所示。图 2-8(b)为太阳紫外辐射波长在不同高度的分布情况,图中虚线是地表紫外辐射的光谱分布等级。

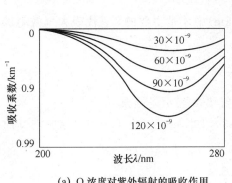

(a) O_3 浓度对紫外辐射的吸收作用　　(b) 太阳紫外辐射波长在不同高度的分布

图 2-8　O_3 对紫外辐射的吸收

O_3 的吸收带引起近地面的太阳光谱在波长<290 nm 处中断,波长短于 290 nm 的太阳中紫外辐射基本上到达不了地球近地表面,造成到达地面的太阳光在中紫外波段出现了盲区。表 2-1 为太阳紫外辐射短波限在大气中的高度。

表 2-1　太阳紫外辐射短波限在大气中高度

高度/km	2	8	17	25	34	55
波长/nm	298.0	295.0	293.5	292.0	260.0	225.0

3. 瑞利散射

大气中浓度较大的 3 类粒子(空气分子、Aitken 核、霾粒子)对紫外辐射的传输特性影响最大,表 2-2 为海平面大气中几种主要散射粒子的半径和密度。

表 2-2　大气散射粒子的半径和浓度

类　型	半径/μm	浓度/cm^{-3}
空气分子	10^{-4}	10^{19}
Aitken 核	$10^{-3} \sim 10^{-2}$	$10^{-4} \sim 10^2$
霾粒子	$10^{-2} \sim 1$	$10^3 \sim 10$
雾滴	$1 \sim 10$	$100 \sim 10$
云滴	$1 \sim 10$	$300 \sim 10$
雨滴	$10^2 \sim 10^4$	$10^{-2} \sim 10^{-5}$

一般来说,与紫外辐射波长越接近的大气粒子对其散射越强。霾粒子的半径和浓度变化范围大,其半径小于或等于工作波长的部分使得紫外辐射在大气中传输易受环境变化的影响。散射粒子的直径远小于波长时的散射就是瑞利散射,瑞利散射可描述为大气分子和原子对电

磁辐射的弹性散射。理想情况下,辐射不损失能量只改变传输方向。因为单个分子和原子的直径为 0.001～0.01 μm 量级,对波长 0.2～0.3 μm 波段的紫外辐射,瑞利散射是一种较强的机制,其散射系数反比于波长 4 次方和分子数密度。在低空中分子数密度很高,中紫外的瑞利散射很显著,当高度增加时,分子数密度减小,散射系数减小。

瑞利散射只有在晴朗天气(如能见度 $R_v \geqslant 20$ km)中才是主要的,它代表大气散射的最小值。大气分子的瑞利散射的体散射系数可表示为

$$K_{SR} = \frac{8\pi^3 [n(\lambda)^2 - 1]^2}{3N\lambda^4} \times \frac{6+3\delta}{6-7\delta} \quad (2-4)$$

式中:N 表示散射体的数密度;$n(\lambda)$ 表示大气的折射率;δ 表示退偏振项。

对于标准大气,分子数密度 $N = N_S = 2.547\,43 \times 10^{19}$ cm^{-3},$\delta = 0.035$。标准空气的折射率可以表示为

$$[n_S(\lambda) - 1] \times 10^8 = \frac{5\,791\,817}{238.018\,5 - \lambda^{-2}} + \frac{167\,909}{57.362 - \lambda^{-2}} \quad (2-5)$$

式中:λ 的单位是 μm。

计算瑞利散射的经典公式为

$$K_{SR} = 2.667 \times 10^{-17} \frac{P\gamma^4}{T} \quad (2-6)$$

式中:P 为大气压强,T 为绝对温度(在标准大气条件下一般取 $T = 300$ K),γ 为波数(cm^{-1})。

通常采用公式(2-4)来计算瑞利散射系数,散射辐射的强度与波长的 4 次幂成反比。

瑞利散射所致的大气透射比由下式给出:

$$\tau_r = \exp\left\{\frac{-M'}{\lambda^4 \left(115.640\,6 - \frac{1.335}{\lambda^2}\right)}\right\} \quad (2-7)$$

式中:M' 是标定的压力空气质量,$M' = MP/P_0$;$P_0 = 1\,013$ mbar;P 是以 mbar 为单位测量的表面压力。

相关空气质量 M 由下式给出:

$$M = \left[\cos(Z) + \frac{0.15}{(93.885 - Z)^{1.253}}\right] \quad (2-8)$$

式中:Z 是表观太阳天顶角。

4. 溶胶的吸收和溶胶的散射

气溶胶是悬浮于大气中的固体或液体粒子,包括水滴、冰晶、固体灰尘微粒、各种凝结核以及带电离子等,其大小范围从最小的 10 nm 烟雾粒子到大雨滴。由表 2-2 可知,大气中的气溶胶粒子占绝大多数。溶胶对中紫外的衰减包含吸收和散射两个过程。在辐射传输过程中,如果辐射波长和粒子大小接近,就发生溶胶散射。由于溶胶粒子大小分布很广,所以中紫外的溶胶散射也是一个重要的衰减机制,而且在溶胶衰减中占主导地位。溶胶散射是一个复杂的波长、粒子大小、折射率和散射角的函数通常靠经验公式得到,可用简单的模型表达为式 2-9,从而把散射大小与大气能见度联系起来

$$K_{SM} = \frac{3.91}{R_v} \times \left(\frac{\lambda_0}{\lambda}\right)^q \quad (2-9)$$

式中：R_v 为能见度，单位 km；λ 的单位是 nm；$\lambda_0 = 550$ nm；$q = 0.585 R_v^{1/3}$ 为修正因子。

图 2-9 给出了大气气溶胶在不同能见度时对日盲紫外辐射的散射计算结果。

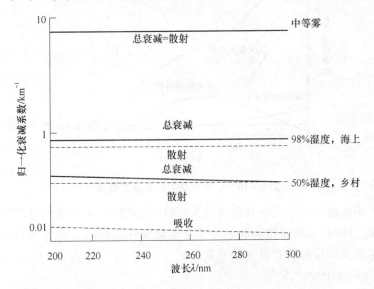

图 2-9 气溶胶的吸收系数及同散射系数的比较

从图 2-9 中可知，紫外波长、天气条件和大气散射粒子特性对紫外辐射的大气传输影响较大。在中等雾条件下，总衰减等于散射；海上 98% 相对湿度时，总衰减几乎等于散射；乡村 50% 相对湿度时，总衰减中散射依然为主，所以气溶胶的吸收是十分微弱的（图 2-9 中最下面虚线所示）。由于溶胶数密度随高度急剧下降，所以高空中溶胶的衰减可忽略不计，只有在地面，溶胶的衰减才予考虑。在溶胶衰减过程中吸收要比散射弱得多。

能见度对辐射传输的影响很大，$R_v = 5$ km 和 $R_v = 10$ km 的霾散射系数相差很大，而在 $R_v = 10$ km，$R_v = 15$ km 和 $R_v = 20$ km 的情况下相差不大，其主要原因是：4 km $\leqslant R_v < 10$ km 时为轻霾，10 km $\leqslant R_v \leqslant 20$ km 时为晴朗天气。大气对日盲紫外辐射总的衰减是上述吸收和散射之和，即衰减系数为

$$K_e = K_a + K_{SR} + K_{SM} \tag{2-10}$$

紫外辐射经气溶胶后的透射比由下式给出：

$$\tau_a = \exp\left(\frac{-\beta_n \cdot M'}{\lambda^{\alpha_n}}\right) \tag{2-11}$$

式中：α 和 β 的值可由乡村气溶胶模型给出。

5. 衰减系数曲线

(1) $0.2 \sim 0.3$ μm 的大气传输

图 2-10 是在综合各种衰减因素的基础上计算出的海平面中紫外衰减系数曲线。从图中可见，大气对中紫外传输的衰减系数随波长不同而不同，短波时，O_2 的吸收同其他因素相比占主导地位；中波长时，O_3 的吸收系数较大；长波长时，只有气溶胶系数变大。当高度增加时，O_2 的浓度降低，气溶胶系数密度减小，O_3 的吸收成为最主要的衰减因素，尤其是超过万米后，衰减系数显著增加。当高度达 20 km 时，O_3 的浓度达到最大，衰减系数最大。

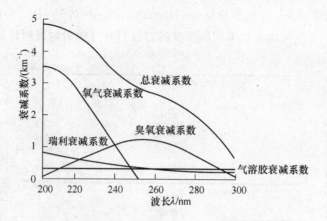

图 2-10 中紫外海平面衰减系数图

紫外辐射的传输损耗远远大于其他光谱区,其中气溶胶和臭氧是辐射的重要散射体和吸收体。臭氧浓度、气溶胶总数密度和粒子尺寸分布是紫外辐射的主要大气衰减因子,温度、相对湿度和压力也是大气传输的重要衰减要素。

(2) $0.3\sim0.5\ \mu m$ 的大气传输

紫外辐射穿过大气层的透射比取决于臭氧、气溶胶等因素。臭氧的数量每天都发生变化,云层覆盖短时间内也会发生变化。图 2-11(a)是 $0.3\sim0.5\ \mu m$ 大气透射比的计算值,图 2-11(b)计算的大气传输包括了 O_3,SO_2,H_2O,CO_2,CO,NH_3,N_2O,NO 和 O_2 等所有气体的影响。

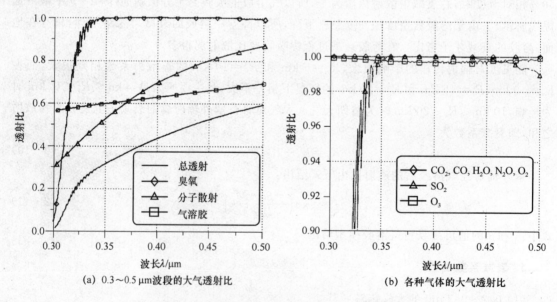

(a) $0.3\sim0.5\ \mu m$ 波段的大气透射比　　(b) 各种气体的大气透射比

图 2-11　$0.3\sim0.5\ \mu m$ 大气及各组份的透射比

图 2-12(a)为 5 km 高度处紫外波段的瑞利和霾散射(计算模型分辨率为 5 nm),$0.36\sim0.45\ \mu m$ 波长范围的透射比为 35%~50%。图 2-12(b)是在 $0.39\ \mu m$ 处,透射比与高度的函数关系。随着高度的增加,大气分子和气溶胶的密度减小,透射比明显增大。

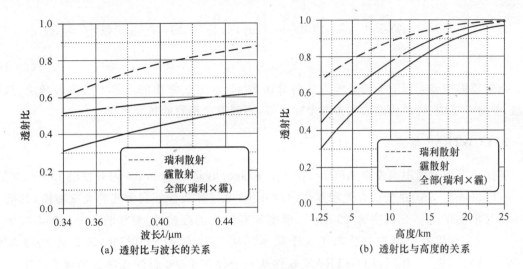

图 2-12 0.36~0.45 μm 波段紫外透射比的几种关系

2.1.3 辐射传输的 LOWTRAN 计算

1. 辐射传输模型

辐射在介质中吸收、反射和散射的过程可以表示为一个一阶方程，它决定了沿某一路程通过介质的辐射强度。对于同时具有吸收、反射、散射性质的介质，在辐射场某一位置、沿一定探测角通过一个小微分体积的单色辐射传输方程为

$$\frac{1}{\sigma(s,\lambda)}(\Omega \cdot \nabla)L_\lambda(s,\Omega) = -L_\lambda(s,\Omega) + J_\lambda(s,\Omega) + \frac{\omega_0(s,\lambda)}{4\pi}\int_{4\pi}\Phi(s;\lambda;\Omega' \to \Omega)L_\lambda(s,\Omega')d\Omega' \tag{2-12}$$

式中：$L_\lambda(s,\Omega)$ 为在 s 点沿 Ω 立体角传输的光谱辐亮度；$J_\lambda(s,\Omega)$ 为包含粒子热辐射 $[1-\omega_0(s,\lambda)]B_\lambda(T_p)$ 和气体化学荧光 $L_\lambda^c(s,\Omega)$（单位：$W \cdot sr^{-1} \cdot m^{-3} \cdot \mu m^{-1}$）在内的辐射源函数；$\sigma(s,\lambda)$ 为本地消光系数；$\omega_0(s,\lambda)$ 为单次散射反射率；$\Phi(s,\lambda\Omega' \to \Omega)$ 为归一化散射相函数；$B_\lambda(T_p)$ 为粒子温度为 T 时的辐射，单位为 $W \cdot sr^{-1} \cdot m^{-3} \cdot \mu m^{-1}$

根据辐射源函数的概念，$J_\lambda(s,\Omega)$ 表示为

$$J_\lambda(s,\Omega) = [1-\omega_0(s,\lambda)]B_\lambda(T_P) + \frac{L_\lambda^c(s,\Omega)}{\sigma(s,\lambda)} \tag{2-13}$$

进一步引入内散射源函数 $J_\lambda^s(s,\Omega)$，来表示各向粒子沿视线方向对辐射的散射：

$$J_\lambda^s(s,\Omega) = \frac{\omega_0(s,\lambda)}{4\pi}\int_{4\pi}\Phi(s;\lambda;\Omega' \to \Omega) \cdot L_\lambda(s,\Omega')d\Omega' \tag{2-14}$$

定义全源函数 $J_\lambda(s,\Omega)$ 为辐射部分 $J_\lambda(s,\Omega)$ 和内散射源函数部分 $J_\lambda^s(s,\Omega)$ 之和：

$$J_\lambda(s,\Omega) = J_\lambda(s,\Omega) + J_\lambda^s(s,\Omega) \tag{2-15}$$

将式(2-13)和式(2-14)代入并作变换，则辐射传输方程式(2-15)可以写成如下形式：

$$L_\lambda(s,\Omega) = L_\lambda(0,\Omega)\exp\left[\int_0^s \sigma(s',\lambda)\,\mathrm{d}s'\right] + \int_0^s \exp\left[-\int_s^{s'} \sigma(s'',\lambda)\,\mathrm{d}s''\right]\sigma(s',\lambda)\hat{J}_\lambda(s',\Omega)\mathrm{d}s'$$

(2-16)

求解辐射传输方程的关键是解内散射源函数 $J_\lambda^s(s,\Omega)$。常用的求解方法有区域法、热通量法、蒙特卡罗法、离散传递法和离散坐标法等,不同方法得到的精度不同。

2. LOWTRAN 软件

美国空军地球物理实验室 AFGL(Air Force Geophysics Laboratory)开发的 LOWTRAN (Low Transmitlance)是公认有效和方便的软件包,可计算从紫外到微波的大气传输,其低分辨率大气模型的光谱分辨率为 20 cm^{-1},模型具有较强的经验性,算法较简单,精度 10%～15%。从 1970 年提出至今已公布了 7 个版本。从 1972 年的 LOWTRAN 2 到 1989 年的 LOWTRAN 7,近 20 年间,LOWTRAN 软件从一个仅有 1 500 行的程序发展成为一个大于 8M 的软件包,其内容不断扩充,资料不断更新,算法不断改进,成为目前应用最广的计算大气相关物理量的软件包。此外,光谱科学公司编写了 Modtran 大气辐射传输软件。与 Lowtran 系列软件相比,Modtran 软件提高了光谱分辨率,扩大了大气散射分子的范围。

LOWTRAN 软件考虑了大气分子的吸收和散射、水气吸收、气溶胶的散射和吸收、大气背景辐射、日光或月光的单次散射和多次散射等。LOWTRAN 大气模式设立了热带大气、中纬度夏季和冬季、副级夏季和冬季、美国标准大气及自定义等多种选择。气溶胶消光模型扩充为城市型、乡村型、海洋型、对流层和同温层等多种模式,并考虑了对风速的依赖关系,建立了雾、雨和卷云的模型。

对紫外辐射的大气传输特性量化分析,可利用 LOWTRAN 软件对大气紫外波段(0.2～0.4 μm)的传输特性进行数值仿真和分析,对各种典型大气条件下不同海拔沿水平路径和垂直路径的大气紫外透射比、不同能见度条件下的紫外透射比等进行分析比较,获得紫外辐射传输特性,并计算出各种典型大气条件下不同海拔高度、沿各种路径及不同能见度条件下的紫外辐射的大气透射比。由于我国幅员辽阔,存在接近美国标准大气、热带大气、中纬度夏季和冬季等模式的地域,可使用 1976 年美国标准大气(30 km 以下)作为模式。

3. 不同条件下大气传输特性的计算

(1) 不同海拔高度的大气水平紫外透射比

图 2-13～图 2-16 是在大气能见度 $R_v = 10$ km 条件下,按美国标准大气、热带大气、中纬度夏季和中纬度冬季等大气模式计算得到的几种不同高度上沿水平路径的大气紫外透射比分布。

综合比较图 2-13～图 2-16 的分布曲线可以看出:

① 在 $\lambda \approx 0.253$ μm 附近的某个波段内,大气紫外透射比有大幅度下降,即存在所谓日盲区,其波段在 0.20～0.29 μm 范围。

② 不同地理区域和季节对日盲区的大小和紫外透射比产生影响,而对日盲区外紫外透射比的影响相对较小。

③ 日盲区透射比的下降幅度和范围随温度升高(季节和地域)而减慢和缩小,直至热带大气模式透射比随高度单调提高。

④ 不同海拔高度上的紫外透射比有较大差别,在 1 km 以下紫外透射比分布随高度变化很小,随后透射比随高度上升而增加,但高度到 6~7 km 后,日盲区的紫外透射比开始下降,反映了紫外波段消光的分子和粒子随高度分布的不均匀性,原因是臭氧含量逐渐增加。

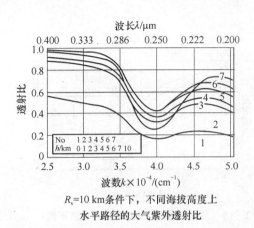

R_v=10 km条件下,不同海拔高度上水平路径的大气紫外透射比

图 2-13　按美国标准大气模式

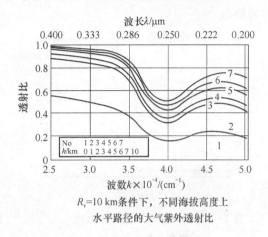

R_v=10 km条件下,不同海拔高度上水平路径的大气紫外透射比

图 2-14　按热带大气模式

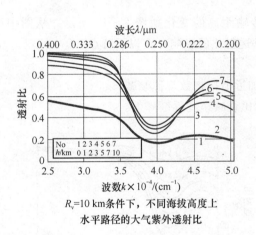

R_v=10 km条件下,不同海拔高度上水平路径的大气紫外透射比

图 2-15　按中纬度夏季模式

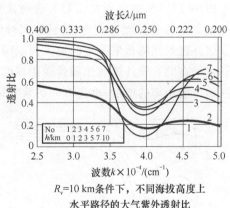

R_v=10 km条件下,不同海拔高度上水平路径的大气紫外透射比

图 2-16　按中纬度冬季模式

(2) 不同海拔高度的大气垂直紫外透射比

图 2-17 是中纬度夏季、乡村型气溶胶条件下,计算得到的不同高度时大气垂直方向紫外传输特性曲线。图 2-17 中,计算高度 1~60 km、波段 200~400 nm。

对于 300~400 nm 波段,当信号高度超过 30 km 后,大气的影响基本消失;而对于 200~300 nm 波段,则高度超过 60 km 以上时影响才基本消失,这主要是由于臭氧分布所致。

大气紫外透射比具有各向异性,在同样的海拔,沿水平路径和垂直路径具有不同的透射比,这种各向异性随高度具有差异,在海平面水平与垂直向上方向的大气紫外透射比变化较小,说明海拔 1 km 以内紫外消光因子分布较为均匀,而在海拔 1 km 处,各向异性最为明显。

(3) 不同能见度的大气紫外透射比

为了分析能见度对大气紫外透射比的影响,图 2-18 给出了在几种大气能见度和美国标准大气条件下,沿海平面水平路径上大气紫外透射比分布。可以看出,由于紫外波段紧靠可见光波段,可见光能见度的变化对大气紫外传输特性的影响是比较明显的,但日盲区的存在是共同的特点。

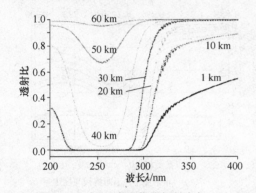

图 2-17 不同高度紫外辐射大气垂直方向透射曲线

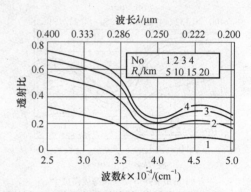

图 2-18 美国标准大气条件下海平面不同能见度水平路径的大气紫外透射比

(4) 不同大气模型紫外透射比的影响

由 LOWTRAN 得出的大气紫外透射比随传输距离的变化如图 2-19 所示。从图中可见,除日盲透过规律依然存在外,传输距离对紫外透射比的影响存在以下特点:

① 紫外透射比随传输距离的增大而衰减;

② 水平方向的紫外透射比随传输距离的增加近似按指数规律衰减;

③ 随传输距离的增加,垂直方向的紫外透射比衰减速度逐渐降低。

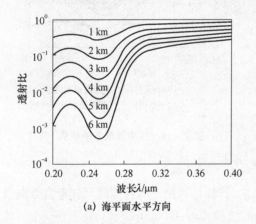

(a) 海平面水平方向

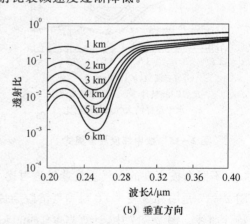

(b) 垂直方向

图 2-19 大气紫外透射比随传输距离的变化

在同样的海拔高度上,当大气紫外透射比沿水平路径和垂直路径传输相同的距离时,具有不同的透射比,即大气紫外透射比具有各向异性的特点。造成这种现象的原因是大气层的分层结构。因此,由于海平面上水平方向上的大气密度的均匀分布,大气紫外透射比随水平传输距离的增加呈负指数规律分布,而在垂直于海平面的方向上,则因大气密度按海拔高度递减而导致散射和吸收源密度降低,大气紫外透射比随传输距离的增加而减慢了衰减速度。

(5) 不同天顶角的大气紫外透射比

图 2-20~图 2-22 给出了在美国标准大气模式及能见度 $R_v=10\ \text{km}$ 条件下,海平面沿水平、垂直向上和天顶角(路径与地球外法矢量的夹角)为 45°的路径上的大气紫外透射比曲线。可以看出,紫外透射比随天顶角增大而减小。

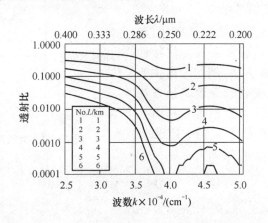

图 2-20 海平面沿水平路径的大气紫外透射比曲线

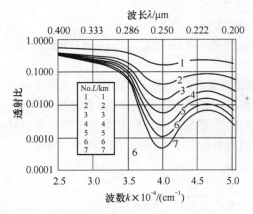

图 2-21 海平面沿垂直向上路径的
大气紫外透射比曲线

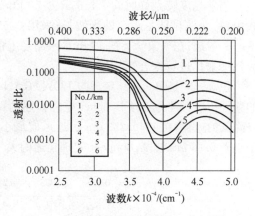

图 2-22 海平面沿天顶角为 45°路径的
大气紫外透射比曲线

讨论:

① 在近紫外波段,由于大气透射特性随波长的减小相对较为缓慢,与形成可见光蓝天类似,将在对空目标探测中形成紫外亮背景,使本体紫外辐射较小的目标呈现出高的景物对比度。

② 在中紫外波段,由于存在日盲区,大气紫外透射特性有明显下降,到达地面的太阳紫外辐射显著降低,使日盲紫外探测系统获得高的景物对比度。

(6) 复杂条件下 LOWTRAN 7 计算值的查表修正

对于长距离的水平路径,场景中大气透射比取决于 MLS(中纬度夏天)还是 MLW(中纬度冬天),大气透射比的计算需要空气温度、背景温度、相对湿度、气压参数及传感器任务、平台路径和目标位置等场景信息。若直接使用 LOWTRAN 7 软件,由于计算量太大而难以对两点之间的路径进行实时运算,改进修正的方法为:以传感器为中心,做同心圆并等分成网格状,如图 2-23 所示。那么每一个网格点相对于中心的透射比都可以由 LOWTRAN 7 预先求出，当然传感器所处的中心点与高度相关，不同高度时，每一个网格点相对于中心的透射比和辐射也是不同的。每一个高度都对应一组数据，在得到传感器高度和目标与它的相对位置后，目标到传感器的衰减就可以通过查表的方式得到。

（7）LOWTRAN 模型与 Bougner 定理计算结果的比较

大气紫外透射比与大气高度关系密切，高空的大气衰减比地面小。通常大气传输特性的描述都采用一些简化的方法，例如考虑主要几种气体分子和气溶胶吸收的等效路径方法以及利用气象学距离的简化模型等。利用大气能见距离 R_v，在水平路径 L 上的大气光谱透射比 $\tau(\lambda, L)$ 为（即 Bougner 定理）

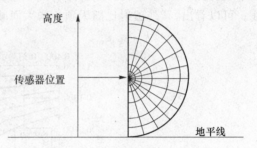

图 2-23 大气网格状传输的分解

$$\tau(\lambda, L) = \exp\left[-\frac{3.912}{R_v}\left(\frac{\lambda_0}{\lambda}\right)^q L\right] \qquad (2-17)$$

当能见度很差时，$q = 0.585 R_v^{1/3}$，$R_v < 6$ km；
当能见度为中等时，$q = 1.3$，$R_v = 10$ km；
当能见度特别好时，$q = 1.6$，$R_v > 50$ km。
式中：λ_0 为测试能见距离的光波长（采用 0.55 μm 或 0.6 μm）。

一般地，在气象学上把 1 km 水平路径上的大气透射比定义为 $\tau_1(\lambda) = \tau(\lambda, 1 \text{ km})$，它可以对大气透射比进行综合性描述。

图 2-24 是 Bougner 定理与 LOWTRAN 模型在紫外波段的透射比比较。从图中可见，大气的紫外传输特性并不像 Bougner 定理描述的那样随波长减小而单调降低，而是经历降低→上升→降低的过程，在 $\lambda \approx 0.253$ μm 附近形成最小点，即所谓日盲点。在基本相近的气象条件下，对于小于 0.28 μm 波段，Bougner 定理描述的大气透射特性高于 LOWTRAN 模型结果。

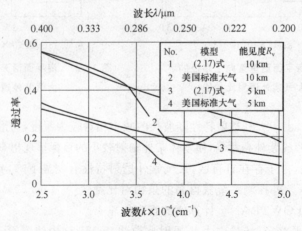

2-24 Bougner 定理与 LOWTRAN 模型在紫外波段的透射比比较

另外，在能见度 $R_v = 10$ km（中等可见度到可见霾）和 5 km（不良可见度）条件下，紫外波段的两种模型对于海平面水平路径的大气传输具有较好的一致性，但随波长的减小，其间偏差加大，Bougner 定理的计算结果偏大。

实验也表明,LOWTRAN 模型具有更高的精度,而基于可见光的 Bougner 定理模型难于考虑在不同波段消光因素的差异,当偏离可见光区域时,其计算误差自然加大。

2.2 紫外辐射的测量

2.2.1 紫外辐射传输的测量

1. 基本原理

辐射传输的一般机制如图 2-25 所示。目标连同自然背景及太阳等杂波源均为光电探测系统的工作对象,其间的大气介质对源辐射的传输具有衰减作用。

紫外辐射传输过程存在两个基本的关系式。

(1) 距离平方反比定律

点源在微面源上产生的照度与点源的发光强度和大气透射比成正比,与距离平方成反比,即

$$E = I \times \tau_a / L^2 \qquad (2-18)$$

式中:I 为目标的紫外辐射强度;τ_a 为大气透射比;L 为距离值。

(2) 波盖尔定律

辐射通过大气的衰减过程中,吸收和散射是两种主要机制。经过路径 L 的大气透射比服从指数分布,即

$$\tau_a = e^{-\alpha \times L} \qquad (2-19)$$

式中:α 为衰减系数。

吸收、反射(包括散射)及入射辐射透射的全部数值之和须等于 1,即 $\alpha + \rho + \tau = 1$,如图 2-26 所示。

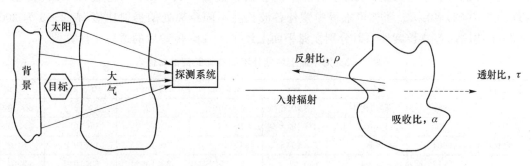

图 2-25 光电探测系统的一般工作机制　　图 2-26 辐射在介质中传输

2. 大气衰减系数的测量计算

紫外辐射的主要大气衰减变量是臭氧浓度、气溶胶总数密度和粒子尺寸分布,次要变量还包括温度、相对湿度和压力。点测量、路径综合测量并结合大气模型可确定大气吸收和散射特征参数。

大气衰减系数的路径综合测量基于强紫外源和带有可变视场的 UV 辐射计进行。辐射计所需的灵敏度和源所需的能量可以在测量前预计。在一定的信噪比下,测量能力主要取决

于臭氧标准,特别是远距离测量时。臭氧标准和粒子数量一般通过点测量进行,点粒子尺寸分布由气溶胶粒子计数器测量。温度、压力和相对湿度可使用一般的设备测量。由于大气测量用来表征大气条件的特征,辐射计到辐射源之间的路径应尽可能地接近试验路径,参考传感器应与源足够近,以忽略大气传输的影响;臭氧分析仪和粒子计数器也应尽可能靠近试验路径,以准确测试当时和当地等的条件。

利用大气透射比的计算公式,大气衰减系数与大气透射比二者间可方便地实现转换,以便于使用。下面介绍衰减系数测量过程及与大气透射比的转换。

大功率紫外源和紫外辐射计相向分别置于近距点 L_1 和远距点 L_2 处,分别测得:

L_1 处的照度值为

$$E_1 = I \times \tau_{a1}/L_1^2 \quad (2-20)$$

L_2 处的照度值为

$$E_2 = I \times \tau_{a2}/L_2^2$$

则

$$E_1/E_2 = (\tau_{a1}/\tau_{a2}) \times (L_2/L_1)^2 \quad (2-21)$$

即

$$(\tau_{a1}/\tau_{a2}) = (E_1/E_2) \times (L_1/L_2)^2 \quad (2-22)$$

又

$$\tau_a = e^{-\alpha \times L} \quad (2-23)$$

代入(2-22)式得

$$e^{-\alpha \times L_1}/e^{-\alpha \times L_2} = (E_1/E_2) \times (L_1/L_2)^2 \quad (2-24)$$

式两边取对数整理,得到计算大气衰减系数的公式:

$$\alpha = \frac{1}{L_2 - L_1} \ln\left[\frac{E_1}{E_2} \cdot \left(\frac{L_1}{L_2}\right)^2\right] \quad (2-25)$$

则大气透射比为

$$\tau_a = e^{-\alpha \times L} \quad (2-26)$$

例如,一束波长240 nm 的单色紫外辐射经2 km 传输后,其大气透射比 τ 计算如下。

查图2-10得波长240 nm 辐射对应的衰减系数 $\alpha_\lambda = 1.7 \text{ km}^{-1}$,由式(2-26)得出 $\tau = \exp(-1.7 \times 2) = 0.03$。类似可求得中紫外各波长在不同距离处的透射比值,表2-3为200~300 nm 波段内各波长紫外辐射分别在海平面上经1~4 km 传输后的透射比计算值。

表2-3 海平面上中紫外不同传输距离的 τ 值表

波长/nm	1 km	1.5 km	2 km	2.5 km	3 km	3.5 km	4 km
200	0.007	5×10^{-4}	4×10^{-5}	4×10^{-6}	3×10^{-7}	3×10^{-8}	2×10^{-9}
210	0.011	1×10^{-3}	1×10^{-4}	1×10^{-5}	1×10^{-6}	1×10^{-7}	1×10^{-8}
220	0.04	8×10^{-3}	2×10^{-3}	3×10^{-4}	7×10^{-5}	1×10^{-5}	3×10^{-6}
230	0.12	0.04	0.01	5×10^{-3}	2×10^{-3}	6×10^{-4}	3×10^{-4}
240	0.18	0.08	0.03	0.01	6×10^{-3}	5×10^{-4}	1×10^{-3}
250	0.22	0.11	0.05	0.02	0.01	3×10^{-3}	2×10^{-3}
260	0.25	0.12	0.06	0.03	0.01	5×10^{-3}	4×10^{-3}
270	0.33	0.19	0.11	0.06	0.04	7×10^{-3}	0.01
280	0.45	0.30	0.20	0.14	0.09	0.02	0.04
290	0.61	0.47	0.37	0.29	0.22	0.06	0.14
300	0.67	0.54	0.45	0.37	0.30	0.17	0.20

2.2.2 辐射源的测量计算

1. 导弹的静态测试

导弹的测试一般包括静态实验台、风道、滑车和自由飞行等方法,其中简便易行的是采用导弹固体火箭发动机进行静态实验台测试。测试时,火箭发动机固定捆绑在测试台上,在户外开放环境进行,如图 2-27 所示。

图 2-27 静态实验台测试图

具体测试布置如图 2-28 所示。火箭发动机静态固定于试车台上,紫外辐射计、光谱辐射计和紫外成像仪等仪器分别置于火箭发动机迎头方向轴平面两侧的观察台上,调整仪器传感器,并通过瞄准具使其视线指向羽烟中心区。传感器通道上可适当加衰减片。当火箭发动机点火后,紫外辐射计自动测量记录其紫外辐照度及能量随时间变化曲线,光谱辐射计自动测量记录火箭发动机的紫外辐射光谱,紫外成像仪对羽烟进行燃烧过程摄像,并通过监视器和录像机观察、记录羽烟紫外图像。

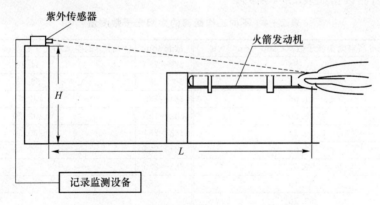

图 2-28 火箭发动机羽烟静态测试示意图

测试后进行数据处理,得出紫外辐射强度。计算如下:

$$I = E \times L^2 \times \beta \tag{2-27}$$

式中:I 为火箭发动机辐射强度,W/sr;E 为辐射计读数值,W/cm²;L 为火箭发动机与辐射计斜距,m;β 为衰减片衰减倍数。

静态实验台测试的优点如下:

① 在导弹燃烧过程中,距离和方位角等几何量精确可测且保持不变。因此,不需使用跟

踪器或进行大量数据分析来消除距离和方位角变化的影响。

② 能够在整个点火过程中收集数据。

③ 在测试过程中测试仪器和导弹间的大气条件以及背景辐射相对恒定,且静态测试路径短,测试结果基本与大气光学特性无关,减小了测试数据的不确定。

静态实验台测试的缺点如下:

① 不能模拟高度和自由气流速度效应。高度越高,羽烟越是向更大直径扩展,温度更低,从而辐射发生改变。速度越快,羽烟越长、越窄,与自由气流空气混合得越慢,妨碍了二次燃烧并显著影响最终的结果。因此,必须使用羽烟流场和辐射模型来修正导弹的高度和速度效应。

② 燃烧产物不能像自由飞行中那样带走,并通过羽烟反射、阳光辐射、背景辐射吸收或遮蔽,使导弹辐射的测试失真。

③ 自由飞行的导弹辐射特征在大气传输中变化很大,且传输变化是波长的函数(可用于距离被动估计即 TTI 时间的预测)。静态测试需利用大气传输模型就此修正,但在静态实验台测试过程中难以得到可靠结论。

2. 太阳光谱测试

通过在升空气球搭载光谱仪,可测量太阳光到达高空某一高度的光子数。测量时需明确太阳的天顶角。

1978 年 4 月 19 日,美国 Holloman 空军基地于当地时间 10 点 22 分进行了如图 2-29 所示的测试(测量高度 41.4 km,测量时太阳天顶角为 29.6°)。所测数据如表 2-4 所列。

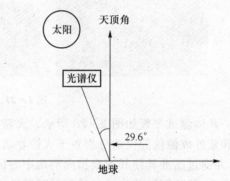

图 2-29 Hall 的测量示意

表 2-4 不同工作距离的太阳光子数测量

波长/nm	41.4 km 高空太阳光子数/(count·cm^{-2}·s^{-1})	波长/nm	41.4 km 高空太阳光子数/(count·cm^{-2}·s^{-1})
270~271	40.88	279~280	34.12
271~272	35.98	280~281	52.75
272~273	41.06	281~282	132.73
273~274	38.80	282~283	193.20
274~275	30.24	283~284	220.50
275~276	57.05	284~285	167.65
276~277	79.67	285~286	129.53
277~278	83.15	286~287	291.30
278~279	63.28		

在 270~287 nm 光谱段内,太阳光子计数随波长变长而迅速增多,所测得的数据与 LOWTRAN 7 软件模拟计算的结果基本吻合。

2.3 紫外辐射的测量仪器

紫外辐射的测量通过提供实际测量数据,为紫外探测系统设计和优化、计算机仿真和硬件在回路试验等提供支持。数据信息主要包括光谱、时间和空间3个方面,相应的主要测量仪器包括光谱辐射计、辐射计和成像仪。3种基本类型的设备还可综合使用,比如超光谱仪可同时产生光谱和空间信息等。表2-5归纳了3种类型的辐射测试设备。

表2-5 辐射度设备类型描述

设备类型	范围	测量	典型数据分析
辐射计	时间（瞬时）	幅值（电压或电流）与时间的函数关系	辐射强度（固定光谱带内）与时间 辐射强度（固定光谱通带内）与方位角
光谱辐射计	波长（光谱）	幅值与波长的函数关系	光谱辐射强度
成像仪	位置（空间）	幅值与目标位置的函数关系	辐射与目标半径和轴距

辐射计在宽光谱通带内测量辐射量,但缺乏带通内的光谱分布信息。图2-30左上方的阴影部分表示了一个光谱通带内的辐射,而中间图是由辐射计在该通带内测量的幅值-时间特征。辐射计可记录来自辐射源辐射的快速变化,通过分析这些快速时间变化,可确定辐射的光谱内容或功率谱强度,如图2-30右下方图所示。成像仪产生可测量的带内辐射空间分布图像序列,如图2-30右上方图所示。

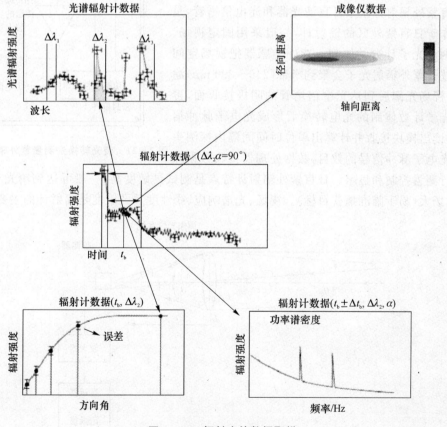

图2-30 辐射度的数据取样

2.3.1 辐射计

1. 组成及原理

紫外辐射计可测量固定波段内的入射辐射（辐照度）与时间的函数关系，用于在紫外波段对背景/目标的辐射度进行定量测量，属于光谱积分能量的测量。测量方法可分为两种：荧光转换法和宽带滤光器法。

荧光转换法主要利用紫外辐射能激发荧光的特点，将所激发出来的以绿色为主的荧光滤出再进行测量。原理如图 2-31 所示。

宽带滤光器法用宽带滤光器从被测物体辐射中滤出相应紫外波段，然后进行测量。图 2-32 是一种基本的宽带滤光器辐射计系统，其传感器由光学系统、探测器以及相关信号和控制电路以及显示记录系统等组成。输出信号经数据处理进行记录、存储和分析。

日盲紫外辐射计基于日盲滤光器和光电倍增管，是一种工作于日盲紫外区的辐射计，一般采用固定视场、凝视探测和光子计数的体制。紫外传感器把视场空间内特定波长紫外辐射光子会聚到窄带（240~290 nm）滤波片，经视场光阑后到达光电倍增管的阴极接收面，再经基于光子计数体制的光电转换后形成光电子脉冲信号，信号读出模块接收并计算出单位时间间隔内探测头送来的光电子脉冲信号的数目，数据处理器接收数据并对其进行测量控制和显示。日盲紫外辐射计特点是测试灵敏度高（一般可达到单光子检测水平）和视场大（易于瞄准捕获目标）。视场、光谱响应、线性度及灵敏度是辐射计的主要参数。

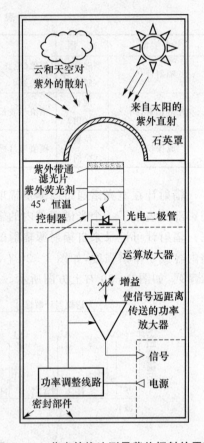

图 2-31 荧光转换法测量紫外辐射的原理

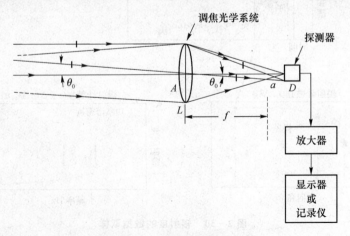

图 2-32 日盲紫外辐射计组成

测量控制软件的主要功能包括数据采集控制以及相关设备的驱动。设备驱动主要包括存储设备驱动、显示驱动、网络驱动以及设置辐射计的衰减状态、测量方式等。测量程序完成对测量结果的采集、处理和分析,并将最后测量和运算的结果通过控制程序送到终端显示。紫外辐射计的主要功能如下:

① 具有观瞄功能,用于远距离目标对准。
② 具有辐照度——时间曲线显示功能。
③ 可自动存储辐射值、时间、测量曲线等信息。
④ 可显示各种曲线图形、字符、数据、时间等信息。

多传感器辐射计采用多传感器及数据综合处理方式,用于对被测物紫外光谱和强度沿不同方向的测量,用以获得辐射的空间分布或对多目标同步测量。

2. 测试与标定

(1) 性能测试

辐射计的主要性能特性包括光谱特性、余弦特性和非线性等。

1) 光谱特性

光谱特性的测试利用紫外源(氘等、汞灯)和光栅单色仪进行。测量方法是:对辐射源预热后,从 200~400 nm 光谱范围连续调节单色仪的输出波长,每隔一定波长记录置于被测处紫外辐射计的读数,其输出值经过对辐射源的光谱修正处理后即为辐射计的光谱特性。

2) 余弦特性

余弦特性的测试利用准直紫外源(氘等、汞灯)和转台进行。测量方法是:准直辐射源预热后对准同轴承载辐射计转台的中心(即辐射计接收面中心),按照 $0°→(+\theta)→0°→(-\theta)→0°$ 的顺序连续调节转台的角度,同时记录辐射计的读数。对相同位置的两次读数平均,可计算出不同角度 θ 的余弦特性。

$$\theta \text{的余弦偏离值} = \left(\frac{\theta\text{的平均测值} - 0°\text{平均测值} \cdot \cos\theta}{0°\text{平均测值} \cdot \cos\theta}\right) \times 100\% \quad (2-28)$$

3) 非线性

非线性的测试主要利用准直紫外源(氘等、汞灯)和标准中性滤光片组进行。测量方法是:先调节被测处辐照度值至辐射计最大测值,然后按照衰减倍数从小到大逐个更换滤光片直至辐射计的最小测值,同时记录每个衰减值所对应的辐射计读数。将所有读数与其对应的衰减值相除,即可得到辐射计不同测量范围的非线性情况及最大非线性值。

(2) 性能修正

1) 分光光度对辐射计宽光谱的修正

对于有一定光谱宽度的辐射计,由于被测物光谱分布的差异,当用某种标准灯校准的辐射计去测量另一类光谱差异较大的物体时,往往带来程度不同的误差。推导说明如下:

具有一定光谱宽度的紫外辐射计受标准灯辐照射后所产生的电压为

$$V_D = \sum \tau_\lambda S_\lambda E_{\Delta\lambda} \quad (2-29)$$

式中:τ_λ 为滤光器的光谱透射比;S_λ 为仪器所用光电传感器的光谱灵敏度;$E_{\Delta\lambda}$ 为标准辐射源的光谱辐照度。

仪器的灵敏度 S_D 可以写为

$$S_D = V_D/E_D = V_D/\sum E_{D,\lambda} \qquad (2-30)$$

如果辐射源变为被测物,相应地有

$$V_S = \sum \tau_\lambda S_\lambda E_{S,\lambda}$$

$$S_S = V_S/E_S = V_S/\sum E_{S,\lambda} \qquad (2-31)$$

显然,$S_S \neq S_D$,因此,需采用分光光度计法来修正。所谓分光光度计法就是先将标准辐射源入射的紫外辐射分成若干个窄小的波段(1 nm 或更窄),分别对每个小波段进行校准,即求出每个小波段的灵敏度,之后再用其来测量被测物。由于每个测量波段很窄,滤光器每个波段的透射比和传感器在该波段的灵敏度均可视为理想状态,即在每个波段内不再具有光谱分布性,仅具有如式(2-31)所表述的线性。标准灯和被测物在每个小波段内产生的电压分别为

$$\begin{aligned} S_{D,\Delta\lambda} &= \tau_{\Delta\lambda} S_{\Delta\lambda} E_{D,\Delta\lambda} \\ V_{S,\Delta\lambda} &= \tau_{\Delta\lambda} S_{\Delta\lambda} E_{S,\Delta\lambda} \end{aligned} \qquad (2-32)$$

校准时对应的灵敏度分别为

$$\begin{aligned} S_{D,\Delta\lambda} &= V_{D,\Delta\lambda}/E_{D,\Delta\lambda} = \tau_{\Delta\lambda} S_{\Delta\lambda} \\ S_{S,\Delta\lambda} &= V_{S,\Delta\lambda}/E_{S,\Delta\lambda} = \tau_{\Delta\lambda} S_{\Delta\lambda} \end{aligned} \qquad (2-33)$$

从式(2-33)不难看出,$S_{D,\Delta\lambda} = S_{S,\Delta\lambda}$。

2) 滤光器透射曲线的修正

辐射计的滤光器决定了测量的波段范围,其理想化的透射曲线应为 Π 字型,即在起始波长处,透射比应瞬间从零达到预定值,随后透射段透射比基本保持平稳,最后在波长终止处,透射比瞬间过渡为零。但实际滤光器的透射曲线均为单峰型,且各个滤光器的透射曲线之间很难做到完全一致。这样,不同辐射计间读数的一致性需校准。

3) 入射角 θ 的修正

在紫外辐射计入射狭缝前放置石英材料的漫透射器以提供均匀光辐射,可消除仪器的角度响应。但传统的平板散射体输入光学系统在球形辐照度测量中产生的系统误差达10%。图 2-33 所示的一种带有球形散射体的输入光学系统可减少这些误差,在 0°~75°之间的余弦误差可小于 3%,积分余弦误差可低于 2.5%

对于入射辐射的球形辐照度测量,需要考虑入射角 θ(入射辐射方向和表面法线之间的角)的余弦效果。输入光学系统响应与理想余弦的偏差由余弦误差 $f_2(\theta,\varphi)$ 表达如下:

$$f_2(\theta,\varphi) = \left[\frac{S(\theta,\varphi)}{S(0,\varphi) \cdot \cos(\theta)} - 1\right] \cdot 100\% \qquad (2-34)$$

式中:$S(\theta,\varphi)$ 是辐射计信号;θ,φ 分别是入射角和方位角。积分余弦误差 $\langle f_2 \rangle$ 描述的散射量可由下式计算得出:

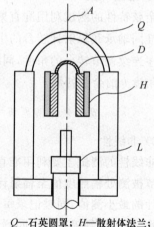

Q—石英圆罩; H—散射体法兰;
L—光导杆; A—光轴

图 2-33 一种带有球形散射体的
输入光学系统

$$\langle f_2 \rangle = \int_{0°}^{85°} |f_2(\theta, \varphi=0)| \cdot \sin(2\theta)\mathrm{d}\theta \tag{2-35}$$

4) 辅助数据

辐射计的标定需要紫外标准源的校准光谱曲线(以 $W \cdot sr^{-1} \cdot nm^{-1}$ 为单位,是源方位俯仰角的函数),需要辐射计响应度-波长的曲线。对于视场可变辐射计的各视场,响应率是视场角的函数,可先进行散射测量。测量时将辐射计直接指向紫外源并记录不同视场角时的数据,如图 2-34 所示。当视场角减小时,可从测量中逐渐消除散射光。

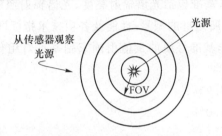

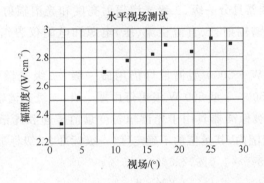

图 2-34 传输和前散射测量

(3) 辐射计的计量标定

1) 计量基准器具

① 光谱辐射度国家基准

(a) 光谱辐射度的国家基准建立在绝对黑体理论基础上,由普朗克定律导出。基准装置主要由高温黑体、精密光电光温计、光谱辐射计、参考辐射源和配套用直流电源及电测仪器等组成。

(b) 光谱辐射度国家基准的工作波段是 250~2 500 nm,其量值不确定度分别是:
- 光谱辐射度 1.1%~3.8%;
- 光谱辐照度 1.25%~3.9%。

② 光谱辐射度国家副基准

(a) 光谱辐射度国家副基准主要由相应的副基准灯组、光谱辐射计、直流稳流(压)电源以及配套的电测仪器组成。副基准灯组的量值用替代法,从光谱辐射度国家基准过渡得到。

(b) 光谱辐亮度副基准灯采用 BDW-2500 型和 BW-2000 型钨带灯,分布温度分别为 2 800 K 和 2 400 K,带有石英窗的 BDW-2500 型钨带灯用作紫外区的副基准灯。为其供电的直流稳流电源的稳定性为每 30 min 不超过±0.005%。

(c) 光谱辐照度副基准灯采用 BZ-6 型和 BDQ-8 型钨丝灯,分布温度约为 2 600 K；1 000 W 溴钨灯用于紫外区,分布温度约为 3 050 K。供电电源采用直流稳压电源,其稳定性为每 30 分钟±0.01%。

(d) 光谱辐射度副基准灯要求泡壳均匀、无斑痕(划痕)、光学性能稳定。灯丝几何形状整齐、无折痕,光辐射稳定性优于每小时±0.1%。

③ 光谱辐射度国家工作基准

(a) 光谱辐射度国家工作基准包括光谱辐射亮度、光谱辐射照度国家工作基准灯组、直流稳流(压)电源及电测仪表组,所用灯的型号、性能及各项技术指标同副基准用灯。

(b) 光谱辐射度国家工作基准灯组的量值由国家副基准灯组传递,周期为 2 年。其量值不确定度分别是：

- 光谱辐亮度 1.2%～3.9%；
- 光谱辐照度 1.3%～4.0%。

2) 计量标准器具

光谱辐射度计量标准器具分一级、二级光谱辐射亮度和光谱辐射照度标准。它们分别由相应级别的标准灯组、光谱辐射计、直流稳流(压)电源和电测仪表组成,其量值采用替代法传递。

BDW-2500 型和 BW-2000 型钨带灯仍用做一级、二级光谱辐射亮度的标准灯组。1 000 W 溴钨灯和 BFZ-500-1 型 500 W 溴钨灯用做一级、二级光谱辐射照度的标准灯。

光谱辐射度一级、二级标准器具用于光谱辐射度量值传递和光谱辐射功率测量的计量。在 250～2 500 nm 波长范围内,其量值的不确定度(一级标准、二级标准)如下：

- 光谱辐射亮度 1.5%～4.0%,2.5%～4.5%；
- 光谱辐射照度 1.6%～4.1%,2.6%～4.6%。

工作计量器具主要指各种光谱辐射计。其量值由光谱辐射度一级或二级标准传递。工作波段为 250～2 500 nm。测量不确定度为 2.5%～12%。

3) 计量标定方法

日盲紫外辐射计可以通过标准源完成标准光谱辐亮度和光谱辐照度的量值传递。标准辐射源采用一级、二级光谱辐亮度器具(1 000 W 溴钨灯)。测试时,辐射计传感器置于与溴钨标准灯相距额定距离的标准照度面,光路间加适当光栏以阻止杂散光及多次反射光,周围环境进行辐射吸收处理,以减少多次反射带来的误差。在溴钨标准灯预热后进行测量,测量值与标定的辐射量比较,得到校准结果。辐射计的标定如图 2-35 所示。

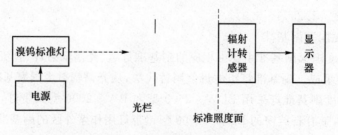

图 2-35 辐射计的标定

具体步骤如下:

① 把标准溴钨灯的有效孔径光栏中心和紫外辐射计光敏中心用激光准直仪调节共轴。辐射计传感器前加衰减片。

② 从精密位移平台上读出标准溴钨灯与紫外辐射计光敏面的距离 L,然后将整个装置用屏蔽罩封闭,以避免环境杂散光辐射的影响。

③ 开启标准溴钨灯和紫外辐射计的工作电源,待设备得到充分预热后(约 10 min),打开标准溴钨灯有效光栏前的快门,辐射入射到紫外辐射计光敏面上,辐射计进入测试程序,仪器自动连续采集并显示照度值。

④ 关闭光栏前的快门,此时紫外辐射计光敏面上无光照射,采集紫外辐射计的暗输出灰度信号,可得紫外辐射计在标准溴钨灯辐照时的净输出信号:$\Delta N_i = N_i - N_{ib}$。

⑤ 调节有效光栏孔径大小及辐射源与紫外辐射计光敏面的距离,进而改变紫外辐射计接收到的辐照度。然后重复操作步骤③和④,得到一组辐照度值 E_i 及相应的紫外辐射计净输出信号 ΔN_i,从而完成紫外辐射计的辐射定标。

如果标定中采用了距离衰减和衰减片衰减,则标准灯在辐射计传感器光敏面上的照度值:

$$E = \frac{E_i}{距离衰减 \times 衰减片衰减}$$

2.3.2 光谱辐射计

光谱辐射计用于测定辐射源的光谱分布,能够同时建立目标或背景的强度、光谱特性,可对导弹羽烟光谱和强度及大气透射比进行测量。光谱辐射计一般由收集光学系统、光谱元件、探测器和电子部件等组成,类型包括傅里叶变换光谱辐射计(FTS)、多探测器色散棱镜和光栅光谱辐射计、圆形渐变滤光器(CVF)低光谱分辨率光谱辐射计等。各自特点如下:

① CVF 光谱辐射计在探测器前面设置一个光谱可变的旋转滤光器,其优点是简单、低成本,缺点是光谱分辨率较低。

② FTS 光谱辐射计具有高分辨率、宽光谱覆盖、高灵敏度和操作快速等特点。但由于内有运动元件而在恶劣环境下使用受限。

③ 色散(棱镜和光栅)型光谱辐射计通常使用探测器阵列,相比机械扫描系统,在机械稳定性和快速响应性方面更具优势,但探测器在每一个子波段内接收的能量非常小,若需长时间积分则信噪比恶化。

采用窄带滤光器的分光测量,由于只涉及几个有限的波长,一般均为特殊的测量目的而设定。

光谱辐射计既能测总能量,又能测各个波长的分光量值,但由于每测量一次所需时间较长,较难实现连续测量,且仪器价格昂贵,对环境和人员素质要求较高。

下面以使用范围较广的美国 ISDC 公司 MARK Ⅲ 圆形渐变滤光器光谱辐射计为例进行介绍。该光谱辐射计具有高灵敏度(NET<0.000 3 ℃.),高光谱分辨率和时间分辨率(50 次

扫描/秒)的特点,适合于野外和实验室的目标特性和各种辐射测量。

圆形渐变滤光器光谱辐射计系统主要包括光学传感器、信息处理和控制分系统等。光学传感器包括辐射接收望远镜(前视光学部分)、对辐射进行调制的斩光器、参考源(黑体)、光谱滤光器(CVF)和探测器等,如图 2-36 所示。

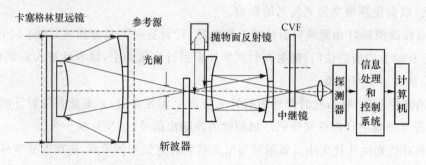

图 2-36 圆形渐变滤光器光谱辐射计系统

光谱辐射计的几种典型工作模式如下:

1) 离散光谱测量模式

滤光器轮停止在某一位置的滤光片,数据采集后作为电压和时间的函数送显。

2) 连续光谱测量模式

滤光片轮边转边收集数据。这些数据作为电压和波长的函数送显。

3) 透射比测量模式

与外部辐射源和光学调制盘协同工作。辐射计工作在非调制模式,接收来自外部的调制辐射源的能量。

用 CVF 或单个滤光器做基本的数据采集,把测量的信号存储在仪器的存储器中,作为参考电平。在后续的数据采集过程中,测得的信号电平与存储在存储器中的信号进行比较,计算两个能量的百分比,并作为波长和时间的函数在屏幕上显示。

2.3.3 成像光谱辐射计

成像光谱辐射计可同时获取被测物的光谱、空间和时间特征,一般采用反射光栅或棱镜,可在紫外光谱拍摄范围内对目标或背景一次成像,捕获紫外辐射源的瞬态光谱,获取飞机、导弹和紫外模拟源等的紫外辐射光谱-强度曲线。

紫外成像光谱辐射计一般采用推帚扫描方式,以机械扫描和成像组件共同组合完成三维信息的获取,获得一定视场的"色立方体"三维数据(λ,x,y)。其中:扫描机构完成其中一维空间信息的获取;成像器件完成另一维空间和光谱维信息的获取;"色立方体"由图像采集和预处理软件实时合成,输出到标准的处理软件包,把成像光谱传感器扫描获得的图像转换成包括空间和光谱信息的定量数据。

紫外成像光谱辐射计一般工作于 200~400 nm,能够采集数百个光谱带,通常由紫外像增强器数字摄像机、可更换光栅、滤光器及直流伺服控制图像扫描系统等组成，系统采用精细分光元件和面阵器件的像素合并技术，其光谱和空间分辨率可进行智能化的粗细调节且在宽波段范围可调谐。数据采集处理及控制以综合方式实现。图 2-37 为美国 UV 100E 紫外成像光谱辐射计，表 2-6 所列为其主要参数。

表 2-6　UV 100E 紫外光谱成像辐射计主要参数

传感器	13 mm×13 mm
阵列	1 024(H)×1 024(V)
数字输出	16 bit
像素合并	1,2,4
光谱合并	1,2,4
带通方法	棱镜—光栅—棱镜 @ 5 nm
成像方式	推扫焦平面扫描器
光谱范围	200～400 nm

图 2-37　UV 100E 紫外光谱成像辐射计

2.3.4　紫外成像仪

紫外成像仪用于摄取目标在宽紫外波段的空间特征，一般由紫外变焦光学系统、固定波段的光谱滤光器、数字化紫外成像组件、视频显示、可见光观察系统和电源模块等几部分组成。紫外成像光学系统用于将较大视场范围内的紫外场景成像在紫外像增强器的光敏面上；紫外像增强器将极微弱的紫外辐射图像转换成增强的光电子图像输出光谱转换的、增强的可见光图像，数字化CCD组件将可见光图像转换为数字视频图像，并按照一定接口形式传输到光电图像采集分析系统，实现对固定视场内目标的紫外成像，最后把标准视频信号显示在小型液晶监视器，同时对采集到的图像进行存储和处理。可见光成像通道用于目标的瞄准和观察。图 2-38 所示为德国 PROXITRONIC 公司的日盲紫外成像仪的外形及组成示意图。

 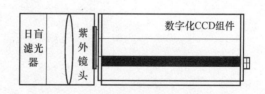

图 2-38　紫外成像仪外形及组成示意图

日盲紫外成像仪集成了高灵敏和高分辨的像增强器和标准CCD，能够在日光下探测微弱紫外辐射(可至单光子事件)，并不受日光影响，可以实时摄取记录目标和背景的紫外图像，以作为重要试验数据，用于算法研究和建立数据库，PROXITRONIC 紫外成像仪的主要性能指标如表 2-7 所列。具有扫描快速和空间分辨率良好的特点，帧速可到 1 000 Hz，阵列尺寸 128×128 像素。

表 2-7 PROXITRONIC 紫外成像仪参数

视场/(°)	11×8
工作距离	3~200 m
光阴极 （先进日盲阴极）	高光谱灵敏度 $S(240\ nm):0.47\ mA/W$ 量子效率 $Q(240\ nm):24\%$ 低可见光响应 $S(400\ nm):5\times10^{-2}\ mA/W$ $S(800\ nm)1\times10^{-8}\ mA/W$ 暗发射率$[e/cm^2/sec]:3$
输入窗口	石英玻璃
荧光屏	P43
几何失真	小于图像高度的 1%
图像尺寸	20 mm×15 mm
耦合方法	25:11 光锥耦合
TV 标准	CCIR 625 线/50 Hz
日盲滤光器	$T(264\ nm)>15\%$ $T(300\ nm)<10^{-10}\%$ $T(305\sim750\ nm)<10^{-11}\%$

第 3 章 紫外光学

紫外光学系统的作用是接收一定空域内目标或景物的紫外辐射并传输给探测器。紫外光学系统的设计与可见光光学系统均建立在几何光学的基础上,所不同的是紫外辐射波长比可见光的波长短,因此带来设计上的相异,体现在:①在光学材料中,紫外波段透射比良好的种类很少,尤其在中紫外波段;②紫外波长短使得紫外光学系统具有良好的衍射极限。

3.1 光学系统设计

3.1.1 关键设计参量

1. 孔径光阑

实际光学系统只可能在一定空间和一定光束孔径范围内接收目标和背景辐射,因此在光学系统中应设置光阑,如图 3-1 所示。光阑位置的重要性体现在:

① 像差的校正和像质都与其位置密切相关;

② 光学系统的光能量即光通量受光瞳和系统中所有光学元件大小的限制。

孔径光阑把来自目标不同点的所有主光线都限制大一个光轴相交的平面。确定孔径光阑的办法是:求出轴上某确定物点对物空间内各光阑像的边缘的张角,其中最小张角的光阑像所对应的光阑即是系统的孔径光阑,它决定了轴上物点发出平面光束边缘光线的最大倾斜角,即光束的孔径角。孔径光阑决定光束孔径角大小。一

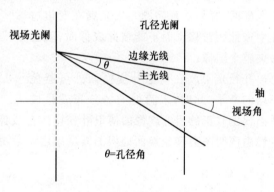

图 3-1 光学系统的孔径、视场光阑

般情况下,孔径光阑置于傅里叶变换面,以使物方所有点都能在同一角范围内观察到。

光学系统一般由许多光学元件组成,每一个元件都有已知的通光口径,此外还有若干机械孔径。孔径光阑是从物面看到的具有最小入射角的像所对应的孔径。它是镜头的限制孔径。

2. 入瞳和出瞳

孔径光阑通过其前面光学系统在整个光学系统物空间内所成的像,称为光学系统的入瞳。入瞳决定了进入系统光线的最大光束孔径。当物体位于物方无穷远时,只须比较各光阑通过其前面光组在整个物空间所成像的大小,以直径最小者为入瞳,入瞳的大小由光学系统对入射光能量的要求决定。孔径光阑在像空间所成的像叫出瞳。如果从物方来观察光学系统,则能看到入瞳;如从像方来观察光学系统,则能看到出瞳。通常,镜头在入瞳位置上设置一个可变

光阑或一个固定的机械光阑来改变像的亮度。

入瞳和出瞳的另一种描述方法是,如果将进入镜头的主光线延长而不被透镜元件折射,它将在入瞳处和光轴相交,主光线和光瞳的位置如图3-2所示。类似地,出瞳位于出射主光线与光轴相交的位置。如果将光学系统出射的主光线反向延长至与光轴相交,则可以得到出瞳的位置。

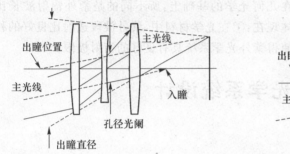
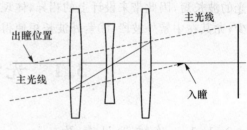

图3-2 光学系统中的孔径光阑和入瞳

就功能而言,特定的光瞳位置通常不太重要,但多个透镜组合设计使用时,光瞳位置就变得重要,因为前一组透镜的出瞳必须与后面透镜组的入瞳相匹配(图3-3)。

变焦镜头的光瞳尺寸和位置随变焦位置(即焦距)变化而变化,当第一个镜头的出瞳和第二个镜头的入瞳仅在一个变焦位置相匹配时,容易出现问题。当光瞳在变焦过程中彼此相对移动而不能彼此成像时,就会丢失整个图像。

孔径光阑放在傅里叶变换面处可避免不均匀渐晕,此时,入瞳处的场分布就是按

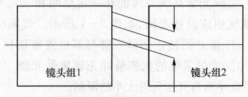

图3-3 入瞳和出瞳的匹配

适当比例修正的目标或像的傅里叶变换。在成像系统中,传递是在物空间的卷积,所以,成像特性由照明图案和变换面处探测器灵敏度函数决定。

3. 渐 晕

光学系统一般存在30%~40%的渐晕。如果来自视场中各点的光束完全充满孔径光阑而不被光阑周围的孔径所遮挡,则系统没有渐晕。

对于图3-4所示的典型镜头,轴上(即视场中心)光线通过直径为 D 的孔径进入镜头,并会聚于视场中心,而边缘最大视场的光线以一定角度进入镜头。为了让视场边缘的光束以同样的通光口径 D 充满孔径光阑,光瞳边缘的光线一定要通过点 A 和点 B。在这两点处,光线严重弯曲,意味着产生严重的系统像差,同时大直径透镜的结构成本比较高,透镜也会因此变重变厚。所以,将图3-4中边缘视场的成像孔径由直径 D 缩为 $0.7D$,这样,与视场相比,边缘视场的光能量损失约30%。然而,在柯克式镜头中,正

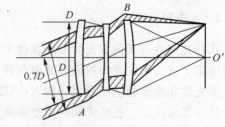

图3-4 渐 晕

透镜直径的变小意味着透镜可以较薄,镜筒也可以较小、较轻。

图 3-5 所示为三片式镜头的例子。其中:图(a)所示是无渐晕的初始设计形式;图(b)所示为减小元件尺寸后 40% 的渐晕,但光线追迹和没有渐晕时一样;图(c)所示是视场边缘有 40% 渐晕的最终设计结果。

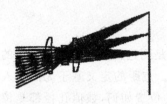
(a) 基本设计,$f/5$,$\pm 20°$ 视场,无渐晕

(b) 40% 渐晕的元件

(c) 40% 渐晕的最终设计

图 3-5 渐晕举例

4. 视场光阑

实际上,一切光学系统的入瞳总有一定大小,有时甚至很大,因此大多数情况下,某轴外物点的主光线虽不能通过入窗,但该物点发出光束的一部分可通过入窗进入系统。能够限制大部分光线(平行于轴)空间场的面叫视场光阑,如图 3-1 所示。

视场光阑通过其前面光学系统于物空间所成的像为入窗。确定视场光阑的办法是:把系统中除孔径光阑以外的所有光阑通过其前面的光组成像,入瞳中心所对张角最小的像所对应的为视场光阑。在物空间,边缘主光线与光轴间夹角称为物方半视场角,其大小是入瞳中心对入窗张角的一半,以 ω 表示。与视场共轭的像平面的范围为像场。对于矩形探测器,像面最大不能超过像场(一般为圆形)的内接矩形,即像面对角线应等于像场的直径:

$$\Phi = 2f'(1-\beta)\tan\omega' \tag{3-1}$$

像面尺寸决定于缩放倍率 β、镜头焦距 f' 和像方视场角 ω。

5. 消杂光阑

光学系统的杂光有非成像物体入射的辐射,也有光学零件、机械零件反射和散射的辐射。杂光源大部分处在仪器之外,因此应合理控制镜筒内壁的表面反射。常用的办法是镜筒壁车螺纹并喷褐色无光漆或加杂散光挡板。如图 3-6 所示,在系统内壁加 3 块隔板 1,2 和 3。考察 A 点的一杂散光线,显然,在挡板 1 到 A 点这段区间因不被照射而不发生反射。在 A 点到挡板 2 这段区域虽被杂散光照射,但反射光被 2 号挡板阻挡,不能反射到探测器上。

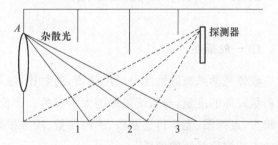

图 3-6 杂散光挡板

消杂光阑确定的原则如下:

① 探测器探测到的场景越大,则它接收的漫散射就越多,所以挡光罩和透镜镜筒应尽可

能地远离物场。

② 来自黑表面的多重反射能消除漫散射,能阻止任一光线反射到探测器。

③ 挡光罩锋利的边缘会导致光衍射,所以挡光罩的孔径要调节,后面的挡光罩内径应略小。

6. F/#、数值孔径

F/#就是焦距除以通光孔径(入瞳直径);数值孔径(NA)是到达轴上像的边缘光线的半锥角的正弦,即来自轴上物点的半锥角的正弦,如图3-7所示。焦距的定义基于无限远入射的光线,而对于物和像都不在无限远的有限共轭系统,不管物的位置如何,数值孔径都是像方圆锥半角的正弦。物方数值孔径是从光轴到由物中心发出的限制性边缘光线的半圆锥角的正弦。习惯上数值孔径多用来表征显微物镜。有些显微物镜将目标再次成像在有限远距离,而有些显微物镜具有从物镜出射的准直光线,称为无限校正的物镜,需要用"管镜"把图像聚焦到目镜的焦平面或会聚到CCD等探测器上。

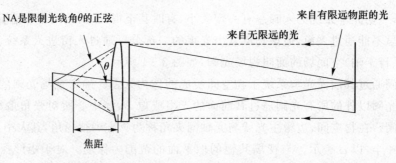

图3-7 F/#与数值孔径

有效焦距是一个透镜的焦距,等效焦距是一组透镜元件的总焦距,二者含义基本相同。"共轭距F/#"和"工作F/#"在有限共轭系统中经常使用,且不管物是在无限远还是在有限远,共轭距的F/#都等于$1/(2NA)$。

3.1.2 光学性能及像质

1. 一般描述

成像光学系统的性能可以用像质、透射比、渐晕和畸变等特征量描述。像质是光学系统成像质量好坏的度量,与系统像差的大小有关。评价光学系统成像质量的方法主要有瑞利判断、分辨力、点列图、光学传递函数、圆内能量、均方根弥散斑直径或其他像质判据,这些判据以不同的方式评价系统的像质。

2. 分辨力

分辨力是表征镜头像质的一个参数,经典理论通常将光学系统能够分辨物距处两个靠近的有间隙点源的能力定义为分辨力。像质可以理解为系统的分辨力,即两个目标刚好被分辨

（即分开）时，两个目标彼此靠近的程度，也可以理解为像的清晰度。

整个系统的分辨力并不完全取决于光学系统本身，还可能包括构成系统的传感器、电路、显示设备以及其他组件。例如，如果眼睛是传感器，则它能够适应离焦和场曲，而像 CCD 等平面探测器却不能适应离焦和场曲。

假设一个入瞳直径为 D 并以给定 F/# 成像的理想光学系统，两个靠近的有间隙点源通过这个光学系统成像，每个点都形成一个衍射斑，如图 3-8 所示。

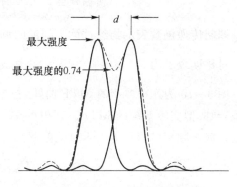

图 3-8 两个可分辨的理想衍射斑

如果两个理想衍射斑之间的距离等于爱丽斑半径（衍射斑第一暗环的半径），则两个峰值中间的强度降至最大强度的 0.74 时，这两个点像是可以分辨的，即分辨力的瑞利判据（假设成像面不是限制性因素）。像面上两个点的间距 d 为

$$d = 1.22\lambda F/\# \tag{3-2}$$

以弧度为单位的物空间分辨力（λ 和光瞳直径单位相同）为

$$\alpha = \frac{1.22\lambda}{D} \tag{3-3}$$

光学镜头不宜一味追求高分辨力，而应与光敏面的分辨力相匹配。分辨力只是表示了系统在高对比度下的成像质量。

3. 调制传递函数

调制传递函数（MTF）表示调制度与图像内每毫米线对数之间的关系，是所有光学系统性能判据中最全面的判据，特别是对于成像系统。一个图案强度按正弦规律变化的周期性目标由待测镜头成像后，像面处的图案强度如图 3-9 所示。从图中可见，由于像差、衍射、装配和校准误差以及其他因素，像质有点退化，亮暗程度均不如初始。

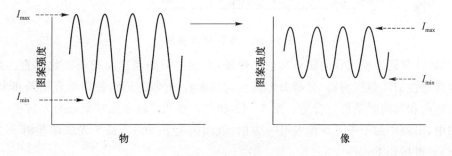

图 3-9 调制传递函数的含义

调制度就是最大强度与最小强度之差与最大强度与最小强度之和的比。MTF 是像的调制度与物的调制度之比，它是空间频率的函数，空间频率通常以 lp/mm 的形式表示。

$$调制度 = \frac{I_{max} - I_{min}}{I_{max} + I_{min}}; \quad MTF = \frac{像的调制度}{物的调制度}$$

调制传递函数表示物经过镜头到像的调制度传递与空间频率的关系。

对比度表示为
$$对比度 = \frac{I_{max}}{I_{min}}$$

图 3-10 为几种典型的 MTF 曲线,包括理想光学系统、有中心遮拦系统(如卡塞格林望远镜)和典型实际系统的 MTF。理想的中心遮拦系统由于遮拦而有较多的衍射,因而 MTF 较低。截止频率(MTF 等于零时的频率)为

$$V_{截止} = \frac{1}{\lambda(F/\#)} \tag{3-4}$$

图 3-10 中示例是一个紫外(波长 0.275 μm)F/4 镜头,截止频率约为 882 lp/mm。相应地进行比例缩放,则 F/2 镜头具有两倍的爱丽斑直径,因此截止频率为 1 764 lp/mm。

MTF 说明物的调制度被镜头传递到像的情况。图 3-10 中 MTF 曲线的下方是目标和所成像在低空间频率、中等空间频率和高空间频率下的图形描述。目标的调制度相同,而像的调制度在较高频率处低得多。

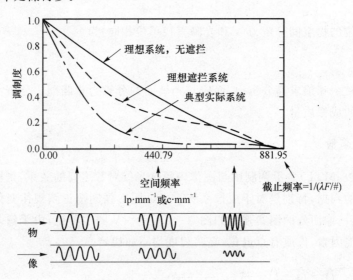

图 3-10 典型 MTF 曲线

MTF 的计算通常使用径向靶条和切向靶条,且切向靶条和径向靶条彼此垂直。然而,对于具有像素特性的阵列探测器,分辨力靶条应与像素行和列相一致,使用垂直靶条和水平靶条要比使用径向和切向靶条更为合适。图 3-11 利用入瞳和出瞳坐标对靶条的方向进行了相应说明。图中,出瞳中的子午光线像差沿 y 方向(纸面内上下方向),弧矢光线像差沿 x 方向(垂直于纸面)。概括如下:

① 子午像差沿 y 方向,水平靶条模糊,子午靶条水平。
② 弧矢像差沿 x 方向,竖直靶条模糊,弧矢靶条竖直。
③ 径向靶条平行于"轮辐条"。
④ 切向靶条与"轮边缘"相切。

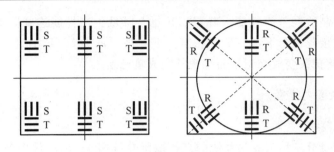

图 3 – 11 目标方向规则

图 3 – 12 所示,对于给定的一个双高斯镜头,计算出在 4 个视场(轴上、0.33 视场、0.67 视场和边缘视场)处的 MTF 图和最终像质。视场边缘的径向(竖直)靶条比切向(水平)靶条衰减得多。模拟的三靶条像为 50 lp/mm,此空间频率处的调制度约是切向靶条的 0.65、径向靶条的 0.4。模拟像清晰表明了两种靶向的差别。

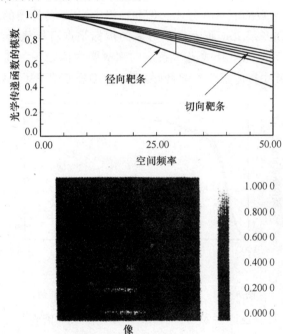

图 3 – 12 双高斯镜头的 MTF 和模拟靶条目标像

图 3 – 13 为理想系统的 MTF 与卡塞格林望远系统中心遮拦比之间的关系。随着中心遮拦比的增加,从爱丽斑中心最大处衍射的光增加,MTF 相应降低。这种情况下,中心最大的直径会略微减小,从而导致高频 MTF 实际上略高于无遮拦完善系统的 MTF。

可以证明,成像光学系统的 MTF 实际上可能小于零。另外,性能良好的系统会

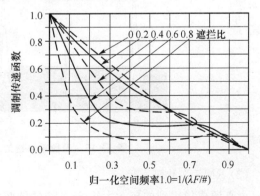

图 3 – 13 理想系统的 MTF 与中心遮拦的关系

因离焦、像差和/或制造误差而性能下降,MTF 也会降低。当性能连续降低时,MTF 最终可能降到零以下。在极限情况下,MTF 将在零上下震荡。每当 MTF 小于零时,就构成位相反转,位相反转就是暗靶条变成亮靶条而亮靶条变成暗靶条。

4. PSF 及弥散圆内能量

(1) 点扩散函数

像面上点的能量分布称为光学系统的点扩散函数(PSF)。用成像探测器测量 PSF 时,尽管存在模糊和采样不连续现象,但由于点源目标的像一般能超过几个像素,因此可以进行测量,但其测量精度与采样数量有关。

(2) 弥散圆内能量

弥散圆内能量(或正方形内能量)指包含特定百分比(例如 80%)能量的圆的直径(或正方形的边长,例如像素边长)。

圆内能量是像直径函数的能量百分比。例如在确定 CCD 传感器的成像光学系统指标时,假设传感器的像素间距是 $7.5~\mu m$,那么简单可靠的指标是点目标能量的 80% 应落入 $7.5~\mu m$ 的直径之内。图 3-14 为柯克三片式光学系统的弥散圆内能量图。能量的 80% 包含在大约 $6~\mu m$ 的直径范围内,该尺寸与传感器匹配良好,还为加工公差留下了一定余量。

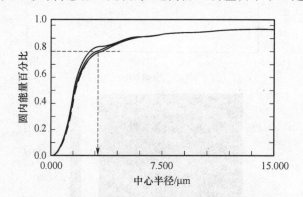

图 3-14 柯克三片式光学系统的圆内能量

图 3-15 分别表示无中心遮拦及有 0.2,0.4,0.6 和 0.8 倍直径中心遮拦的无像差系统的 PSF。

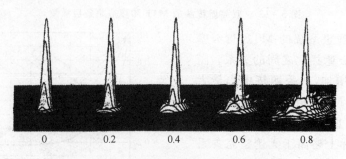

图 3-15 无像差系统的 PSF 和中心遮拦的关系

(3) RMS 弥散斑直径

由点源成像得到的包含大约 68% 能量的圆的直径。

为了降低能量传输损耗,衍射限光学系统的弥散斑应小于探测像素距,也就是光学 $F/\#$ 的设计要保证达到衍射限。根据爱丽斑、波长和 $F/\#$ 三者间的关系,弥散斑直径有

$$D_A = 2.44\lambda F/\# \qquad (3-5)$$

$F/\#$ 越小,光斑越小,如图 3-16 所示。但太小的 $F/\#$ 严重加大了光学设计的难度,因此 $F/\#$ 的选择只要满足衍射限不大于探测像素间隔即可。

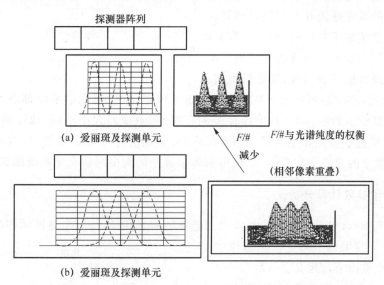

图 3-16 弥散斑与 $F/\#$ 的光学权衡

3.1.3 设计过程及分析

1. 设计过程

光学系统的设计步骤一般如下:

① 根据使用要求制定合理的技术参数。从满足使用要求的程度出发,制定光学系统合理的技术参数。

② 光学系统总体设计和布局。

③ 光学部件(光组、镜头)的设计。一般分为选型、确定初始结构参数、像差校正 3 个阶段。

④ 长光路的拼接与统算。以总体设计为依据,以像差评价为准绳,来进行长光路的拼接与统算。如结果不合理,则应反复试算并调整各光组的位置与结构,直至达到预期的目标。

⑤ 光学系统的公差制定。分配整个系统中所有光学元件和光学机械元件及尺寸的加工公差,进行公差预算,确保系统以合理的成本实现所要求的光学性能。

在制定光学系统公差的过程中,需要给系统中所有光学元件和光学机械元件分配公差,包括所有的透镜和反射镜以及直接或间接支撑光学元件的机械元件。系统的总目标是在满足光学性能的要求前提下,使光学元件的成本、装调和校准的成本达到最低。制定光学系统公差的基本步骤如下:

① 为所有光学元件和机械元件分配可变公差；
② 选择调整参数，如后截距等；
③ 公差的敏感度分析；
④ 重新估计公差，检查是否有变化；
⑤ 增加其他不能被程序模拟的公差的影响；
⑥ 预计总的系统性能并进行误差预算；
⑦ 加严对系统敏感参数的公差，放宽非敏感参数的公差，并预算性能；
⑧ 重复步骤⑦直至以合理的开销满足系统性能；
⑨ 如果系统性能不能实现，则进行重新设计。

光学设计的目的就是要对光学系统的像差给予校正，但任何光学系统都不可能也没有必要把所有像差都校正到零，必然有剩余像差的存在，剩余像差大小不同，成像质量也就不同。受衍射、制造和装配误差的影响及其他因素的限制，像差的存在也是必然的，因此必须了解光学系统的剩余像差的允许值和公差，以便根据剩余像差的大小判断光学系统的成像质量。

2. 物镜光学参数计算分析

如图 3-17 所示，来自无限远的光线进入透镜的通光孔径，每一个透镜元件组都使光线改变其方向，直至光线聚焦于像上。到达像中心的最终成像光锥由 $F/\#$ 定义。

视场确定需要有关探测器类型、全对角线尺寸、像素数（垂直与水平）、像素间距（垂直与水平）及探测器的尼奎斯特频率（lp/mm）等。视场的表示一般用角度形式。例如，$\pm 45°$ 的视场意味着整个或全对角线视场是 $90°$。

示例：被测物体的物高为 $2y$，探测器像素宽度为 δ'，像素数为 N，物像间共轭距为 L，则：

(1) 系统放大率 β

β 由下式确定：

$$\beta = 2y'/2y \tag{3-6}$$

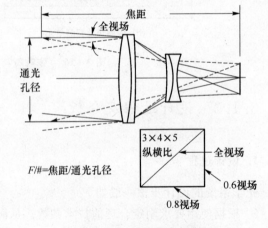

图 3-17 典型技术要求

式中：$2y' = N\delta'$ 为 CCD 光敏面尺寸。

(2) 物镜的相对孔径 D/f'（或数值孔径 NA）

物镜的相对孔径是由物镜的分辨力和阵列探测器件所需照度的大小决定的。物镜的分辨力 δ 与阵列探测器件的分辨力 δ' 有关，它们间的关系为 $\delta = \delta'/\beta$。由物镜的分辨力 δ 可确定物镜的数值孔径 $NA = (0.5\lambda)/\delta$，并由式 $NA = n\sin U$ 和 $n\delta\sin U = n'\delta'\sin U'$ 分别求出物方孔径角 U 和像方孔径角 U' 值。式中，n 和 n' 分别表示物像方介质折射率。

(3) 确定物镜的焦距 f'

解联立方程组

$$\begin{cases} \beta = \dfrac{l'}{l} \\ l' - l = L \\ \dfrac{1}{l'} - \dfrac{1}{l} = \dfrac{1}{f'} \end{cases} \quad \text{(由结构尺寸决定)} \tag{3-7}$$

可求出物镜的焦距 f' 和成像系统的外形尺寸 l' 和 l 值。

(4) 视场角 $2\omega'$

$$\tan \omega' = y'/x' \tag{3-8}$$

式中：$x' = l' - f'$ 为阵列探测器光敏面到物镜像方焦点 F' 的距离。

(5) 孔径光阑的直径 D_2

$$D_2 = 2x' \cdot \tan U = 2(l' - f')\tan U \tag{3-9}$$

(6) 物镜通光口径 D_L

$$D_L = 2(y + l \cdot U) \tag{3-10}$$

3.2 紫外光学材料

在通常的 180～400 nm 紫外光谱范围，用于制造镜片、窗口、滤光器、整流罩和其他元件的紫外光学材料品种为数不多，只有少量的光学材料可以使用，如石英玻璃、氟化物（氟化钡、氟化钙和氟化锂等）、UBK7 玻璃及蓝宝石、硼硅玻璃和透紫玻璃等。

3.2.1 一般描述

1. 光学材料的紫外特性

对于一种透明材料来说，对特定波长不能有原子共振吸收。对于折射光学来说，找到合适紫外透明材料的难点是短波长带来的高能光子问题。紫外辐射穿过一定厚度材料时，几乎没有材料能有足够大的能带隙来避免吸收，其衰减按照 Beer-Lambert 法则指数式进行：

$$I = I_0 e^{-aL} \tag{3-11}$$

式中：a 是每单位长度的吸收系数；L 是材料的总长。材料越厚，衰减越严重。

对于紫外吸收系数高的材料，当紫外光子能量足够强时，材料化学结构则发生改变或物质电离成原子，引起负感效应，其透射降低，衬底材料颜色变化。

2. 材料的选择

材料的选择是光学系统设计面临的首要问题，而系统的工作波长是材料选择的首要因素。大多数材料存在明显的截止波长，并与材料的类型和纯度有关。

在材料选择方面，成本也是主要考虑的因素。最大的带宽往往意味着更独特和更昂贵的材料，其昂贵的成本源自材料本身和抛光的难度。所有紫外光学材料必须通过传统抛光，但是更易碎和柔软的材料需要软封装以避免刮碰。如果与强紫外光源或激光一起工作，则需考虑其损坏阈值和耐久性。材料耐久性直接与光学寿命有关。

紫外光学材料选择应考虑一系列光学性能和理化性能,光学性能指标有光谱透射比及其随温度的变化、折射率和色散及随温度变化;理化性能指标有机械强度、硬度、密度、热导率和热膨胀系数、比热、弹性模量、软化温度和熔点、抗腐蚀/防潮解能力等;衡量其质量的常用指标有折射率 n_d、色散系数 $α_d$、光学均匀性、应力双折射、条纹度、气泡度、光吸收系数和耐辐射性能等。

紫外材料的折射率不高,许多材料(特别是氟化物)很难加工,并具有吸湿性,所以在加工和装配时,需要防止湿气对光学材料的损害。很多类型的材料暴露在短波紫外波段(小于320 nm左右)会受到损坏,玻璃将变暗,塑料将变黄和出现裂纹。

紫外材料表面误差必须严格控制。相比较于10%可见光波长表面($λ/10≈50$ nm)高度误差,紫外表面5%波长的高度误差在合理的制造控制范围内,但紫外材料50 nm 的表面高度误差接近其波长的25%,因此,以 $1/λ^4$ 增加的瑞利散射导致紫外光学材料应用的散射问题。

材料的表面缺陷、光洁度和材料的散射可能引起非期望的杂散光,导致紫外材料制成光学系统后易存在散射问题。总的积分散射(TIS)为

$$TIS = \left[\frac{4\pi\delta(\cos\theta)}{\lambda}\right]^2 \quad (3-12)$$

式中:δ 是均方根表面粗糙度;λ 是波长;θ 是入射角。

3.2.2 玻璃

透紫外玻璃目前仍是品种最多、应用最普遍的紫外光学材料。其中,有光学石英玻璃、透紫外黑色玻璃、钠钙硅透短波紫外玻璃以及钠钙透紫外玻璃等。

玻璃通常属无故障材料,可分为多种类型,其光学特性也存在明显的不同,主要特性是折射率、色散性(即折射率随波长的变化量)以及它的透射比。

传统上,光学玻璃分冕牌和火石2种(图3-18)。冕牌玻璃具有低折射率(1.5~1.6)和低散射,火石玻璃具有较高折射率和高散射。

玻璃常见的瑕疵有气泡和细纹。石英玻璃按照气泡和细纹的密度、形状和OH的含量分几个等级。不同应用对等级要求不同,例如激光窗口要严格选用等级高的玻璃,以保证细纹及气泡足够低;对于高质量成像应用,光学系统通常选用化学汽相淀积制作而成的非常纯的石英玻璃。

石英和某些类型的玻璃从化学上来讲具有很强的惰性,但不同玻璃的表现明显不同。玻璃表面(以及薄膜)如持续暴露在有盐雾的恶劣环境下,则易受侵蚀而导致光学性能降级,严重受侵蚀的玻璃还可能在顶部出现发白的外层。石英玻璃和冕牌玻璃抗侵蚀能力很强,但高折射率玻璃($n≈1.8~2$)通常在环境上要求严格,其中一些即使在实验室条件下,也将会随时间变黑或受蚀。

温度膨胀系数(CTE)和折射率温度系数(TCN)均是光学设计需着重考虑的问题。CTE和TCN一般均为正数(TCN为负的玻璃较少)。CTE可进行归一化(无量纲)表征,TCN为 $\partial n/\partial T$。由于辐射经过电介质的相位延迟为 nl/c(l 为光程长度),归一化的温度系数 TC_{OPL} 因

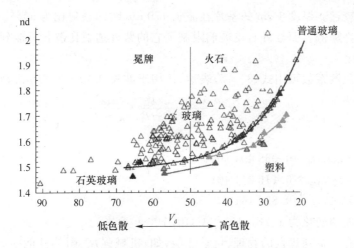

图 3-18 光学玻璃和普通塑料的 $n_d - V_d$

此可表示为

$$\text{TC}_{\text{OPL}} = \frac{1}{nl} \frac{\partial (nl)}{\partial T} = \frac{\text{TCN}}{n} + \text{CTE} \tag{3-13}$$

对于多数玻璃类型，TC_{OPL} 约为 $10^{-5}\ ℃^{-1}$ 或略低一些。

透镜或混合介质的温度系数需考虑空气层的变化。通过不同元件光学路径长度的温度系数为

$$G = \text{TCN} + (n-1)\text{CTE} \tag{3-14}$$

1. 石英玻璃

石英玻璃是二氧化硅单一成分的非晶态材料，其微观结构是一种由 SiO_2 四面体结构单元组成的单纯网络，由于 Si-O 化学键能很大，结构很紧密，所以石英玻璃具有独特的性能，尤其透明石英玻璃的光学性能非常优异，在紫外到红外辐射的连续波长范围都有优良的透射比。

光学石英玻璃是指二氧化硅（SiO_2）含量在 99.99% 以上的高纯石英玻璃。光学石英玻璃在紫外波段有很好的透过性能，加之它的软化点高（约 1 500 ℃），允许最高工作温度达 1 100 ℃，所以是目前制作高功率紫外高压汞灯及金属卤化物紫外灯唯一可用的管壁材料。图 3-19 为光学石英玻璃基片。

石英玻璃采用高纯度的硅砂作为原料，制作的传统方法是熔融-淬灭方法（加热材料到熔化温度，然后快速冷却到玻璃的固态相）；制作超高纯度和高紫外透射比的透明玻璃需硅的汽化、氧化成二氧化硅并加热熔解等过程。

石英玻璃的物理和光学特性如下：

(1) 物理特性

极低的热膨胀系数，大约 $0.55 \times 10^{-6}/℃$ （20～320 ℃），可承受大的、快的热冲击。

紫外石英玻璃的金属杂质很少，因此透过

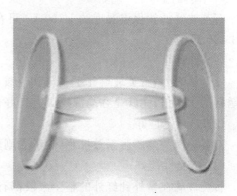

图 3-19 光学石英玻璃基片

波长下限可延伸较远。厚度 1 cm 的基片在波长 170 nm 时的透射比为 50%，在波长为 160 nm 时透射比仅有少许降低。而红外石英玻璃限制了它的紫外透射比波长只能到 250 nm。

(2) 光学特性

石英玻璃的色散系数可用式(3-15)表达，适用于波长 $0.21\sim3.71\ \mu m$ 范围。

$$\varepsilon = 1 + \frac{a_1\lambda^2}{\lambda^2 - l_1^2} + \frac{a_2\lambda^2}{\lambda^2 - l_2^2} + \frac{a_3\lambda^3}{\lambda^2 - l_3^3} \qquad (3-15)$$

式中：

$a_1 = 0.696\,166\,30, l_1 = 0.068\,404\,300;$
$a_2 = 0.407\,942\,60, l_2 = 0.116\,241\,40;$
$a_3 = 0.897\,479\,40, l_3 = 9.896\,161\,0.$

折射率随温度的变化为 $1.28\times10^{-5}/℃$（0～700 ℃ 范围）。

石英玻璃具有一系列优良的物理、化学性能，如：机械强度、耐热性能很高，热膨胀系数很小，化学稳定性、抗辐照性能也很好，而且导电率小、介电损耗小、硬度高、耐划伤、化学纯度和光学均匀性极高。紫外光学石英玻璃的机械性能见表 3-1。

表 3-1 紫外光学石英玻璃的机械性能

机械性能	标准值	机械性能	标准值
密度(25°)	2.2 g/cm³	软化点	1 780 ℃
抗压强度	1 100 MPa	比热(20～350 ℃)	670 J/kg·℃
抗弯强度	67 MPa	热导率(20 ℃)	1.4 W/m·℃
抗拉强度	48 MPa	折射率	1.458 5
泊松比	0.14～0.17	热膨胀系数	5.5×10^{-7} cm/cm·℃
弹性(杨氏)模量	745×10^3 kg/cm²	热加工温度	1 750～2 050 ℃
刚性模量	31 000 MPa	短期最高使用温度	1 450 ℃
莫氏硬度	5.5～6.5	长期最高使用温度	1 100 ℃
变形点	1 280 ℃		

石英玻璃主要特点如下：

(1) 耐高温

石英玻璃的软化点温度约 1 780 ℃，可在 1 100 ℃ 下长时间使用，短时间最高使用温度可达 1 450 ℃。

(2) 耐腐蚀

除氢氟酸外，石英玻璃几乎不与其他酸类物质发生化学反应，其耐酸能力是陶瓷的 30 倍，不锈钢的 150 倍，尤其是在高温下具有良好化学稳定性。

(3) 热稳定性好

石英玻璃的热膨胀系数极小，能承受剧烈的温度变化（可承受 1 100 ℃ 到常温的变化）。

(4) 透光性能好

石英玻璃在紫外到红外的整个波段都有较好的透光性能，紫外光谱区的最大透射比可达 80% 以上。

(5) 电绝缘性能好

石英玻璃的电阻值相当于普通玻璃的一万倍,是极好的电绝缘材料,即使在高温下也具有良好的电性能。石英玻璃具有非常低的 CTE(5×10^{-7} 范围之内),但 TCN 大,约为 9×10^{-6},所以当 $n=1.46$ 时,TCN_{OPL} 为 7×10^{-6}。

紫外光学石英玻璃的电学性能如表 3-2 所列。

表 3-2 紫外光学石英玻璃的电学性能

电学性能	标准值
电阻率	$7\times10^7\ \Omega\cdot cm$
绝缘强度	250~400 KV/cm
介电常数	3.7~3.9
介电损失	$<1\times10^{-4}$

JGS1,JGS2 是目前常用的两种紫外光学石英玻璃。JGS1 紫外光学石英玻璃是 185~2 500 nm 波段范围内的优良光学材料,是用高纯度氢氧焰熔化的光学石英玻璃,在 185 nm 处的透射比大于 80%,其抛光样品(厚度 10 mm)的光谱透射比曲线如图 3-20 所示。JGS2 紫外光学石英玻璃是 220~2 500 nm 波段范围内的良好光学材料。

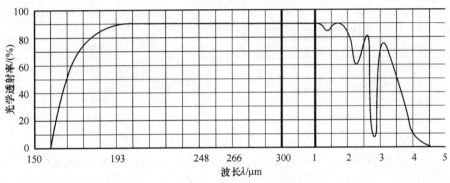

图 3-20 JGS1 抛光样品的光谱透射比曲线(厚度 10 mm)

表 3-3 所列为 JGS1 和 JGS2 的典型性能指标。由于材料的纯度、制造和加工工艺不同,紫外光学石英玻璃的性能,如光学均匀性、光谱特性等都存在差异,并且按照光谱特性、光学均匀性、应力、条纹、颗粒、气泡和荧光特性 7 项指标,紫外光学石英玻璃可分成不同等级。

表 3-3 JGS1 和 JGS2 的性能指标

牌号 项目	JGS1	JGS2
气泡	0	2
光谱特性	185~2 500 nm	220~2 500 nm
透射比	790	785
双折射	1	1
颗粒结构	1	2
条纹	1	1
均匀性	1	2
荧光	1	2
防辐射特性	10^{10} 不变色	10^7 不变色

2. 紫外玻璃

紫外玻璃根据组份的不同分为 ZWB3，ZWB2，ZWB1 三种，国外对应型号为 UG5，UG1，UG11。紫外玻璃颜色为黑色，对 400~700 nm 的透射比很低，在紫外区则根据不同型号呈现出不同的光谱透射曲线。图 3-21 分别为 ZWB3，ZWB2，ZWB1 的光谱透射特性。从图中可见，ZWB3 在中紫外区是一种良好的光学材料。

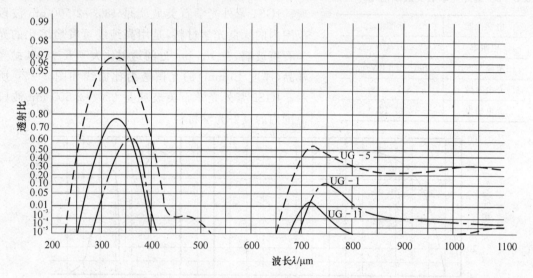

图 3-21 (UG5-ZWB3；UG11-ZWB1；UG1-ZWB2)的透射光谱曲线

表 3-4 列出了紫外玻璃的主要成分。

表 3-4 紫外玻璃的组成

原料名称	二氧化硅	氧化钡	氯化钾	氧化镍	氧化铜
含量/%	50.0	26.0	15.0	9.0	1.0

紫外玻璃不仅可用于制作紫外滤光器等光学元件，还适用于制作小功率(80~160 W)高压汞灯的管壁。

3. 钠钙硅紫外玻璃

钠钙硅紫外玻璃能透过 254 nm 的短波紫外，其价格比光学石英玻璃便宜，又能与杜美丝电极匹配封接，所以是制作热阴极低压汞灯的理想管壁材料。表 3-5 列出了这类玻璃的主要成分。

表 3-5 透紫玻璃的组成

原料名称	石 英	碳酸钠	硼 砂	碳酸钙	氢氧化铝	酒石酸
含量%	59.8	21.2	4.5	11.0	1.9	1.6
原料级别	5A-5	AR	AR	特制	CP	CP

4. 钠钙紫外玻璃

钠钙紫外玻璃能透过 280～350 nm 及以上的中紫外,但不能透过 280 nm 以下的紫外辐射。这种玻璃主要成分如表 3-6 所列。

表 3-6 钠钙紫外玻璃的组成

原料名称		二氧化硅	氧化铝	氧化钙	氧化镁	氧化钠	氧化铅
含量/%	配方Ⅰ	72	2	6	3	17	—
	配方Ⅱ	58	t	—	—	13	28

3.2.3 晶 体

许多碱卤化合物晶体和碱土-卤化合物晶体在紫外区域也有较好的透过性能。但这些晶体的物理化学性能大多不如光学石英玻璃稳定,制备工艺也比较复杂。表 3-7 列出了几种透紫外光学晶体的短波透过限。

表 3-7 几种光学晶体的紫外短波透过限

晶 体	NaCl	KCl	LiF	NaF	CaF_2	SiO_2	Al_2O_3
紫外短波透过限/nm	170	180	105	130	130	180	200

1. 氟化钙

氟化钙具有比石英玻璃更低的截止波长,工作在 130 nm～10 μm,如图 3-22 所示。氟化钙在紫外波段的折射系数($n\approx1.46$)较低,是减反薄膜材料良好的选择。

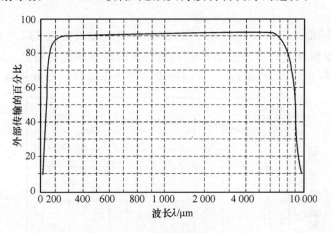

图 3-22 氟化钙的透射光谱

大多数氟化物是吸湿的,长时间暴露在大气中时会降低紫外性能,引起水对紫外的吸收以及体积的变化,从而发生(或可能发生)形状变化。

CaF_2 是柔软易碎材料,尤其在抛光过程中易碎,很难给出表面粗糙度和弯曲度的公差。

它在研磨时需要进行大面积清洗,以消除研磨过程所产生粒子对表面散射特性的影响。

2. 氟化镁

如同氟化钙一样,氟化镁(MgF_2)光谱范围比石英玻璃有所增加,如图3-23所示。MgF_2也属于通用的减反膜料($n\approx1.38$),尽管不如CaF_2透明,但其性能方面不受水的影响。MgF_2是唯一有负折射率TCN的材料。

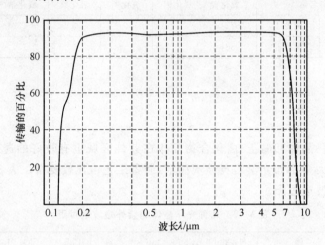

图3-23 氟化镁的透射光谱

氟化物是最有效的短波长膜料,然而,淀积到应用表面却非常困难。往往需要高热来淀积材料。BaF_2、MgF_2和SrF_2材料性能均良好且实用,具有更硬、更容易抛光和几乎不吸水的特性。LiF_2晶体的短波紫外透过极限(105 nm)比光学石英玻璃短(180 nm),且化学稳定性好,不易潮解。

3. 蓝宝石

蓝宝石光谱范围覆盖了紫外到红外波段,其紫外截止波长接近142.5 nm,光谱透射曲线如图3-24所示。材料坯直径可超过200 mm,是已知的最坚硬的衬底之一,仅次于钻石,且具有抗化学腐蚀和防污的特点,用途较广,是制作窗口等光学元件的良好材料。

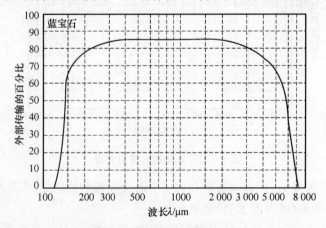

图3-24 蓝宝石的透射光谱

蓝宝石的最大缺点是成本高。高质量的蓝宝石毛坯必须通过晶体生长的方式制备,但由于材料坚硬,非常难于成型和抛光。

石英玻璃、CaF_2、MgF_2 及蓝宝石是目前常用的紫外光学材料,它们的主要特点对比如表 3-8 所列。

表 3-8 石英玻璃、CaF2,MgF2 及蓝宝石的对比

材 料	优 点	缺 点
石英玻璃	便宜,热稳定性	
CaF_2	截止波长 123 nm;耐侵蚀	易碎;吸湿
MgF_2	类似于 CaF_2 的光谱范围;不吸水	发射小于 CaF_2;易碎
蓝宝石	延伸到 142.5 nm;坚硬、耐用	昂贵;难于抛光

石英玻璃、LiF、MgF_2 及蓝宝石等的紫外光谱透过曲线如图 3-25 所示。

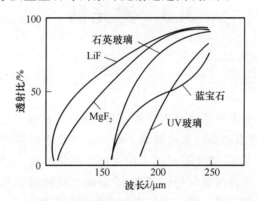

图 3-25 石英玻璃、LiF、MgF_2 及蓝宝石等的紫外光谱透过曲线

3.2.4 其他透紫外材料

某些高分子有机材料在紫外波段也有较好的透过性能(表 3-9)。透紫外有机薄膜可用于制作紫外波段光学元件的保护膜、滤光器等。

表 3-9 某些高分子有机材料的紫外透射比

波长/nm 透射比/% 材料名称	400	350	320	310	300	290	200
有机玻璃(厚 2 mm)	94	93	92	90	50	5	0
聚氯乙烯(厚 0.1 mm)	94	85	81	78	63	0.4	0
聚氟亚乙烯树脂(厚 0.1 mm)	89	80	72.5	70	67	65	4
乙烯共聚脂膜(厚 0.1 mm)	84	73	57.5	53	50	44	0

塑料质量轻、价格廉,且易与透镜元件相集成,但与玻璃相比均匀性差、膨胀($\approx 150 \times 10^{-6}/℃$)温度系数和折射指数($\approx 100 \times 10^{-6}/℃$)较大。塑料折射率量值较小(在 1.5~1.6 窄范围内),

且由于聚合体链的分子大,具有较高的内在瑞利散射。塑料在紫外区的透射比比多数玻璃差,特别是紫外曝光对某些塑料损害较大,导致其变黄及出现裂纹。高分子有机材料与其他材料的紫外透射特性比较见表3-10。

表3-10 高分子有机材料与其他材料的紫外透射特性比较

透射比/% 波长/nm 材料名称	400	350	320	310	300	290	200
普通玻璃	91	8	0	0	0	0	0
石英玻璃	86	86	85	84	83	83	30
乙烯共聚脂膜(厚0.1mm)	84	73	57.5	53	50	44	0
有机玻璃	94	93	92	90	50	5	0

3.3 滤光器

3.3.1 一般描述

紫外滤光器是紫外探测系统选择带内紫外辐射、截止其他波长辐射的元件。根据光谱特性,滤光器分截止型和带通型两类。带通型滤光器的特征是透射带两侧邻接截止区,截止型滤光器的特征是透射带单边截止;滤光器根据工作原理又可分吸收、干涉及声光等类型。吸收滤光器根据各种光学材料的选择性吸收特性制成,干涉滤光器利用干涉原理和镀膜技术制成,声光滤光器根据声光作用原理制成。滤光器的主要光学特性参数如下:

- 峰值透射比 T_{max} 通带中最大透射比;
- 峰值波长 λ_{max} 通带中最大透射比 T_{max} 所对应的波长;
- 通带中心波长 λ_0 窄带滤光器的 λ_0 和 λ_{max} 很接近,宽带滤光器的 λ_0 和 λ_{max} 可能相差很多;
- 半宽度 $\Delta\lambda_{0.5}$ 和十进宽度 $\Delta\lambda_{0.1}$ 半宽度是通带总宽度的简称,它等于透射比为 $0.5T_{max}$ 处的通带宽度,十进宽度是透射比为 $0.1T_{max}$ 处的通带宽度;
- 波形系数 η $\eta = \Delta\lambda_{0.1}/\Delta\lambda_{0.5}$;
- 分辨率 Q $Q = \lambda_0/\Delta\lambda_{0.5}$;
- 背景抑制 又称通带外截止深度,表征通带以外辐射的衰减情况;
- 截止区域 如果在通带之外,透射比≤1%的长波限和短波限分别为 λ_l 和 λ_s,那么截止区域可以表示为长波≤λ_l,短波≥λ_s。

带通滤光器的主要光学参数的曲线表征如图3-26所示。

滤光器的选择要点是峰值透射比高、背景低、截止区宽、中心波长定位精度高及波形系数好等。对于日盲紫外探测系统,为了最大程度抑制系统通带外可见光及日光近紫外成分,确保整机工作于日盲区,滤光片透射比往往牺牲较大,因此滤光器指标的确定须在目标特性和制作工艺上进行折中。

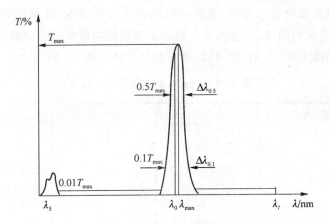

图 3-26　带通滤光器的主要光学参数说明

3.3.2　干涉滤光器

1. 膜料及镀膜

紫外光学介质膜的膜料较少,主要有氧化锑和冰晶石组合(300~400 nm)、氟化铝和冰晶石组合(250~300 nm)、硫化锌和冰晶石组合等。目前,由自由电子束加热发热的硬膜材料,如氧化铪、氧化铝、氧化锆和氟化镁等已经广泛使用。表 3-11 是 HfO_2,Al_2O_3,MgF_2,$NaAlF_6$,BaF_2 等几种膜料的部分参数。表中,吸收率是膜层厚度为 $2k\lambda/4$ 时无膜石英基片透射比与有膜石英基片透射比之差。

表 3-11　典型紫外膜料的部分参数

膜料	光学厚度	膜层折射率	吸收率		
			$\lambda=400$ nm	$\lambda=340$ nm	$\lambda=240$ nm
HfO_2	$nd=3\lambda_1/4$	$n\lambda_1=1.99$	0	0.010	0.055
Al_2O_3	$nd=3\lambda_2/4$	$n\lambda_2=1.62$	0	0.010	0.032
MgF_2	$nd=3\lambda_2/4$	$n\lambda_2=1.40$	0	0.002	
$NaAlF_6$	$nd=3\lambda_2/4$	$n\lambda_2=1.35$	0	0.010	0.015
BaF_2	$nd=3\lambda_2/4$	$n\lambda_2=1.40$	0	0.012	0.037

注:$\lambda_1=406$ nm,$\lambda_2=440$ nm。

膜料折射率的高可变性和均匀厚度的难获得性,影响镀膜的设计,因此材料折射率需要精确到 3 位数。膜层折射率的计算公式为

$$n=\left[n_g\frac{1+\sqrt{1-T_\lambda}}{1-\sqrt{1-T_\lambda}}\right]^{\frac{1}{2}} \tag{3-16}$$

式中:n_g 为 JGS-1 石英玻璃的折射率,其数据可由石英玻璃手册查得;T_λ 用分光光度计测得,其精度为 0.5%。

薄膜的理论性能受限于可使用的材料以及良好的薄膜形态和黏附力。膜料淀积过程中易

形成许多小的空隙而吸收空气和水,造成 n 值随温度和湿度变化,从而导致折射率的些许降低,造成薄膜腐蚀防护性的降低,尤其对于形不成薄氧化物薄膜的银和铜(对性能良好、可形成氧化薄膜铝基材影响不大)。Ag 和 Al 的薄膜材料特性见表 3-12。

表 3-12 Ag 和 Al 的薄膜材料特性

材料	折射率	波长/nm	备注
银(Ag)	1.32+i0.65	310	快速腐蚀;低于 400 nm 的紫外区差
	0.17+i1.95	400	
	0.13+i2.72	476	
	0.12+i3.45	564	
	0.15+i4.74	729	
	0.23+i6.9	1 030	
铝(Al)	0.13+i2.39	207	干燥的空气中稳定;全能金属;在深红色和近红外区(700~1 000 nm)反射系数下降显著
	0.49+i4.86	400	
	0.76+i5.5	546	
	1.83+i8.31	700	
	2.80+i8.45	800	
	2.06+i8.30	900	
	1.13+i11.2	1 123	

薄膜的电磁特性、机械特性、黏附性、残余应力和环境敏感度必须在设计中加以考虑,薄膜间或与基质间的粘合牢固度有时受环境影响。热膨胀(CTE)系数与玻璃不相同的材料在变冷时所承受应力很大,会导致膜层破裂或分层。

镀膜的方法主要有真空蒸镀、化学成膜以及金属的阴极溅射等。真空蒸镀获得的光学特性优良,生长效率比阴极溅射等方法高得多,因此目前广为采用。镀膜取决于湿度、基材类型、温度和压力等条件。优质的薄膜是非结晶体,其折射率和透射范围(特别是各向异性材料)易受影响。除空隙率和微结构外,镀膜经常出现化学度量的偏差,使 n 值升高或下降,从而呈现出一定的折射率变化范围。

2. 紫外干涉滤光器

干涉滤光器基于光学薄膜干涉原理,利用多层介质膜中光的干涉得到带内辐射的高透过和背景的深截止。干涉滤光器通过设计膜系的结构和膜层的光学参数,可以获得各种光谱特性,以控制、调整和改变光的透射、反射、吸收或偏振状态。

干涉滤光器的膜层结构是由间隔层隔开的两个 HL 叠层所形成的法布里-珀罗标准具,有锐利的波峰通带,间隔层是半波长的整数,通过改变隔层厚度可实现带宽和光谱范围。双标准具构成的复合结构在彼此曲线顶部上叠加,构成了通带参数可调的滤光器。通常情况下,周期调谐可平化波峰并截止侧波瓣,得到一边带陡和顶部平坦的带通滤光器,如图 3-27 所示。

紫外光谱区选用的高、低折射率材料的值相差较小,所以紫外滤光器的层数都比较多。紫外滤光器的长波截止范围一般较宽,应用全介质型的长波截止膜系则要很多个反射膜叠置在一起,以展宽反射带。应用于紫外光谱区的诱导透射滤光器在 200~300 nm 波段可选用如下

结构形式,表示式如下:

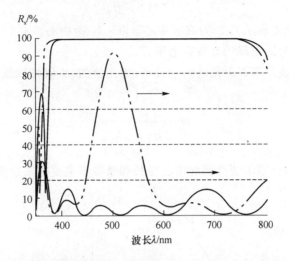

3-27 法布里-珀罗标准具形成的通带滤光曲线

1型:$G|(HL)^4HLL'A1L'LH(LH)^4|A$

2型:$G|(HL)H_3LL'A1L'LH(LH)^4|A$

3型:$G|(HL)^4HLL'A1L'H_2LH(LH)^4|A$

干涉滤光器包括一个衬底和介质薄膜,依此组合成截启、截止或带通滤光器。

对于长波通和短波通滤光器特性曲线,边缘陡度通常不需特别关注,因为在得到滤光器截止深度所需层数的同时,一般能获得完全够用的边缘陡度。不过如果要求一个超常的边缘陡度,那么最容易的方法还是采用更多的膜层,但层数增多将引起通带的波纹明显增加,因为通带的第一个极小值将更靠近边缘,于是反射率曲线的包络将向边缘方向扩展。因此,宜用更先进的压缩波纹技术。干涉紫外滤光器的最高截止深度一般能达到5~6光学密度(OD),过分的高截止会带来滤光器透射比的无谓下降。

带通滤光器可以粗略地分为宽带滤光器和窄带滤光器,不过,其界限没有严格的标准,因而对特定滤光器的标称取决于具体应用以及与之相比较的其他滤光器。宽带表示带宽更大,它们由长波通滤光器和短波通滤光器组合而成,且最佳组合是将两套膜层分别镀在基片的两个表面。为得到尽可能大的透射比,设计时必须使每个截止滤光器同基片以及环境介质相匹配。

镀制窄带干涉滤光器的难点是峰值波长的定位,即滤光器的通带准确地与预定波长位置相吻合。基本方法是改进滤光器的层厚控制方法,提高定位精度。

3. 入射角效应

当干涉滤光器某一膜层内的折射角为 θ 时,则两界面之间的相位差为 $\delta=2\pi nh\cos\theta/\lambda$,所以随入射光角度的增加,滤光器透射曲线整体向短波方向移动。

(1) 平行光入射

当入射光束为平行光束时,中心波长随入射角增加而向短波移动。在小角度($\leqslant 15°$)的情况下,有效的中心波长 λ_a 和入射角的关系近似为

$$\lambda_\alpha = \lambda_0 \left(1 - \frac{\alpha^2}{2N^2}\right) \tag{3-17}$$

式中：α 为入射角（以弧度表示）；λ_α 为有效中心波长；λ_0 为中心波长（光线垂直入射滤光器时测得的中心波长）；N 为滤光器的有效折射率。

N 表示有效中心波长和入射角之间的关系，滤光器的 N 值可依据式(3-18)在实验中确定，即：

$$N = \frac{\alpha}{\sqrt{2}\left(1 - \frac{\lambda_\alpha}{\lambda_0}\right)^{\frac{1}{2}}} \tag{3-18}$$

图 3-28(a)和(b)分别为滤光器的中心波长和通带半宽度随入射角度变化的情况。

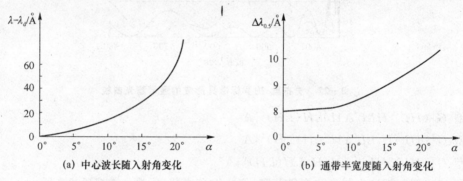

(a) 中心波长随入射角变化　　(b) 通带半宽度随入射角变化

图 3-28　干涉滤光器的入射角效应

从图中可见，随着入射角的增加，透射比曲线向短波方向移动，中心波长的透射比明显下降。入射角大于 35°时，中心波长的透射比小于 1%。在小角度入射情况下，半宽度基本不变。日盲紫外滤光器中心波长随入射角增加而向短波方向移动，不影响日盲特性。

滤光器的入射角与带宽、透射比、通光孔径等彼此相关，设计时应统一考虑。

(2) 入射光锥影响

入射光呈锥形入射时，滤光器的中心波长向短波移动，波长的变化依赖于光锥和光能流的分布。

设光锥轴垂直于滤光器表面，光能流按角度均匀分布，则从滤光器的中心到边缘方向各点的中心波长趋短，滤光器的有效中心波长取决于一小光锥的半锥角 θ_1，其立体角等于原来光锥立体角的一半。于是有

$$\theta_1 = \cos^{-1}\left[\frac{1}{2}(1 + \cos\theta_0)\right] \tag{3-19}$$

式中：θ_1 是入射光锥的半锥角。当 θ_1 很小时，上式近似为

$$\theta_1 = \theta_0/\sqrt{2} \tag{3-20}$$

利用式(3-17)可得出滤光器的有效中心波长

$$\lambda_0' = \lambda_0(1 - \theta_0^2/4N^2) \tag{3-21}$$

由于入射光锥的影响，滤光器的半带宽变宽，如果以波数表示滤光器的有效半宽度，则

$$W_\theta^2 = W_0^2 + (\Delta\gamma')^2 \tag{3-22}$$

式中：W_0 为滤光器的实际半宽度，$W_0 = \Delta\lambda_{0.5}/\lambda_0^2$；$\Delta\gamma' = 2(\lambda_0' - \lambda_0)/\lambda_0^2$。

4. 稳定性和使用环境

干涉滤光器曲线会随着温度和时间发生漂移。正常情况下随着时间 t 的增加,波形曲线向较长 λ 方向漂移,且漂移量的变化范围很大,并通常与膜层的水合作用(或甚至腐蚀)有关。

(1) 温度效应

中心波长是滤光器本身温度的函数。在室温条件下,紫外滤光器的温度系数为 $0.2\sim 0.3$ A/℃。温度上升,中心波长向长波移动。

(2) 湿度影响

湿度直接影响滤光器稳定性和寿命。制造滤光器时一般采用防潮工艺并尽量在低湿度的环境中保存和使用,最高湿度不得超过 65%。滤光器使用一定时间后应检测其性能。

干涉滤光器的机械强度和化学稳定性较差,因此,常常需对滤光器进行密封,以保证其使用性能。

3.3.3 吸收型滤光器

吸收型紫外滤光器由一系列具有选择性吸收光谱特性的有机染料、无机盐和有色玻璃结合而成。高透过深截止的有机材料以及透紫外纳米多孔玻璃等均是新型的吸收体材料。

1. 滤光器玻璃

在滤光器玻璃光谱特性参量中,长波通和短波通是两个基本的特征量。光谱特性是通过热处理工艺控制或离子添加(电离法加色)形成的。经电离上色的玻璃随时间、温度和热过程而更加稳定。中心波长不受光学制剂蜕化的影响,所以电离有色玻璃全程都是稳定的。另外,如果要消除应力双折射,则电离的彩色玻璃应进行退火处理。

滤光器玻璃的透射光谱随长时间和空气暴露易发生改变,因此,设计应具有安全裕度。此外,玻璃导热性能差,温度骤变后不会立即平衡,大的温度梯度可导致在较冷区域的应力增大而引起滤光器玻璃破裂,因此不宜置于恶劣环境下;滤光器玻璃通常要经过回火处理,以提高其热量的传导,但由此会引起严重的应力双折射并在非均匀加热时恶化。

对于长波通滤光器,当温度升高时,滤光器透射曲线的通带边缘通常会以 0.02 nm/K(UV)~0.3 nm/K(NIR)的速率向红区移动,并在一定温度变化范围呈线性漂移。滤光器玻璃多含荧光材料,如果所使用的滤光片大于一个,需要按顺序来优化组合。例如,长波通滤光器趋于发出截止区的红色荧光,如果在明亮的背景中检测微弱辐射,则影响明显。

2. 内部和外部透射比

玻璃表面对部分入射辐射存在反射,因此,即使材料本身完全无损耗,也并非所有入射辐射都能通过玻璃。利用内部和外部透射比可区分两种光损耗。内部透射比不包括各表面的菲涅耳反射,而外部透射比则包括,但忽略薄膜干涉效应。假设两种表面反射彼此互不干扰,并忽略多次反射,则内部透射比可由 Beer 定律简单地表示为

$$T_{内部}(\lambda;d) = \exp[-k(\lambda)d] \qquad (3-23)$$

式中:d 为元件的厚度。

式(3-23)允许对单个数据点来确定厚度,进行预测:

$$T_{内部}(\lambda;d_2) = T_{内部}[(\lambda;d_1)d]^{d_2/d_1} \quad (3-24)$$

由于对厚度的依赖性较强,$T_{内部}(\lambda)$的曲线形状随 d 变化;当元件变得更厚时,吸收特性的宽度会增加,而透射比则减少。通常以光学密度 OD 来表征中性密度滤光器。

$$OD(\lambda;d) = \lg(T_{外部}(\lambda;d)) \quad (3-25)$$

3. 入射角效应

滤光器有机染料的吸收光谱特性由分子结构、酸碱度等因素决定,受入射角影响小。如图 3-29 所示,在 60°的入射角范围内,信号光透射比的变化小于 40%(随入射角度的增加,背景光的深截止效果明显增强)。

吸收紫外滤光器具有高透过、深截止的特性,在保证信号光一定透射比的情况下,其背景光的截止度可以通过调节吸收材料的浓度来实现。

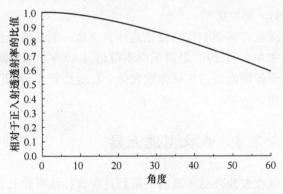

图 3-29　吸收型紫外滤光片透射比随入射角的变化

3.3.4　声光滤光器

声光可调滤光器 AOTF(Acousto-Optic Tunable Filter)是一种电调谐滤光片,具有扫描速度快、调谐范围宽、入射孔径角大、无多级衍射、易于实现计算机控制等特点,且与常规滤光器相比,光谱分辨力较高(可达 0.1 nm 或更小)。

辐射束通过介质时发生相互作用而改变传输方向,产生布拉格衍射,如图 3-30 所示。

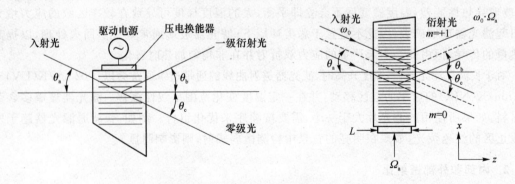

图 3-30　布拉格衍射原理图

声光可调谐滤光器基于上述声光作用原理,由各向异性的声光互作用介质和键合其上的换能器构成。换能器将射频(RF)驱动信号转换为超声波振动传输到互作用介质内,超声波对其折射率产生周期性的调制,被调制的互作用介质如同一块相位光栅,起到衍射分光的作用。衍射光的波长是入射光的入射角和超声波频率的函数,通过所加射频信号频率的扫描就可实现光谱扫描,射频频率改变时,则衍射光的波长相应改变,射频的功率改变时,则可精密、快速地调节出射光强。按声光互作用介质中超声波与光的传输方向的关系,声光可调谐滤光器可以分为共线声光可调谐滤光器(CB-AOTF)和非共线声光可调谐滤光器(Non-AOTF)。

声光可调谐滤光器所基于的声光作用原理可以用动量匹配来说明。当声波和光的动量满足动量匹配条件时,则相应的光发生衍射。图3-31所示为非共线声光可调谐滤光器工作原理。

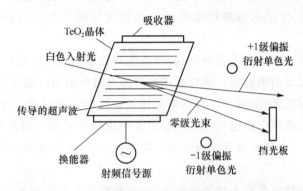

图3-31 非共线声光可调谐滤光器工作原理示意图

其声光作用的动量匹配表达式为

$$\vec{k}_i + \vec{k}_d = \vec{d}_a \quad (3-26)$$

式中:$\vec{k}_i$、$\vec{k}_d$、$\vec{d}_a$是相应的入射光、衍射光和声波的动量矢量,其大小分别为$\vec{k}_i=2\pi n_i/\lambda_0$、$\vec{k}_d=2\pi n_d/\lambda_d$,$\vec{d}_a=2\pi n_a/V$;$n_i$和$n_d$分别是入射光和衍射光在声光介质中的折射率;$\lambda_0$为真空中的光波长;$V$是超声波在声光介质中的速度。对于声光可调谐滤光器,当入射光为o光,则衍射光为e光,反之亦然。

在非临界相位匹配(入射光和衍射光波矢在波矢面处的切线保持平行)条件下,衍射光的波长与介质中的声波频率、入射角的关系如下:

$$\lambda_0 = V\Delta n(\sin^4\theta_i + \sin^2 2\theta_i)^{\frac{1}{2}}/f \quad (3-27)$$

式中:θ_i为入射角;$\Delta n = |n_e - n_o|$;n_e和n_o分别为e光和o光在声光介质中的折射率;f为超声波在声光介质中的频率。

由(3-27)式可知,在声光介质选定、声波和入射角确定的情况下,超声波的速度恒定,而且对于不同的波长,Δn的变化也很小,因此

$$\lambda_0 \cdot f = V\Delta n(\sin^4\theta_i + \sin 2\theta_i)^{\frac{1}{2}} \approx 常数 \quad (3-28)$$

也就是说,衍射光波长与超声频率是一个非线性调谐关系。当声频率均匀线性增大时,衍射光波长不均匀地减小。为了实现等间隙扫描光波长,所需的声频率应非线性变化。声光高频驱动源采用电控振荡器,频率信号由扫描电压变换而来,改变频率实际上是改变电压。

声光可调谐滤光器应用于成像光谱系统时需有足够大的视场角。为了获得中心频率不变的光谱图像,入射角变化引起的衍射波带宽变化须小,且中心频率应不变;同样为了使所获得的像不变形,且不同波长的像具有很好的重合性,对于相同的入射角,不同波长辐射的衍射角应基本相同。

3.3.5 组合型

为了得到足够截止度或带宽最大的滤光器,经常需要把不同体制或形式的滤光器进行组合,形成特定需求的组合型滤光器。比如,把长波通带滤光器和短波滤光器组合起来,可实现滤光器较大的带宽。不过对于通带较窄的滤光器则难以满足预期的通带定位精度和边缘陡度。

深截止紫外滤光器一般采用组合型结构,由玻璃滤光器和固态玻璃树脂等组成,多以有色玻璃为基底来截止不需要的侧波瓣。紫外光谱窄带滤光器可由吸收滤光器与有机液体溶液组合而成。晶体、玻璃、聚乙烯-阳离子膜和掺铅晶体是常用的一些材料。由合适的吸收材料及干涉膜组合而成的滤光器要比全由吸收滤光器组合而成的窄带滤光器性能优越,即其峰值透射比通常比较高,且在一个宽光谱区域内能够任意设计波长,透射带的形状和半宽度也能任意变化。

日盲紫外滤光器的特点是要求过渡间隔很小,并在截止区需达到 8～10 个数量级的抑制,因此一般采用吸收玻璃+干涉膜的 AB 体制进行最佳组合,实现高截止和快过渡。AB 体制滤光器的吸收玻璃包括 HB_4 玻璃和 ZWB_1 玻璃等,其光谱透射性能满足日盲紫外滤光器截止需求。AB 体制滤光器的干涉膜系可选用 $\lambda/4$ 多膜层,膜料为 ZrO_4 和 CaF_2 等,通过设计膜层数和控制波长,获得符合透紫外滤光器性能要求的理想膜系结构。图 3-32 是以色列 ofil 公司 SB-BDF 日盲紫外滤光器的性能曲线。

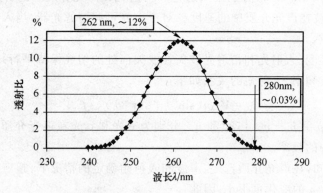

图 3-32 SB-BDF-T 紫外滤光器的透射性能

从图中可知,滤光片的透过特性为:峰值波长(262±1) nm;峰值透射比＞12%;FWHM=(15±2) nm。背景截止 $T<10^{-10}$ (300 nm),$T<10^{-11}$ (305～750 nm),$T<10^{-5}$ (750～1 100 nm)。

3.4 窗口/整流罩

3.4.1 窗 口

在高速气动飞行的恶劣环境下,大多数系统需要光学窗口来隔离内外压差和温度变化,以免内部精密的光学系统和灵敏的探测元件损坏。光窗是光学系统的重要组成部分,位于光学系统的最前端,其性能要在满足光学性能(视场、透射比等)需求的同时,具备足够的机械强度和耐热性能以承受空气动力的速压载荷和热荷,而且能防止雨淋、砂尘等对光学系统的侵蚀破坏,同时对平台影响还应尽可能小,因此需将材料、光学、空气动力学和热力学等因素统筹考虑,使光窗在光学、减阻、电磁的性能适应规定的工作环境。光窗为平面构型时,其主要设计内容是材料、镀膜及厚度等。

窗口可辅助确定系统的光谱响应范围。图 3-33 给出具有代表性的窗口材料,最末端的是 10% 透射波长。在腐蚀等环境条件下,石英及蓝宝石是可供选择的最佳紫外窗口材料。

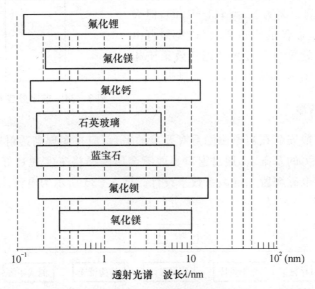

图 3-33 典型的紫外窗口材料

1. 窗口的性能要求

(1) 光学性能好

窗口材料折射率要均匀,以免发生散射;在工作波段内必须有高的透射比。

(2) 热稳定性好

窗口材料应能经受气动加热和高度变化而引起的温度冲击,透射比和折射率不应随温度变化而显著变化。

(3) 化学稳定性好

窗口材料暴露在空气中,应能够防止大气中的盐溶液或腐蚀性气体的腐蚀,并且不易潮解。

(4) 机械强度高

窗口材料应具有足够的强度,以承受高速运动时的速压载荷。

2. 窗口厚度设计

窗口的厚度是关键参数,与其工作时所变的速压载荷和热温度冲击、光谱透射性能以及光窗的几何尺寸等有关。由于外界温度变化和内外气压差的影响会使窗口产生应力而变形,影响光学系统的成像质量甚至损坏,因此,为保证窗口玻璃的一定耐压能力,且在加工和装配过程中不会产生应力而使像质改变,其厚度应首先由强度分析得出。对于起主要保护作用的窗口玻璃,窗口的厚度 d 与口径 L 间的关系一般应满足 $d \geqslant (1/10 \sim 1/25)L$。在满足力学要求的前提下,光窗的厚度尽可能设计得薄一些,因为光窗越厚,光学透射能力越差。

3. 前出光学效应

窗口的前出光学效应如图 3-34 所示,进入窗口的光线向正常面偏折,所以,通过窗口所看见的目标看来比正常面要近。厚度为 d、折射率为 n 的窗口使图像位移的距离为 $\Delta z = d(1 - 1/n)$,但大小没有改变。因此,从成像的观点看,窗口类似自由空间的负传输。成像效果与实际光学相位效果正相反,因为窗口中光线的传输相位由于窗口而延迟。

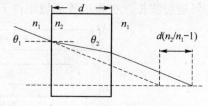

图 3-34 前出效应对成像位置的改变

4. 电磁隐身与共形

电磁隐身窗口一般安装在对电磁隐身有要求的平台,应在实现高透射比、耐高温、防结霜、抗沙尘等环境适应能力的基础上,通过窗口表面镀金属网栅格来实现良好的电磁屏蔽。网栅格应根据所需反射的电磁频段和屏蔽系数来设计。图 3-35 所示为电磁隐身窗口的主要设计内容。

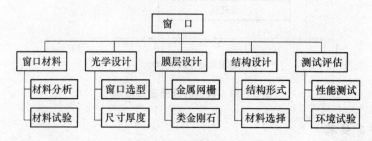

图 3-35 电磁隐身光窗的设计

共形光学窗口应与系统平台的外形轮廓实现平滑吻合,满足平台空气动力学性能要求,因此,光学窗口应综合考虑光学和气动学等方面因素,兼具光学、减阻等多方面的特性。

3.4.2 整流罩

整流罩安装在高速飞行体的光学系统前部,是设备光学系统的一部分,主要作用如下:
① 保护光学系统免受大气、灰尘和水分的影响;
② 校正光学系统像差;
③ 提供良好的空气动力学特性。

整流罩结构多采用同心球面,其厚度是内外表面曲率半径之差,具体数值可由强度要求来确定。鉴于气动加热致使整流罩温度一般很高,因此要求其在满足工作波段内高透射比前提下,熔点、软化温度要高,材料稳定性、耐热冲击性能要好,且能防止大气中的盐溶液或腐蚀性气体的腐蚀,不易潮解。

3.5 典型光学系统设计

紫外光学系统的典型结构形式主要分反射和折射两种。

3.5.1 反射式紫外光学系统

1. 基本结构形式

反射系统的基本结构形式分单反射镜和双反射镜两种。单反射镜系统又分球面反射镜和非球面反射镜两种。球面反射镜具有加工装调容易等优点，但球差较大且无法校正，故经常与折射透镜一起应用，以补偿其像差。非球面反射镜的面形有抛物面、双曲面、椭球面以及高次非球面。利用这些非球面可以很好地校正球差，因此它的相对口径可以很大。但非球面加工检验都比较困难，并且视场小，只在某些特殊场合才使用，如离轴抛物面反射镜用做紫外平行光管物镜。

实际的反射系统一般均为双反射镜，由此又分同轴反射、折反式系统、离轴反射等几种结构方式。同轴反射或折反式系统如要实现大视场、长焦距，其结构尺寸及遮拦都较大，系统总体结构的布局比较困难，滤光器的安置也困难，成像质量较难满足要求。离轴反射系统的成像质量好，且无遮拦，系统光学增益也容易满足，但元件均为非球面反射镜且离轴，其加工和系统装调难度较大。

2. 几种典型双反射镜系统

双反射镜系统由两个反射镜（主镜、次镜）组成。主要有以下 3 种形式。

(1) 牛顿系统

由一个抛物面主镜和一块与光轴成 45°的平面反射镜组成。抛物面能把无限远的轴上光成像在焦点上，平面反射镜能够改变光路方向，并能成理想像，所以球差可得到理想校正。如图 3-36 所示。

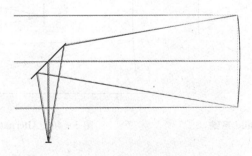

图 3-36 牛顿式光学系统

(2) 格里高里系统

由一个抛物面主镜和一个椭球面次镜组成。抛物面焦点和椭球面焦点 F_1' 重合，故无限远轴上光线经过两个非球面成理想像于 F_2' 上。如图 3-37 所示。

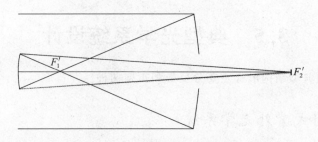

图 3-37 格里高里光学系统

(3) 卡塞格林系统

由一个抛物面主镜和一个双曲面次镜构成。抛物面的焦点和双曲面的虚焦点重合,再经双曲面成理想像于 F_2' 上。如图 3-38 所示。

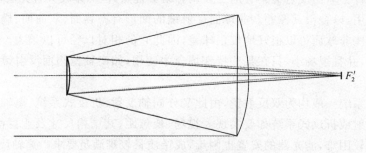

图 3-38 卡塞格林系统

上述 3 种系统只能对轴上点成理想像,它的彗差和像散都很大,因此视场很小。为了扩大视场,常在像面附近放置一透镜补偿器,用以校正反射系统的彗差和像散。

较为典型的全反射光学系统是 Schwarzschild 系统(图 3-39)和 Alternative 系统(图 3-40)。

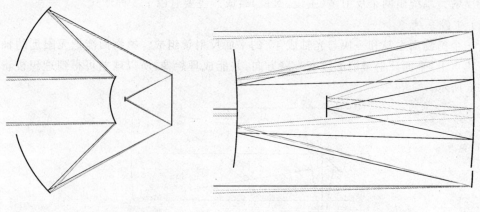

图 3-39 Schwarzschild 系统　　　图 3-40 Alternative 系统

3. 反射光学系统的特点

(1) 无色差

根据光线追迹理论和斯涅耳定律,反射镜的折射率对所有波长都是 -1.0,全反射系统没有任何色差。因此,反射光学系统特别适于多光谱或宽光谱折射材料不可获得的情况下应用。

(2) 中心遮拦

双反结构的反射光学系统存在中心遮拦,影响综合光通量和像的 MTF,而且安装和校准较困难;次反射镜的支撑结构对入射光有一定的遮拦,且支撑结构必须坚固。

(3) 视场小

反射系统的视场通常小于折射系统的视场。

(4) 非球面

反射光学系统不能像折射系统那样有足够的光学面来消除像差。例如,一个由七片透镜组成的双高斯镜头,如果没有胶合元件,将有 14 个曲率半径,可使光线弯曲最小化,进而使剩余像差最小。双反系统只有两个表面,控制像差的要素太少,因此需要使用非球面,而非球面反射镜一般需由金刚石车削来加工。

(5) 质量轻

在多数情况下,反射系统可以用质量轻的铝、铍等材料制造。

(6) 固有的无热化

用单一材料(如铝)制造的反射系统通常是无热化的,即对于均匀的温度升高或降低,所有系统参数均匀缩放,像质保持不变。整个系统的膨胀或收缩量决定于材料的热膨胀系数。如果使用多种材料或具有不同的热梯度,则像的特性需仔细评估。微晶玻璃是一种热膨胀系数几乎为零的材料,通常用于大反射镜。如果材料存在热梯度或采用不同材料,则系统可能不是完全无热化的,需要进行主动或被动的无热化处理。

(7) 杂散光易感性

反射系统经常遇到直接或间接入射的视场外的杂散光问题,需要适当遮挡以抑制两个反射镜孔径外直接通过的有害杂散光。

3.5.2 折反式紫外光学系统

折反射系统采用球面反射镜作为主镜,并加入适当的折射元件来补偿球面产生的像差,可避免非球面制造的困难,改善轴外成像质量。比如,由球面主反射镜和消球差校正透镜组成的施密特系统,结构简单,容易校正和安装,成像质量好。折反射系统具有外形尺寸小、相对孔径大、分辨力高、透射比高、光能损失少等优点,缺点是有中心遮拦、视场小和检验调整比较复杂等。

由于透紫外玻璃以及晶体种类较少,因此紫外宽光谱镜头可选择折反系统,以很好地校正色差。某采用石英玻璃的卡塞格林紫外光学系统如图 3-41 所示,其焦距 $f'=81.27$,相对孔径 $D/f'=1/2.6$,视场 $2\omega=70°$。经像质计算的垂轴像差曲线如图 3-42 所示,场曲和畸变曲线如图 3-43 所示。

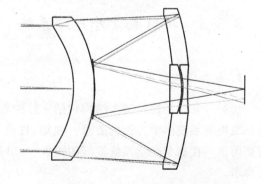

图 3-41 卡塞格林式紫外光学系统

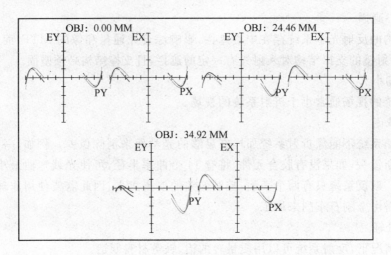

图 3-42 光学系统垂轴像差曲线

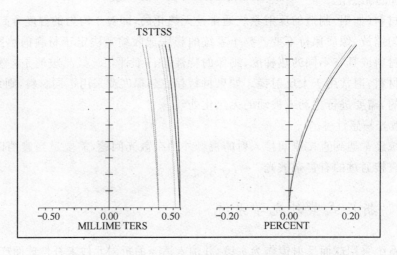

图 3-43 光学系统场曲和畸变曲线

3.5.3 折射式紫外光学系统

1. 经典结构形式

折射式光学系统的基本结构包括元件的数量、系统内元件的相对光焦度和分布,其形式的选择取决于系统多个方面的要求。视场、性能、$F/\#$、体积要求和光谱范围是决定结构形式的重要因素。在折射光学系统发展的历程中,出现过许多经典的结构形式,一直是光学设计的重要参考。

(1) 消色差双胶合物镜

如图 3-44 所示,消色差双胶合物镜能够使设计波长 λ_1 和 λ_2 的光线会聚在一个焦点上,而中间的光线略呈离焦。双胶合物透镜的弥散斑直径比等效单透镜小,但因存在高级球差,仅在小视场时性能良好,不能在小 $F/\#$ 下应用。为了平衡双胶合透镜的固有三级球差,可以在元件之间引入一个小空气间隙来平衡五级球差和固有三级像差,提高综合性能水平。在像面附近增加一个平场器可进一步改善性能,通过弯曲该元件还可以平衡和消除像散。

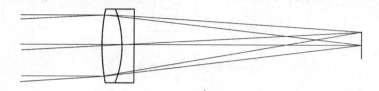

图 3-44 消色差双胶合物镜

(2) 匹兹万镜头

如图 3-45 所示,匹兹万镜头使用两个分开的双胶合透镜,在二者之间均分光焦度,所产生的二级色差小于同样 $F/\#$ 的单个双胶合透镜,适用于较小的视场和中等 $F/\#$ ($F/3.5$ 或更大)。

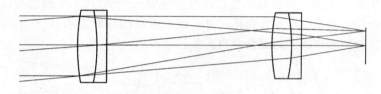

图 3-45 匹兹万镜头

(3) 柯克三片式镜头

如图 3-46 所示,柯克三片式镜头对称式结构能使整个视场内的光线在通过镜头时的入射角最小,可通过 8 个设计变量(6 个半径和 2 个空气间隔)控制或优化系统的球差、彗差、像散、轴向色差、横向色差、畸变、场曲参数等像差并控制焦距,对于所选择的 $F/\#$ 和焦距,像差之间可以得到很好的平衡,尤其是三级像差。小 $F/\#$ 会造成明显的剩余球差,而宽视场会导致彗差、像散和其他轴外像差。

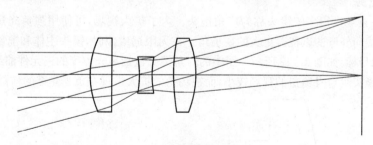

图 3-46 柯克三片式镜头

(4) 远距镜头

如图 3-47 所示,远距镜头的正光焦度元件组位于负光焦度元件组之前且两者分开,其焦距比物理长度长(物理长度与焦距的比称为远距比)。在小 $F/\#$ 和远距比小于 0.6 时,镜头结构十分复杂。远距镜头所覆盖的视场较小,必须使用正光焦度的前透镜组和负光焦度的后透镜组,以使焦距大于镜头的物理长度。通常需要对正镜组和负镜组分别消色差以产生色差足够小的完善镜头。

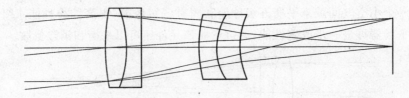

图 3-47 远距镜头

(5) 双高斯镜头

双高斯镜头是小 $F/\#$ 和大视场应用场合发展的产物(图 3-48 所示),在其演变过程中,派生的方法有使像差最小化的光焦度分裂、光束直径较小的负光焦度元件对场曲的校正(如在柯克三片式中)、使用孔径光阑前后的对称性使透镜表面的入射角最小化等。双高斯镜头在光阑附近使用至少两个负光焦度元件而在两边使用两个或更多的正光焦度元件。双高斯镜头在低至 $F/1.4$ 或更低的情况仍具有良好的性能。与所有镜头一样,$F/1.0$ 的镜头很难达到衍射极限,然而,其综合性能和光收集能力优异。对于越来越高的性能要求,该型结构能大大降低像差的高折射率材料要求和用于高级色差的反常色散玻璃。

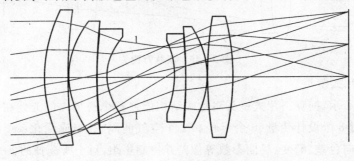

图 3-48 双高斯镜头

(6) 广角镜头

比普通镜头视场大得多的镜头称为广角镜头。为了扩大视场,可使用强负光焦度的前部元件或元件组,使光线向外弯曲以覆盖更大的视场角。在无限远成像时,镜头主体和前部负光焦度组之间的光需要聚向目标,如图 3-49 所示。图中的广角镜头包括负光焦度的三元件前组和多元件结构的主镜头组,主镜头组自身覆盖的视场较小,而视场角的扩大出现在负光焦度的前部元件处。

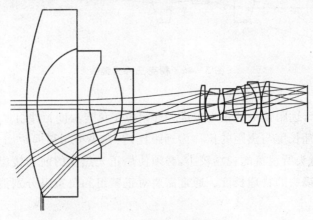

图 3-49 广角镜头

折射系统的特点如下：

① 没有中心遮拦，光效率高，不存在与中心遮拦相关的像质下降问题。

② 透镜面型一般为球面，可采用传统的方法加工，并通过增加透镜元件或其他设计方法使像差最小化。

③ 通过增加元件数可设计大视场、大相对孔径系统。

2. 紫外镜头的特殊考虑

对于一定光谱范围的紫外系统，需要对光学系统的色差进行校正以保证系统具有良好的性能。校正光学系统色差的重要手段之一是利用光学材料的不同色散性能进行合理的光焦度分配，然而，由于紫外光学材料的选择余地不大且色散系数差别小，紫外光学系统的色差校正有一定的困难。此外，为了提高系统的信噪比，需要大相对孔径的光学系统。而相对孔径大的光学系统的像差校正需选择折射率高的光学材料，但紫外透射材料的折射率均较低（小于1.46），导致光学系统透射片数增加或透镜的厚度增加，并因此降低了光学系统的透射比，部分抵消了大相对孔径获得的光学净收益。

大相对孔径可基于典型双高斯型物镜，通过非对称变化、分离光焦度的方法实现。色差的消除采用多组胶合透镜。

消色差的基本设计原则是正透镜选用 ν 值大的材料，负透镜选用 ν 值小的材料，综合考虑材料的理化性能，负透镜比较适宜的材料为石英玻璃，正透镜可选用的材料有 CaF_2 和 MgF_2，其中 CaF_2 的折射率略高，有利于像差高级量的校正。由于影响像质的主要像差是场曲、球差和倍率色差，因此加入厚透镜来校正场曲，厚透镜材料选用石英玻璃以进一步补偿系统的轴向色差。应用非球面设计可简化系统的结构并实现小型化要求，有效校正光学系统的像差，从而减小光学系统中的透镜片数，实现光学系统大视场、大相对孔径及小型化。

3. 几种紫外光学系统设计实例

（1）小视场紫外光学系统

实例：紫外光学系统的输入设计参数为：相对孔径 $D/f'=1/4$，焦距 $f'=127$ mm，视场 $2\omega=10°$，属长焦小视场光学系统。在兼顾孔径、长焦、体积及滤光器的放置要求的同时，为了减小光学系统的长度，光学系统采用远距结构形式，并根据相对孔径和视场要求确定具体结构形式如图 3-50 所示。由此计算出的光学系统的垂轴像差曲线如图 3-51，光学系统的场曲和畸变曲线如图 3-52 所示。

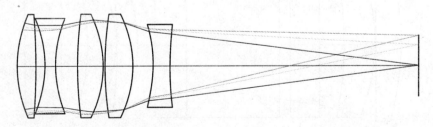

图 3-50　相对孔径 $D/f'=1/4$，焦距 $f'=127$ mm，视场 $2\omega=10°$光学系统

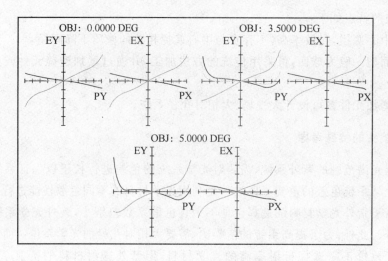

图 3-51　紫外光学系统垂轴像差曲线

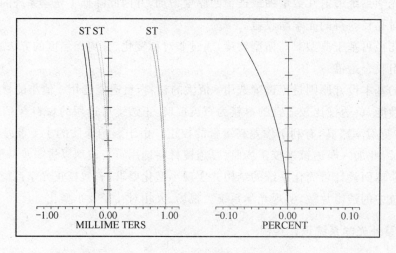

图 3-52　紫外光学系统场曲与畸变曲线

(2) 中等视场紫外光学系统

实例:紫外成像光学系统的设计参数为:相对孔径 $D/f'=1/1.5$,焦距 $f'=32.5\text{ mm}$,视场 $2\omega=30°$。参考双高斯构型,系统由前组透镜、日盲滤光器及后组透镜组成,如图 3-53 所示。

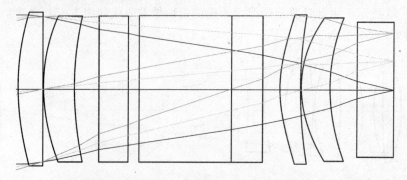

图 3-53　相对孔径 $D/f'=1/1.5$,焦距 $f'=32.5\text{ mm}$,视场 $2\omega=30°$ 的光学系统

图 3-54 为该光学系统的垂轴像差曲线,图 3-55 为该光学系统的场曲和畸变曲线。

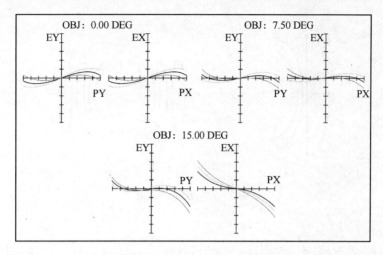

图 3-54　光学系统垂轴像差曲线

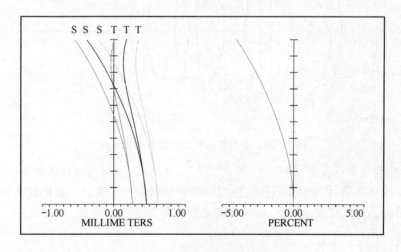

图 3-55　光学系统场曲和畸变曲线

(3) 大视场紫外光学系统

实现的具体结构形式有非对称反远距型和对称型双高斯型。由于在实现广角的同时,往往还要满足一定的后工作距(便于放置和调制后续元件),系统因此可采用反远距结构形式。其具体原因如下:

① 反远距物镜分前、后两组,前组具有负的光焦度,后组具有正的光焦度(图 3-56)。当平行光从负透镜前组入射时,发散后被后组成像在焦面上,系统主面可移出物镜之外,从而获得比焦距长的后工作距离。

② 反远距物镜轴上光线经前组发散后,在后组的入射高度较高,轴外光线经前组后变平,所以后组相对孔径需求较大而视场角需求较小,有利于扩大系统的视场(图 3-57)。

反远距的结构设计较为复杂,光学系统透镜片数多。第一片负透镜材料选择石英玻璃,其理化性能及耐辐射性能良好;后组按三片式设计。

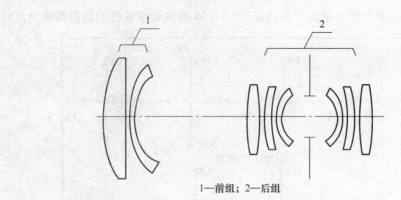

1—前组；2—后组

图 3-56　反远距物镜

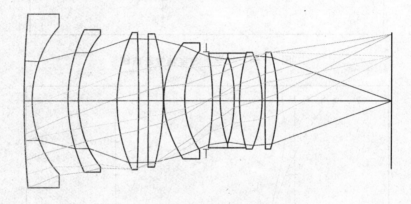

图 3-57　非对称的反远距紫外光学系统

实例：紫外光学系统要求相对孔径 $D/f'=1/3.5$，焦距 $f'=12$ mm，视场 $2\omega=110°$，则该大视场紫外折射光学系统优化设计后最终得到的结果如图 3-58 所示。点扩散曲线见图 3-59，光学系统垂轴像差曲线见图 3-60，场曲和畸变曲线如图 3-61 所示。

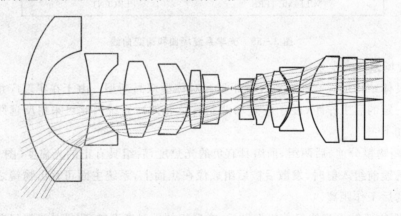

图 3-58　相对孔径 $D/f'=1/3.5$，焦距 $f'=12$ mm，视场 $2\omega=112°$ 的紫外物镜

第 3 章　紫外光学

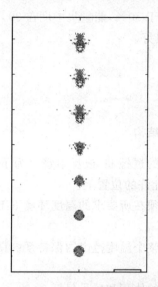

图 3 - 59　点扩散图

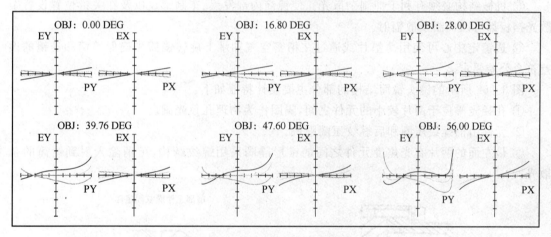

图 3 - 60　光学系统垂轴像差曲线

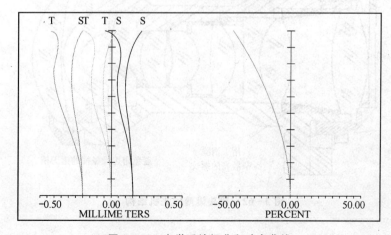

图 3 - 61　光学系统场曲和畸变曲线

从图 3-61 可以看出,畸变小于 30%,能量集中度在 90% 时只有 28 μm,弥散圆直径小于 0.13 mm,系统像差小,成像质量良好。

3.5.4 光学机械设计

1. 成像光学系统的支撑机械结构

① 机械结构支撑光学系统中的透镜和/或反射镜。为了将像质保持在规定范围内,必须将每个光学元件保持在公差范围允许的位置上。

② 机械结构连同光学元件必须在所要求的温度环境下工作,必须考虑光学元件的热膨胀和收缩。

③ 机械结构连同光学元件是整个温度范围内保持系统良好聚焦的主因,必要时需进行无热化设计。

④ 机械结构必须符合所要求的体积和质量目标。

⑤ 机械结构必须有利于抑制杂散光。使镜筒内部发黑、车制螺纹以及在关键位置设置杂散光挡板都可以抑制杂散辐射。

⑥ 透镜定中心可使用薄垫片或通过在精密空气轴承上旋转镜筒来确保镜筒和透镜的误差符合公差要求。

图 3-62 所示的镜头镜筒结构的部分主要设计特征如下:

① 孔径光阑位于两片较小的元件之间,隔圈作为物理孔径光阑。

② 元件由前螺纹压圈和后螺纹压圈限位。

③ 最左面的两片有光焦度元件之间的锥形隔圈采用螺纹结构,可消除入射到镜筒的杂散光。

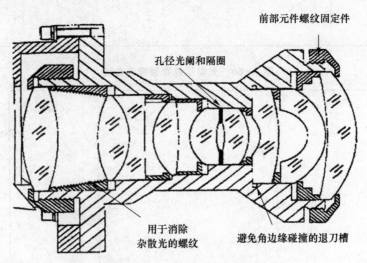

图 3-62 镜头镜筒的光机结构

2. 封 装

封装的约束要素包括从物到像的总长度、入瞳和出瞳的位置与尺寸、后工作距、最大直径、最大长度和质量,还包括从最后表面到图像的校对距离(即间隔)及滤光器等其他元件的位置和所占空间。为满足设备特定的空间尺寸和特殊的用途,光学系统体积小型化和轻量化至关重要。

3. 环 境

光机件需适应的环境要素包括工作温度范围、储存温度范围、振动、冲击及其他(盐雾、湿度和密封)等。环境要素还包括温度由光轴向外变化的径向热梯度、沿非轴对称轮廓的热梯度(即直径热梯度)和从系统前端到后端的热梯度(即轴向梯度)。使用黏结剂对镜片黏接加固,可以防止振动和冲击对镜头造成的不良影响。黏结剂一般是环氧树脂或 RTV。

第4章 紫外探测器

探测器是将一种形式的电磁辐射信号转换成另一种易被接收处理信号形式的传感器,光电探测器利用光电效应,把光学辐射转化成电学信号。光电效应可分为外光电效应和内光电效应。外光电效应中,光子激发光阴极产生光电子,然后被外电极收集,获得的光信号(电流等)是接收到的辐射转换值。外光电效应器件通常指光敏电真空器件,主要用于紫外、可见和近红外等波段。具有内增益的外光电效应器件包括光电倍增管、像增强器等光敏电真空器件,它们具有极高灵敏度,能将极微弱的光信号转换成电信号,可进行单光子检测,其灵敏度比内光电效应的半导体器件高几个量级。内光电效应分光导效应和光伏效应。光导效应中,半导体吸收足够能量的光子后,把其中的一些电子或空穴从原来不导电的束缚状态激活到能导电的自由状态,导致半导体电导率增加、电路中电阻下降。光伏效应中,光生电荷在半导体内产生跨越结的 P-N 小势差。产生的光电压通过光电器件放大并可直接进行测量。根据光导效应和光伏效应制成的器件分别称为半导体光导探测器和光伏探测器。不同探测器的光谱响应范围如图 4-1 所示。

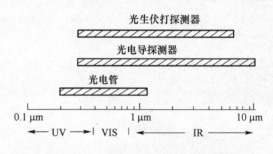

图 4-1 不同探测器的光谱响应范围

常用紫外探测器主要有下述 3 种类型:
① 光电真空探测器,如光电倍增管、像增强器和 EBCCD 等;
② 光电导探测器,如 GaN 基和 AlGaN 基光电导探测器等;
③ 光伏探测器,如 Si、SiC、GaN P-N 结和肖特基势垒光伏探测器以及 CCD。

紫外探测器对紫外辐射具有高响应。其中,日盲紫外探测器的光谱响应区集中在中紫外(波长小于 290 nm),而对紫外区以外的可见光及红外辐射响应较低;光盲紫外探测器长波响应限在紫外与可见光交界处。

4.1 光电真空紫外探测器

4.1.1 主要组成单元

1. 光阴极

(1) 碲-铯与碲-铷阴极

光敏电真空器件的光谱响应主要取决于阴极材料。在 Ⅰ~Ⅵ 族化合物中,碲-铯与碲-铷阴极对 160~300 nm 波段紫外辐射灵敏度很高,对可见光则不灵敏,可对通带外背景进行一定程度的抑制,因此是有效的"日盲"阴极。碲-铯阴极长波域通常位于 290~320 nm 之间,其变动与制造工艺关系极大,碲-铯阴极的热发射很小。碲-铷的特性与碲-铯相似,但比起后者在光谱响应上略向长波区偏移,且截止响应的波长更短。图 4-2 为紫外阴极的光谱响应。

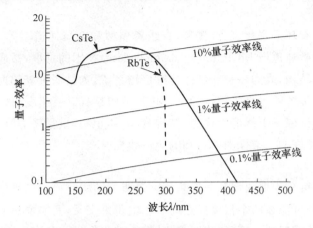

图 4-2 紫外辐射阴极的光谱响应

由图 4-2 可知,传统的碲铯阴极在波长超过 280 nm 后仍有较高的灵敏度。目前,先进日盲光阴极在紫外波段灵敏度显著提高(量子效率大,已达 24%),同时日盲特性有效改善,抑制达 9 个数量级以上。日本滨松光子的日盲紫外倍增管 R2078 基于改进型阴极,日盲区以外量子效率下降约 50%,因此带外灵敏度可抑制到普通碲铯光阴极光电倍增管的 1%,如图 4-3 所示,R2078 管在可见光和"日盲"区的阴极灵敏度相差约 3 个数量级,日盲区的背景噪声信号可近似忽略。

双碱阴极的响应光谱覆盖了 180~400 nm 紫外区域,但同时在可见光谱区响应也高。

(2) GaN 光阴极

$Al_xGa_{1-x}N$,GaN 等Ⅲ族氮化物单晶材料,具有负电子亲和势(NEA),可制成负电子亲和势紫外阴极。GaN 层可利用金属有机化学气相淀积(MOCVD)法在蓝宝石衬底上生长(一般 1 μm 厚)。为了实现 NEA,半导体表面须进行掺杂处理,方法是采用镁作为 P 型掺杂物质,并用铯激活 GaN 薄膜进行处理,在 253.7 nm 处获得高达 30% 的量子效率,而紫外(200 nm)和可见光(500 nm)之间的抑制比率约为 4 个数量级。GaN 阴极的量子效率随导电率增加而提高。提高其单晶材料的导电

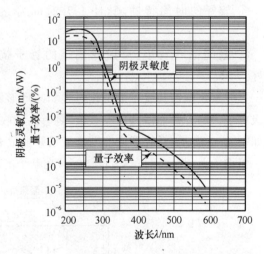

图 4-3 R2078 日盲紫外倍增管的光谱响应曲线

率,则负电子亲和势光阴极的量子效率进一步的提高,虽然与 280 nm 附近以下波长的量子效率相比,30% 的量子效率依然较低,但如果材料的导电率更高,这种光阴极的量子效率可进一步提高,且时间稳定性好。理论上,GaN 阴极的量子效率可高达 90%。

GaN 基材料的热稳定性和化学稳定性好,工作寿命长、抗辐射能力强,其电子饱和速度快、击穿电压高、噪声低。用该材料制作的真空紫外探测器工作温度高,对环境的适应能力强,

对滤光器需求低。

2. 电子倍增系统

传统的倍增系统有环形聚焦型、合栅型、直线聚焦型和金属通道型等多种类型。自20世纪80年代以来，随着微通道板MCP(microchannel plate)技术的发展，微通道板电子倍增系统取代了传统的打拿极结构，成为一种新型的连续倍增系统，为微弱紫外辐射探测提供了一种先进可行的新形式。与传统的打拿极结构相比，MCP结构具有响应速度快（渡越时间、上升时间达到亚纳秒级水平）、抗磁场干扰能力优越、结构紧凑、体积小、重量轻等特点，并且当采用多阳极输出结构时，具有良好的二维探测能力和响应一致性。

(1) 打拿极

打拿极根据结构可分为聚焦型和非聚焦型。聚焦型结构是前一倍增极来的电子加速并会聚在下一倍增极上，并可能在两个倍增极之间发生电子束交叉，而非聚焦型形成的电场只能使电子加速，电子轨迹是平行的。环形（称圆笼式）聚焦结构作为一种广泛应用的倍增结构，通常为9级，如图4-4所示。其特点如下：

① 强电场能使二次电子的初速影响最小化，有较好的时间分辨特性。

② 结构紧凑、简洁，体积小巧，成本较低。

③ 严格的聚焦使各级电子有较高的收集效率，在低压下即可得到高增益（放大倍数）。

④ 较好的时间特性，脉冲上升时间可达2.5 ns以下。

⑤ 极间电容较小，反射式阴极的管子抗磁性能良好。

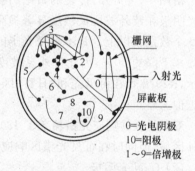

图4-4 圆环形聚焦倍增极结构图

直线聚焦型结构管子的工作过程如同环形聚焦结构管子一样，极间电场可保证前一级的次级电子大部分都能落到后一级上，具有高的收集效率和时间特性，其典型电子光学系统的结构如图4-5所示，系统形成的电场能很好地把来自光阴极的光电子会聚成束并通过膜孔打到第一倍增极上，收集率可达85%以上，光电子离散性的渡越时间可小至10 ns。

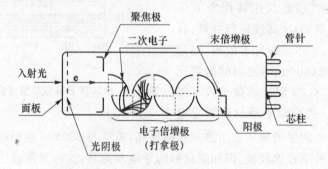

图4-5 打拿极型的电子倍增光学系统

(2) 微通道板(MCP)

MCP厚度约0.5 mm，截面呈蜂窝状，集成了上百万根微小玻璃管（即微通道），其微通道直径一般为 10 μm 左右,平行成束。每个通道都是一个独立的电子倍增器。MCP 的二次发射材料涂覆在每根细管的内壁上,在电场的作用下,入射光激发的光电子进入通道并与内壁碰撞,产生二次电子。通常情况下,二次电子沿抛物线轨道穿过,对 MCP 两端加压可使这些电子加速冲击反向壁,释放另外的二次电子。这一过程沿通道壁反复进行多次,导致 MCP 输出大量的电子,MCP 的结构及工作原理如图 4-6 所示。

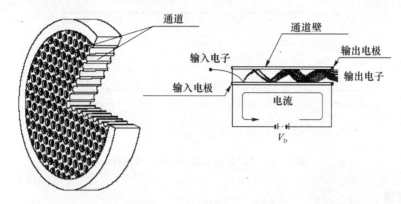

图 4-6 MCP 结构及工作原理

二次电子在通道内进行连续的雪崩式倍增,其输出端电子数与输入端光电子数之比为 MCP 增益,增益的大小除了与自身的材料特性、通道的长径比等因素有关外,主要取决于 MCP 所加的工作电压,如图 4-7 所示。低电压时,增益与工作电压成线性关系;高电压时,通道输出端形成高密度电子云。电子云是 MCP 输出端发射的二次电子在后续接收面的散射圆,其直径可计算如下:

$$r(z)=\frac{2\sqrt{\varepsilon_r}}{\phi_{ac}/l}\left(\sqrt{\frac{\phi_{ac}}{l}z+\varepsilon_z}-\sqrt{\varepsilon_z}\right) \tag{4-1}$$

式中:l 为 MCP 输出端至后续接收面的距离;ϕ_{ac} 为 MCP 输出端与后续接收面间的电压;ε_r 和 ε_z 分别为电子径向和轴向初速对应的初始电位。

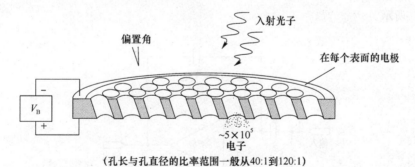

(孔长与孔直径的比率范围一般从40∶1到120∶1)

图 4-7 微通道板结构原理

MCP 易携带残余的气体,在通常的 1 keV 的电势工作下,可引起破坏性放电,因此制造工艺中的清洁和电镀处理非常重要。

由于受离子反馈的影响,单块直通道型 MCP 的电流增益并不高,在正常工作电压下(约 800 V),通常为 10^3 左右。若将 2 块或 3 块 MCP 级联并形成微通道弯曲,电流增益可达 10^6 左右,并可抑制离子反馈。二级微通道板系统不仅提高了增益,而且改善了信噪比。整个管子工作电压一般为 3 kV,辐射增益可达 10^8,尤其是采用了 Z 形级联的 MCP 倍增系统,可进行单光子计数,能对极微弱的紫外辐射进行探测,其工作原理如图 4-8 所示。

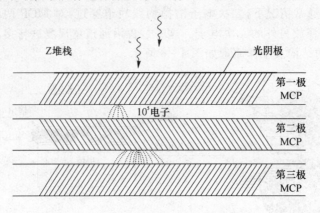

图 4-8 "Z"型级联的 MCP 倍增系统

3. 读出系统

光电子读出有单道和二维两种形式,后者可得到信号的二维分布或图像,实现紫外探测的成像体制,获得系统的高空间分辨率特性。

(1) 单阳极

单阳极一般采用平板型结构收集来自倍增系统的电子,其结构如图 4-9 所示。

从阳极出来的信号是单个的光电子脉冲,经信号线延时,脉冲持续时间约几十纳秒,幅值约十几至几十毫伏。这种脉冲信号并不适合后续电路处理,必须通过电荷灵敏放大器将电荷信号转换为电压信号。电荷灵敏放大器的基本原理如图 4-10 所示。

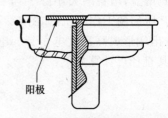

图 4-9 单阳极结构示意

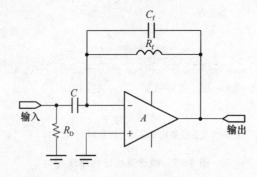

图 4-10 电荷灵敏放大器的基本原理

图 4-10 中,A 为集成运算放大器,C_f 是反馈电容,R_f 是反馈电阻,C 为耦合电容,R_D 是探测器偏置电阻。假设从阳极出来的电荷量为 Q_D,则输出脉冲的幅值 V_{Out} 为

$$V_{out}=V_{in}A_0=\frac{Q_D A_0}{C_f+(1+A_0)C_f}\approx\frac{Q_D}{C_f} \quad (4-2)$$

式中：V_{in}为输入电压的幅度；A_0是运放的闭环放大倍数。

由于$(1+A_0)C_f \gg C_i$（输入电容），所以输入电容C_i的变化对电荷灵敏前放增益的影响可以忽略不计，从而使得电荷灵敏前置放大器的输出电压有很好的稳定性。

(2) 阵列多阳极

阵列多阳极的主要结构形式有交叉条、楔条、延迟线以及分立导线等。

1) 交叉条

交叉条（cross-strip）采用双层绝缘结构，由相互绝缘的、二氧化硅层隔离的、上下正交沉积的二维金电极阵列构成，每个金属条带彼此分立。电子云尺寸跨越3~5个条带（0.5 mm）。越靠近电子云中心的条带，接收的电荷量越多，电荷量的多少与所切条成正比（假设电子斑上的电荷分布均匀），如图4-11所示。

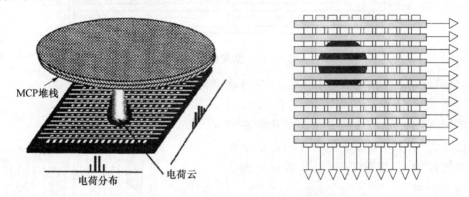

图4-11 电子云在双层绝缘结构交叉条阳极的分布

电极元的数目决定于像素电路的中心间距。如图4-12所示，每一层分二组输出电极，每一单根的输出电极又同时与多根像素电极相连，两组像素电极平行交替地重复排列。中间是介质层，上、下层分别为相互平行、分布均匀的金属条。上、下层的金属条相互垂直。电极间的电容保持平衡，电感保证去耦。阵列阳极输出采用精细电极编码方式，分两组阳极像素，即上部分的奇数位组和下部分的偶数位组。奇数位组中每个周期所包含的像素数与偶数位组不同，形成奇偶周期错位排列，从而使每相邻的两个像素处于不同的数组中。奇数位组由n个阳极组成（以$n+2$周期重复），偶数位组由$n+2$个阳极组成（以n周期重复），输出电极$2(n+1)$可以唯一地确定$n(n+2)$像素位置坐标。也就是说，相邻的奇偶两个像素的组合是唯一的，引出电极数仅为奇数位每个周期的像素数与偶数位每个周期的像素数之和。

例如：对128×128像素的阵列阳极而言，x轴和y轴各对应一层阳极阵列，第一组$n=12$，即有12根输出电极；第二组$n+2=14$，对应有14根输出电极。这样x轴对应阳极阵列共有26根输出电极，可以唯一确定像素的位置坐标为$n(n+2)=168$个，128像素只取其局部。同样y轴阳极阵列也有26根输出电极，128×128 MAMA器件共有52根输出电极。128×28 MAMA器件输出电极有52个，对应连接到52个放大器。

2) 楔 条

楔条（WSZ）采用镀在石英玻璃或陶瓷基底上的特定金属电极图案实现电荷的分布，其结构如图4-13所示。图中共有3个收集电子区，W代表楔形电极（wedge），S代表条形（strip）

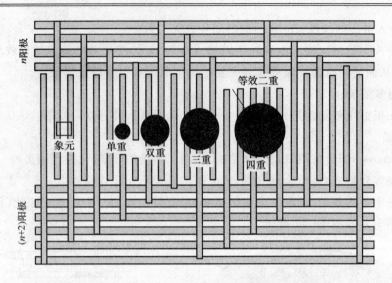

图 4-12 交叉条型阳极

电极,剩余部分是之字形电极,用 Z 表示,W,S 和 Z 间相互绝缘。

由于 W 在 Y 方向的宽度不同,S 在 X 方向的宽度不同,沿 X 方向,S 的分布面积从左至右逐渐线性增大,沿 Y 方向,W 的分布面积从下往上也逐渐线性增大,贯穿于 W 和 S 两者之间的为 Z 的分布面积。

通常,当 MCP 出射的电子云打到 WSZ 收集极上后,经 W,S 和 Z 这 3 个电极相应收集,就可以得到各个区收到的电荷 Q_W,Q_S,Q_Z,电子云在每个电极的相关区域是位置的线性函数,当电子云位于 WSZ 左边时,Q_S 较小;当电子云位于 WSZ 右边时,Q_S 较大。同理,当电子云位于 WSZ 下面时,Q_W 较小;当电子云位于 WSZ 上面时,Q_W 较大。电子云的质心坐标可以通过下式确定

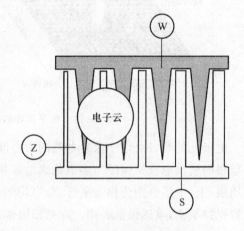

图 4-13 楔条形阳极阵

$$\left. \begin{array}{l} X = \dfrac{Q_S}{Q_W + Q_S + Q_Z} \\ Y = \dfrac{Q_W}{Q_W + Q_S + Q_Z} \end{array} \right\} \quad (4-3)$$

式中:Q_W,Q_S,Q_Z 为 WSZ 3 个电极上分别收集到的电荷量。

由于 X 和 Y 准确地表示了电子云的中心位置,3 个电极收集到的电荷量须随电子云在阳极位置上的改变而线性改变。但是,如果电子云的大小为一个周期或者更小,则电极上收集到的电子云与中心位置就可能不成线性。结果,用式(4-3)计算出的中心位置就会与实际的中心位置不一致。考虑到串扰,公式(4-3)修正如下:

$$x = \frac{Q_S - X_{talk} Q_Z}{Q_W + Q_S + Q_Z} \quad y = \frac{Q_W - X_{talk} Q_Z}{Q_W + Q_S + Q_Z} \quad (4-4)$$

式中:X_{talk} 是串扰的修正系数,它和电子收集区之间的电容耦合相关。

WSZ 多阳极采用渐变结构决定 x 和 y 坐标的位置,优点是结构简单、空间分辨力高(可达 0.5 mm)、线性好、大面积成像畸变小、制作工艺相对简单、后续电路也不太复杂。缺点是时间分辨力差,不能分辨同时到达的两个信号。

3) 延迟线阳极

延迟线阳极的信号读出通过位置灵敏器件(PDS)探测电子位置,阳极电极所收集的电荷经高速放大器放大后由处理电路成形。优点是:

① 不需外围扫描电路,装置简化;

② 无盲区,能进行连续检测。延迟线阳极通过时间信号读出位置,可给出连续的位置信息。

阳极使用缠绕在绝缘陶瓷支架上的金属丝作为延迟线,延迟线分为 x,y 两组,绕向互相垂直,分别给出 x 和 y 方向的位置信号,其结构如图 4-14 所示。

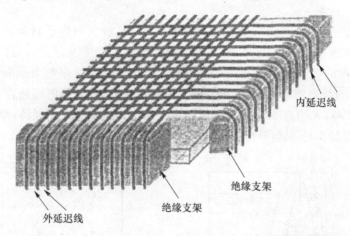

图 4-14 延迟线阳极结构

每一组延迟线由两根金属丝并排平行绕成,一根为信号丝,另一根为参考丝。两根丝之间加有一定的电压,其中,信号丝的电压比参考丝的高。因此,由 MCP 放大产生的电子云主要由信号丝收集。信号丝和参考丝的输出信号分别作为差分放大器的两路输入信号,可以有效抑制噪声。延迟线的间距为 0.5 mm,其空间分辨力能达到 0.5 mm。两组延迟线形成的平面间距为 3 mm。

延迟线阳极位置读出原理如图 4-15 所示。经放大后的脉冲电子束入射到长度为 L 的阳极丝的 X 处(X 为距 A 端的距离)。电子入射到其表面的任意一个位置时,x,y 坐标上就有一个唯一的信号与之对应。输出信号的大小及正负是该电子云位置的函数。阳极探测阵列测量单光子事件产生电子云的位置。

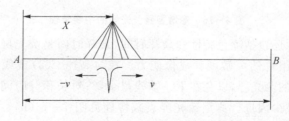

图 4-15 延迟线位置确定原理

电脉冲沿阳极丝向 A,B 两端传播,设传播速度为 v,则其到达 A,B 两端的时间分别为 $t_1 = t_0 + X/v$ 和 $t_2 = t_0 + (L-x)/v$,其中 t_0 为测量时间信号所选取的时间起点。电脉冲到达 A,B 两端的时间差 Δt 也与位置有关。$\Delta t = t_2 - t_1 = (L - 2X)/v$,因此,采用延迟线的位置读出方法有两种:① 测量脉冲到达延迟线两端任意一端的时间与光电子到达 MCP 的时间差;② 测量脉冲到达延迟线 A 端和 B 端的时间差。

由于电子所处的位置不同,电子到达信号两个接收端的时间不同,由此确定电子云在 x,y 轴的位置如下:

$$x = \frac{t_1}{t_1+t_2}T;\quad y = \frac{t_3}{t_3+t_4}T \tag{4-5}$$

式中:T 为纵轴长度。

(3) 荧光屏

荧光屏吸收电子束后,其输出面荧光材料能将 MCP 放大的电子转换成一定波长的可见光。常见的荧光材料有 P20, P43 等,图 4-16(a) 为典型荧光屏光谱发射特性。P43 荧光屏的输出光是黄绿色;P20 荧光屏的输出光是绿色(550 nm),转换效率约为 1photo/16 eV。对于一般应用,为了达到效果清晰的图像,根据荧光屏和像管的类型,屏电压通常须达到 4~8 kV。当电压为 5 000 V 时,大约有 2 500 eV 的能量在穿越荧光屏铝层时损耗掉,净响应约为每个入射电子在光纤出窗输出约 150 个光子。

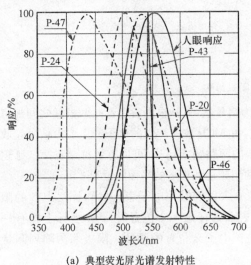

(a) 典型荧光屏光谱发射特性

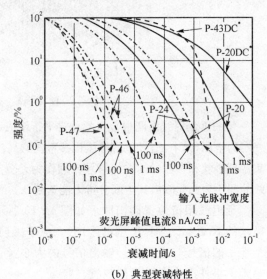

(b) 典型衰减特性

图 4-16 像增强器荧光屏的主要特性

荧光屏的重要特性还包括颜色特性和余晖时间,余晖时间是荧光屏选择时应考虑的一个重要因素,它影响成像组件的灵敏度和成像能力。在与高速 CCD 或线性图像器件共同使用时,应使用余晖时间短的荧光屏,以免在下一帧残留余影;对长积分时间系统应采用余晖时间长的屏以最大限度地减少闪烁。典型荧光屏衰减特性见图 4-16(b)。典型荧光屏的颜色特性和余晖时间特性等一些主要参数见表 4-1。

表 4-1 典型荧光屏的颜色特性和余晖时间

类型	组份	光发射			颜色	衰减时间	
		范围				光强度的衰减	
		起始值/nm	截止值/nm	典型值/nm		从90%到10%	从10%到1%
P43	$Gd_2O_2S:Tb$	360	680	545	绿	1 ms	1.6 ms
P46	$Y_3Al_5O_{12}:Ce$	490	620	530	黄绿	300 ns	90 μs
P47	$Y_2SiO_5:Ce,Tb$	370	480	400	蓝白	100 ns	2.9 μs
P20	$(Zn,Cd)S:Ag$	470	670	550	黄绿	4 ms	55 ms
P11	$ZnS:Ag$	400	550	450	蓝	3 ms	37 ms

4. 窗口

窗口材料决定了探测器件光谱响应波长的下限,为了保证入射光谱范围的下限(～200 nm),近紫外和中紫外区探测器常用的窗口材料按截止波长的递降顺序依次为透紫玻璃、石英、蓝宝石、氟化镁和氟化锂,它们的截止波长相应为 185 nm,160 nm,140 nm,115 nm 和 110 nm。图 4-17 为部分窗口材料的紫外透射比。

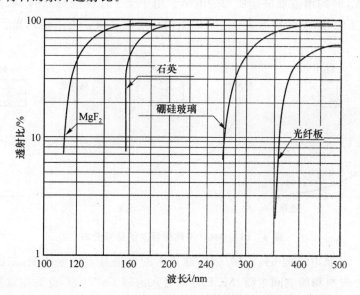

图 4-17 典型窗口材料的透射比

石英化学稳定性良好,不含自然放射性物质,是光窗中普遍采用的材料。

5. 性能参数

(1) 光谱响应

光谱响应取决于光阴极的材料、类型及光窗材料三者的结合,一般用辐射灵敏度和量子效率(QE)表示。

① 辐射灵敏度是给定波长单位输入辐射功率入射光阴极后产生的输出电流,通常用

A/W_λ 表示。阴极光谱灵敏度指光阴极的光电流除以给定波长的入射辐射通量。

② 量子效率(QE)是光阴极发射的光电子数与给定波长的入射光子的比值,通常用%表示。量子效率和辐射灵敏度在波长 λ 一定时的关系如下:

$$\eta(\lambda) = \frac{hc}{e} \cdot \frac{S(\lambda)}{\lambda} = 1.24 \times 10^{-6} \times \frac{S(\lambda)}{\lambda} (m \cdot W/A) \qquad (4-6)$$

式中:$\eta(\lambda)$ 为量子效率;$S(\lambda)$ 为阴极光谱灵敏度。

碲铯阴极在 0.27 nm 波长处的灵敏度为 2×10^{-2} A/W,由此可计算得 $\eta(\lambda) \approx 10\%$。

(2) 增　益

1) 电子增益

电子增益 G 是一定入射光通量和阴极电压下,阳极电流与阴极电流的比值,它取决于倍增极次级的发射系数、电子转换效率以及光电子收集效率:

$$G = k(g\sigma)^n \qquad (4-7)$$

式中:n 为级数;k 为阴极到第一倍增极光电子收集系数;g 为倍增极间收集系数,接近于 100%;σ 为二次电子平均发射系数。

对于 MCP 倍增级,单 MCP 的增益最多能达到 10^3,高增益需配置 2~3 块 MCP,但增益并不线性增加,而呈现峰值脉冲高度分布。MCP 随机放大呈现为脉高分布的指数规律,如图 4-18 所示。MCP 的增益取决于所加的电压。用于光子计数探测器的 MCP 必须在高增益的脉冲饱和模式下工作,至少应有大于 10^5 以上的稳定增益值。为了达到光子计数灵敏度,增益要设置到最大。

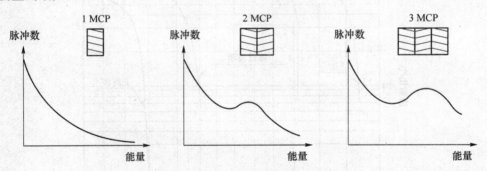

图 4-18　MCP 不同配置时的脉高分布

当电流超过 MCP 电流的 5%~10% 时,通道内的电场分布发生改变,二次电子的进一步发射受到抑制,形成饱和的空间电荷,MCP 逐渐进入饱和工作状态,此时增益接近于常数。

2) 辐射增益

辐射增益是荧光屏辐射出射度与入射到光阴极上辐照度之比,可利用光阴极峰值响应波长的辐通量密度和荧光屏峰值发射波长的辐射来计算辐射增益,适用于紫外等非可见光波段。

辐射增益的表达式为

$$G_I = QE_I \cdot T_I \cdot N_{MCP} \cdot N_I$$

式中:QE_I 是光阴极的量子效率;T_I 是 MCP 的开口面积比;N_{MCP} 是 MCP 电子倍增因子的平均值,N_I 是荧光屏放大因子。

(3) 调制传递函数

当亮度发生正弦变化的黑白条图像聚焦在光阴极上时,输出荧光屏的对比度会随图案密

度的增加而下降,对比度与图案频率之间的关系定义为调制传递函数(MTF),MTF 的值由下式决定:

$$m=\frac{S_{max}-S_{min}}{S_{max}+S_{min}} \tag{4-8}$$

(4) 极限分辨率

极限分辨率是对应"最小可分辨"的空间频率,"最小可分辨"是调制度近似为 5% 时的频率,是当黑白条状图形聚焦到光阴极上时,可以区分的单位最多线对数。

(5) 暗计数

暗计数通常表示为 1 s 周期测得的单位平方厘米的光斑亮点数,适用于光子计数方式工作时对噪声等级的评价。微通道板在无信号输入时,由工作电压产生的场强会使通道内壁产生微弱的场致发射,经过后继倍增也产生暗噪声。光子计数时,光阴极及微通道板产生的大量暗计数可通过致冷进行抑制。

4.1.2 典型器件

1. 光电倍增管

(1) 组成及原理

光电倍增管建立在外光电效应、二次电子发射和电子光学理论基础上,结合了高增益、低噪声、高频率响应和大信号接收区等特征,是一种具有极高灵敏度和超快时间响应的光敏电真空器件,可以工作在紫外、可见和近红外区的光谱区。日盲紫外光电倍增管对日盲紫外区以外的可见光、近紫外等光谱辐射不灵敏,具有噪声低(暗电流小于 1 nA)、响应快、接收面积大等特点。光电倍增管按倍增方式又分打拿极和 MCP 两种。

1) 打拿极型光电倍增管

打拿极型光电倍增管由光阴极、倍增级和阳极等组成,由玻璃封装,内部高真空,其倍增级又由一系列倍增极组成,每个倍增极工作在前级更高的电压下。打拿极型光电倍增管按接收光的方式分端窗和侧窗两种,图 4 - 19(a)为端窗型,图 4 - 19(b)为侧窗型。

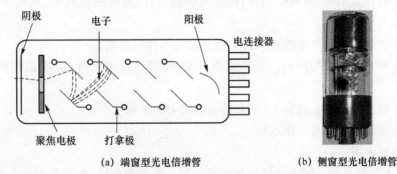

(a) 端窗型光电倍增管　　　　　(b) 侧窗型光电倍增管

图 4 - 19　打拿极型光电倍增管

打拿极型光电倍增管的工作原理:光子撞击光阴极材料,克服了光阴极的功函数后产生光电子,经电场加速聚焦后,带着更高的能量撞击第一级倍增极,发射更多的低能量的电子,这些电子依次被加速向下级倍增极撞击,导致一系列的几何级倍增,最后电子到达阳极,电荷积累形成的尖锐电流脉冲可表征输入的光子。若倍增极的二次电子发射系数为 δ,则经过 n 个倍增极后,阳极收集的电子数就是原来的 δ^n 倍。

2) MCP 型光电倍增管

MCP 型光电倍增管均为端窗光电倍增管,适于受照面积大等场合应用。典型 MCP 光电倍增管的组成如图 4-20 所示,包括输入光窗、光阴极、电子倍增极和电子收集极(阳极)等。

MCP 型光电倍增管的基本工作过程如图 4-21 所示。

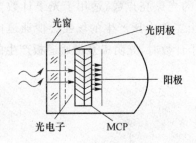
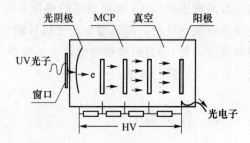

图 4-20　MCP 光电倍增管组成　　　　图 4-21　MCP 光电倍增管工作过程

当入射辐射透过光窗照射光阴极时,光阴极发射出的电子具有不同的能量和初速度,在一定加速电压下,电子以一定的能量进入有倾角 MCP 的微通道,在外加电压下产生二次电子,其数目与入射辐射的强度成正比。由于光电子能量很大,在倍增极上被激发出若干二次电子,这些电子在电场作用下,又打到第二倍增极处,引起新的二次电子发射,直到阳极收集为止。由于材料、结构和电场设计不同,不同光电倍增管的数值不尽相同。光电倍增管最终以高斯分布形成光电子脉冲,在阳极以一定幅值作为光子信号输出,光子数密集时形成直流信号。

(2) 光电倍增管的运行特性

1) 稳定性

光电倍增管的稳定性是由器件本身特性、工作状态和环境条件等多种因素决定的。管子在工作过程中输出不稳的情况很多,主要有:

① 管内电极焊接不良、结构松动、阴极弹片接触不良、极间尖端放电、跳火等引起的跳跃性不稳现象,信号忽大忽小。

② 阳极输出电流太大产生的连续性和疲劳性的不稳定现象。

③ 环境条件对稳定性的影响。环境温度升高,管子灵敏度下降,温度系数约为 $-0.1 \sim 0.5\%/℃$。

④ 潮湿环境造成引脚之间漏电,引起暗电流增大和不稳。

⑤ 环境电磁场干扰引起工作不稳。

2) 极限工作电压

极限工作电压是指管子所允许施加的电压上限。高于此电压,管子产生放电甚至击穿。

表 4-2 是部分国产 MCP 光电倍增管的典型技术指标。

表 4-2 部分国产 MCP 光电倍增管的典型技术指标

型 号	灵敏度范围/nm	峰值波长/nm	阴极辐射灵敏度/mA·w^{-1}	增益	阳极暗电流/nA	脉冲上升时间/ns	阳极结构	(外径/管长)/mm
GDB-601	185~320	240	15	10^5	0.9	0.35	单阳极	36.25/30
GDB-604	185~320	240	15	10^5	0.9	0.35	4×4 矩阵	35.5/29
GDB-607	115~200	140	11	10^5	0.05	—	单阳极	35.5/30
GDB-609	200~320	240	15	10^5	0.9	0.3	128×128 矩阵	47.2/21.5

2. 多阳极微通道阵列器件

多阳极微通道阵列（MAMA）器件由光阴极、Z 形微通道板倍增组件和编码阳极组成，其结构如图 4-22 所示。MAMA 器件输出端为阵列阳极及编码电极，所获得的信号呈二维分布或图像，可使紫外探测实现成像体制，具有体积小、探测灵敏度高、增益高、暗电流小、时间响应快、空间分辨能力高、单光子计数能力强及抗磁场干扰能力强等优点。

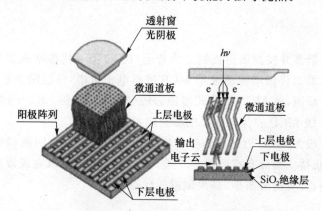

图 4-22 MAMA 器件结构组成

MAMA 器件输出的电子云中的电子由阳极阵列收集后，可探测和确定由单光子事件产生的电子云位置。为了保持 MAMA 读出阵列固有的高空间分辨率，电子云的弥散程度必须控制，即 MCP 输出面与读出阳极间的距离应尽可能小，典型的范围在 100~200 μm（电压 50~150 V），而上下两层电极间电压差为 1~5 V，以确保电子云在两层电极上分配均匀。要使整个激活面上获得的响应均匀，微道板通道的直径应小于像素电极的间距。在一般的 MAMA 探测器中，对 10~12 μm 直径的通道，像素面应为 25×25 μm^2，而对 14×14 μm^2 的像素面则要求通道直径为 8 μm。

光阴极的材料和结构取决于所探测光子的波长。在 115~170 nm 波段应采用不透明的 CsI 光阴极；在 165~310 nm 波段则须采用半透明的光阴极，并通常沉积在 M_gF_2 晶体窗口与 MCP 近贴聚焦的内表面上，相应的管子结构可以是敞开型的也可以是密封式的。

MAMA 器件工作原理是：光信号透过输入光窗入射至光阴极表面，光阴极转换成的光电子在加速电场作用下进入微通道板，产生大量的光电子，经过足够倍增后形成的电子云在微通道板输出端输出，并入射到相应位置的编码阳极阵列，由阵列阳极收集，通过 X 和 Y 方向的二维编码电极输出信号。阳极阵列可以探测和确定由单光子事件所产生电子云的位置,经过解码电路解码后便可成像。表 4-3 是国外部分 MAMA 器件的主要特性。

表 4-3 国外部分 MAMA 器件的主要特性

	SOHO	STIS	FUSE
像素规模	360×1 024	1 024×1 024	728×8 096（4×728×2 024）
像素尺寸	25×25 μm^2	25×25 μm^2	22×16 μm^2
阳极阵列有效面积	9.0×25.6 mm^2	25.6×25.6 mm^2	16.0×32.4 mm^2（×4）
MCP 有效面积	10×27 mm^2	27×27 mm^2	17×33 mm^2（×4）
MCP 孔径	12 μm	12 μm	8 μm
放大器数量	105(104+1)	133(132+1)	577([4×144]+1)
光阴极材料	MgF_2 和 KBr	CsI 和 Cs_2Te	KBr

随着多阳极位敏探测工艺、特种解码集成电路技术的不断改进,以及高增益微道板性能的改善,MAMA 探测器性能正不断提升。

3. 紫外像增强器

(1) 组成及原理

像增强器的种类繁多并按发展历程划分为若干"代"。第一代像增强器不采用 MCP,其增益通常小于 100 倍。第二代像增强器采用 MCP 进行电子倍增,分近贴聚焦和倒像式两种,由于几何畸变和体积等原因,故 MCP 倒像式增强器较少。采用单级 MCP 的像增强器的辐射增益约为 10^4,而采用 3 级 MCP 的像增强器的辐射增益可超过 10^8。

紫外像增强器一般为 MCP 近贴聚焦型结构(图 4-23),主要由阴极、MCP 增强级及荧光屏等部分组成,是可获得二维分布或图像的一类光电真空器件,可以完成紫外辐射图像的增强及到空间图像的转换,具有高分辨率、高灵敏度的优点。

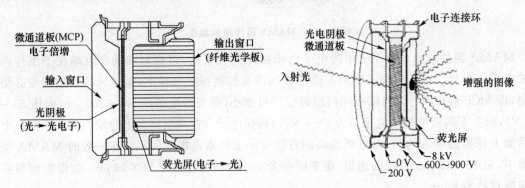

图 4-23 像增强器结构

入射辐射透过像增强器光窗照射光阴极时,由于光电发射效应而产生光电子,在光阴极和 MCP 输入面($MCP_\text{入}$)之间的电场作用下,光电子加速并分别进入 MCP 的通道,经过逐级倍增形成大量次级电子,然后经输出端面($MCP_\text{出}$)和荧光屏间的几千伏电压加速后轰击荧光屏,引起荧光材料发光,在荧光屏上形成二维图像,输入光学图像因此被增强并按高斯分布经电子聚焦显示输出在荧光屏上,实现对紫外目标图像的探测。光电子数目与入射辐射的强度成正比,图像每点的亮度与光阴极上对应的光强度成正比。像增强器及其工作过程如图4-24所示。

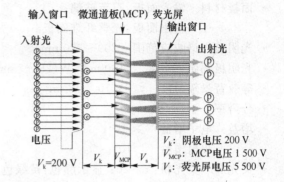

图 4-24 像增强器及其工作过程

像增强器在光阴极、微通道板间均近贴聚焦情况下,电子几乎作直线运动,其轨迹因受管内静电场的控制而差异很小,从而减小了弥散和像差,因此其分辨率高、时间响应好,如图4-25所示。

对于两级 MCP 的像增强器,单个光子能在像增强器上产生约 10^8 个光子的输出。单光子产生的高密度光斑,易被后继的成像器件探测,从而实现单光子成像。

带有 MCP 结构的近贴聚焦型紫外像增强器可以方便地直接耦合到固体摄像器件上,如图 4-26 所示。MCP 近贴聚焦型紫外增强器及相应的自扫描阵列是光电真空器件的新发展。

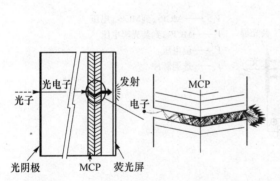

图 4-25 近贴聚焦像增强器的工作原理

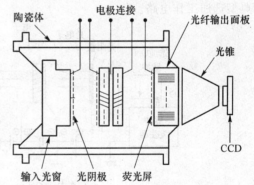

图 4-26 紫外像增强器的应用

表 4-4 为国产 25/25XZ1W 近贴聚焦紫外像增强器的主要指标。

表 4-4 国产 25/25XZ1W 近贴聚焦紫外像增强器的主要指标

型号	光谱响应/nm	峰值波长/nm	阴极灵敏度/$(mA \cdot W^{-1})$	增益	辐射增益$(cd \cdot m^{-2})/(W \cdot m^{-2})$	分辨力/$(lp \cdot mm^{-1})$	EBI/$(W \cdot m^{-2})$	(外径/管长)/mm
2525XZ1W	185-320	240	15	10^5	10^7	20	10^{-7}	54/24

GaN 阴极紫外像增强器是近年来一项新的技术成果,与传统 CsTe 阴极的紫外像增强器相比,具有量子效率高和紫外-可见光抑制比高的特点,可大幅提高整机的接收效率。美国西北大学基于经过 Cs 处理的 p-GaN 光阴极,研制出了 GaN 阴极紫外像增强器,其主要技术性

能指标如下:
- 结构类型　近贴聚焦二块微通道板(MCP)。
- 面板材料　输入面板:石英玻璃；
  　　　　　　输出面板:光学纤维面板。
- 光阴极光谱响应范围　$200\sim320$ nm。
- 光阴极辐照灵敏度　$\geqslant 30$ mA/W(253.7 nm)。
- 等效背景辐射度　$\leqslant 5\times 10^{-7}$ W/m^2。
- 分辨率　$\geqslant 18$ lpmm。
- 增益　电子增益　$\geqslant 10^5$；
  　　　辐射增益　$\geqslant 10^7$。
- 荧光屏　荧光粉:Y-20；显示颜色:黄绿色；余辉:中余辉。
- 光阴极有效直径　18 mm。
- 荧光屏有效直径　18 mm。
- 放大率　1。

(2) 工作方式

1) 选通工作

阴极与 MCP 间电位差较小,利用光阴极和 MCP-入之间的电场变化来开、关光学快门,可以对像增强器选通。大多数光阴极都有较高的电阻(表面电阻),单独使用不利于选通工作。为了能够在光阴极上进行选通工作,通常在光阴极和入射窗口间置一低阻阴极电极,因其表面电阻较低,故采用金属薄膜或网状电极。选通工作时间由光阴极电极的种类决定。图 4-27 为典型选通工作电路。

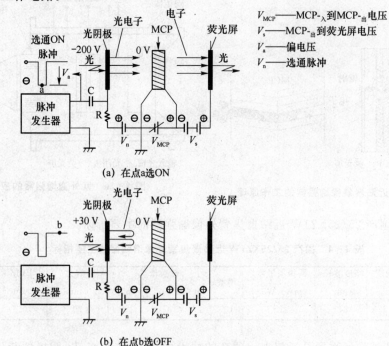

图 4-27　选通工作电路

当选为 ON，光阴极电势低于 MCP-入电势，其发出的电子会因势差而被吸引，向 MCP 方向运动并倍增。于是，在荧光屏上图像会获得增强。选为 OFF 时，光阴极电势高于 MCP-入电势（反向偏置），反向偏置势致光阴极发出的电子返回到光阴极，不能进入 MCP，即使光线入射到光阴极上，荧光屏也不会输出图像。

在实际打开选通时，光阴极上加约 200 V 的高速负脉冲，而 MCP-入的电位保持固定，脉冲宽度（时间）就是选通时间。选通功能有助于获得高速光学现象的瞬时图像，同时可以剔除多余信号。

2) 光子计数方式和模拟成像方式

二级或三级 MCP 像增强器可分别工作于光子计数方式和模拟成像方式。在低辐照（大约为 10^{-4} lx）时，通过降低 MCP 电压而工作于模拟成像方式，此时增益较低（约为 $10^2 \sim 10^4$），获得灰度或梯度不同的连续输出图像。在极低辐照条件（低于 10^{-5} lx）下，入射辐射不再呈现为模拟量，因此像增强器通过增加 MCP 电压而工作于光子计数成像方式，以进行有效的光子探测。

4. 高压电源

所有的光电真空探测器均需高压电源，其增益也是总电压的幂函数。高压电源的电压（V）对探测器（光电倍增管、像增强器等）增益（G）的影响很大，G 随 V 变化的相对变化率表示为式（4-9）：

$$\frac{dG}{G} = n\frac{dv}{v} \qquad (4-9)$$

对于大部分探测器来说，$n \approx 10$，那么当电源电压变化 1% 时，增益大约变化 10%。所以高压电源稳定性的要求应比探测器的增益稳定性要求高 10 倍以上。高压电源输出稳定性应优于 $\pm 5 \times 10^{-4}$，纹波均值小于 30 mV，输出电流为 1～2 mA。

高压电源有正负两种使用。光子计数方式宜负高压使用，采用同轴电缆芯线直接连接阳极，寄生电容可较小，以获得良好的时间性能和高频传输特性；管壳外面包一层金属屏蔽层并连接到阴极电位可起屏蔽作用。

紫外像增强器有关设计和应用性能参数范围见表 4-5。

表 4-5 紫外像增强器有关设计和应用性能参数范围

名称	可选择范围	描述/作用	
有效面（选择与输出方法相匹配的有效面）	φ11	大直径的面可以提供较高分辨率的图像。因为通过与小尺寸光学器件（如中继透镜或光锥）耦合，可转换较多的图像信息，并传输至读出器件	
	φ18		
	φ25		
	φ40		
输入窗口（根据短波长所需的灵敏度选择窗口）	窗口类型	透射波长	特点
	石英玻璃	160 nm 或更长	具有较高紫外透射比的常规输入窗口
	光纤面板	350 nm 或更长	可高效无畸变传输光学图像；FOP 前可平面聚焦
	MgF_2	115 nm 或更长	可传输 VUV 辐射并具有低潮解特性的卤化碱晶体

续表 4-5

名　称	可选择范围		描述/作用			
光阴极 (根据波长所需的灵敏度来选择光阴极)	光阴极类型	光谱响应	特点			
	多碱	~900 nm	由3种碱金属制成,在UV-近红外波段的灵敏度非常高			
	双碱	~650 nm	由2种碱金属制成,在UV-可见光波段灵敏度非常高,背景噪声低			
	Cs-Te	~320 nm	只对UV波段灵敏,对波长超过320 nm的波段和可见光波段几乎不敏感,通常称为"日盲阴极"			
MCP (根据所需增益选择级数)	1级	增益:约10^3				
	2级	增益:$10^{5\sim6}$				
	3级	增益:大于10^7(光子计数成像)				
荧光屏 (选择与读出方法和应用相匹配的衰减时间。选择与读出器件灵敏度相匹配的光谱)	磷光屏类型	峰值发射波长/nm	10%衰减时间	相对功效	发射颜色	备注
	P-20	530	0.1~4 ms	1	黄绿色	衰减时间长
	P-24	500	3~40 μs	0.4	绿色	—
	P-43	545	1 ms	1	黄绿色	衰减时间一般
	P-46	530	0.2~0.4 μs	0.3	黄绿色	衰减时间短
	P-47	430	0.11 μs	0.3	紫蓝色	衰减时间短
输出窗口 (选择与读出方法相匹配的窗口)	光纤面板	标准输出窗口且利于同带有FOP输入窗口的CCD耦合,可以获得高效读出,如果荧光屏不接地,需要一个透明薄膜来避免因高压而产生的噪声,使用中继透镜时,应聚焦在FOP边缘				
	硼硅玻璃	用于中继透镜读出,中继透镜必须聚焦在荧光屏上				

4.2　固体紫外探测器

固体紫外探测器基于宽带隙材料,在实际应用中有许多优点,如体积小、重量轻、耐恶劣环境、工作电路简单、光谱响应集中和量子效率高等。

固体紫外探测器按照面型分光电二极管和面阵两类,前者包括紫外增强型硅光电二极管、紫外雪崩二极管、GaAsP和GaP加膜紫外光电二极管、GaN单晶紫外光电二极管等,后者包括GaN和$Al_xGa_{1-x}N$面阵探测器以及紫外CCD等;按照半导体光敏材料又分为Si、SiC、GaN、AlGaN、金刚石和ZnO等。

4.2.1　光电二极管

1. 基本原理

光电二极管是一种能将光辐射转换为电流或电压的光电探测器,结构原理如图4-28所示。

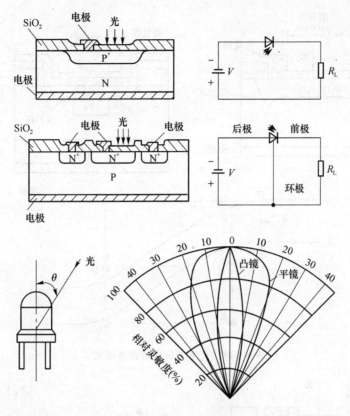

图 4-28 光电二极管

光电二极管结构分 PN 结或 PIN 结型两种。光子能量足够时,撞击二极管可激发出一定量的电荷,产生运动的电子和带正电荷的空穴。如果吸收出现在结的耗尽区,或远大于扩散长度,这些载流子会被耗尽区的内建电场从结处扫开。因此空穴向正极移动,电子向负极移动,产生了光电流。光电二极管的特性由其制造的材料决定,只有能量足够的光子激发的电子越过材料的能带隙,才能产生一定的光电流。光电二极管的几种工作模式如下:

(1) 光伏模式

在零偏或光伏模式下,器件的光电流受限而电压增大。二极管正偏时,暗电流以与光电流相反的方向流过结。这种工作模式基于光伏效应,噪声极低,漏电流低(<1 nA)。

(2) 光导模式

在反偏模式下,二极管通过增加耗尽层的宽度减少结电容,并以增加噪声为代价减小响应时间。反偏仅沿着电场方向增加些许电流(如饱和电流或反向电流)。

(3) 雪崩模式

在较高的反向偏压下,光生载流子被雪崩倍增,可有效增加器件的响应度,其原理如图 4-29 所示。

(4) 光电三极管模式

光电三极管也可构成有内部增益的光电二极管,如图 4-30 所示。除了封装透明以便入射辐射能够到达晶体管的 BC 结外,光电三极管本质上和双极型晶体管基本相似。光子在基极-集电极结处产生电子注入基极,而光电流按三极管电流增益放大 β 倍。光电三极管有高的响应度,但探测弱光能力不及光电二极管且响应时间较慢。

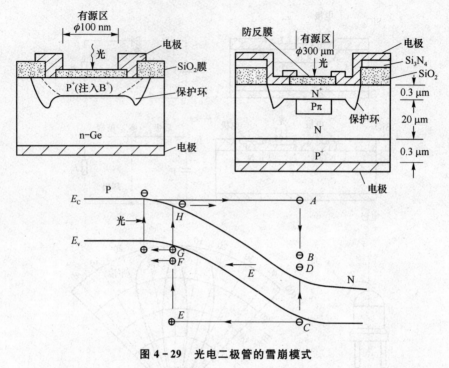

图 4-29 光电二极管的雪崩模式

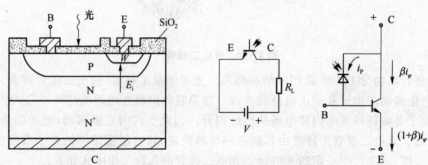

图 4-30 光电三极管模式

2. 紫外光电二极管

作为光电二极管中的一个重要分支,紫外光电二极管主要包括如下几种:

(1) 紫外增强型硅光电二极管

紫外增强型硅光电二极管是最早出现的一类紫外探测器,它通过把窗口材料更换成透紫外的石英,而把普通 $0.32~\mu m$ 波段截止型硅光电二极管的光谱响应范围扩展到紫外。

(2) GaN 单晶紫外辐射二极管

氮化镓(GaN)单晶固态紫外探测器,由蓝宝石衬底上加镀 GaN 薄膜制成,其工作波段为 $0.2 \sim 0.365~\mu m$,光谱响应纯度很高。

(3) 紫外雪崩二极管

紫外雪崩二极管(APD)在制造时把一种磷酸材料作为荧光膜加镀在硅光电感光面,入射紫外辐射能使荧光膜层发射 $0.525~\mu m$ 左右的荧光,硅光电材料对其灵敏度远高于对紫外辐射本身的响应灵敏度,能使二极管在紫外波段获得较好的响应。

3. 主要评价参数

(1) 响应度

响应度是光生电流与产生该事件光功率的比。工作于光导模式时的典型表达为 A/W。响应度也常用量子效率表示,即光生载流子与引起事件光子的比。

(2) 暗电流

在无入射辐射情况下通过器件的电流称为暗电流。暗电流主要是半导体结的饱和电流。

(3) 噪声等效功率

噪声等效功率(NEP)等效于 1 赫兹带宽内均方根噪声电流所需的最小输入辐射功率,是光电二极管最小可探测的输入功率。

(4) 频率响应特性

光电二极管的频率特性响应主要由 3 个因素决定:

① 光生载流子在耗尽层附近的扩散时间;

② 光生载流子在耗尽层内的漂移时间;

③ 负载电阻 R_L 与并联结电容 C_j 所决定的电路时间常数。

光电二极管与光电倍增管相比,具有电流线性良好、成本低、体积小、重量轻、寿命长、量子效率高(典型值为 80%)及无需高电压等优点,且频率特性好,适宜于快速变化的光信号探测。不足是面积小、无内部增益(雪崩光电管的增益可达 $10^2 \sim 10^3$,光电倍增管的增益则可达 10^8)、灵敏度较低(只有特别设计后才能进行光子计数)以及响应时间较慢,且工艺要求很高。

光电二极管和一般的半导体二极管相似,可以暴露(探测真空紫外)或用窗口封装或由光纤连接来感光。

4.2.2 光敏电阻

光敏电阻包括 CdS,CdSe 等探测器。

1. 基本原理

金属和半导体有着不同的功函数,接触后可形成势垒。当金属的功函数 ϕ_M 大于 N 型半导体的功函数 ϕ_B 时,二者紧密接触时的费米能级拉平,引起半导体内部能带弯曲而产生内建电场,如图 4-31 所示,类似于单边突变的 PN 结。

当入射辐射垂直照射到势垒表面时,一部分光进入势垒区,另一部分则透过势垒区进入到光敏电阻体内,能量大于禁带宽度的光子由本征吸收在势垒区和光敏电阻体内产生电子-空穴对,能量小于禁带宽度的光子不被吸收而透过光敏电阻材料。由于势垒区内存在较强的内建电场,在势垒区产生的电子向体内运动,在势垒区产生的空穴则向表面运动,体内产生的空穴也穿过势垒区向表面运动,这样就使得表面的电势升高,而体内的电势降低,于是在表面和体内之间形成光生电动势,产生光生电流 i_P。光照特性曲线如图 4-32 所示。

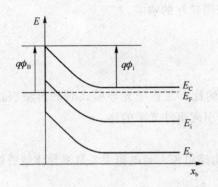 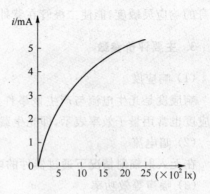

图 4-31　热平衡下金属半导体接触能带的结构　　　　图 4-32　光照特性曲线

2. 基本应用

以 CdS 为例，光敏电阻的结构和偏置电路如图 4-33 所示。

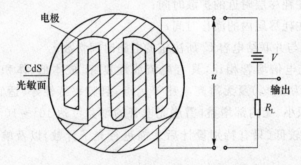

图 4-33　CdS 光敏电阻的结构和偏置电路

光敏电阻的响应时间常数由电流上升时间 t_r 和衰减时间 t_f 表示，与入射辐照、工作偏压、负载电阻以及环境温度等因素有关。当环境温度在 0～+60℃ 范围时，光敏电阻的响应速度几乎不变；而在低温环境时，光敏电阻的响应速度变慢。例如，光敏电阻在 -30℃ 时的响应时间约为 +20℃ 时的 2 倍。

光敏电阻的温度系数在弱光照和强光照时都较大，而中等光照时则较小。例如，CdS 光敏电阻的温度系数在 10 lx 照度时约为 0；照度高于 10 lx 时，温度系数为正；小于 10 lx 时，温度系数反而为负；照度偏离 10 lx 愈多，温度系数也愈大。光敏电阻的光电导增益较高（10^3～10^4）、响应时间较长（大约 50 ms）。

CdS 由于透红外，所以在红外-紫外叠层多光谱探测的应用中有其特殊优势。

4.2.3　紫外扩谱 CCD

1. CCD 器件

CCD 器件是一种金属-氧化物-半导体结构的器件，由大量按照 X 向和 Y 向排列成二维阵列的光敏感像素组成，能够存储由入射辐射在像敏单元激发出的光信息电荷，如图 4-34 所示。

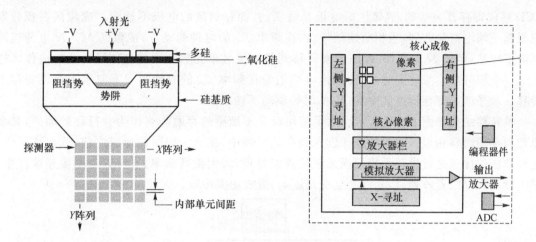

图4-34 电荷耦合器件工作原理

像素的光生电荷耦合能在适当相序的时钟脉冲驱动下,把存储的电荷以电荷包的形式定向传输转移到电荷存储区,再依次输出至放大器,实现自扫描。每个像素感光后所收集到的电荷总数直接与光子照射像素的数量有关。所有像素读出后产生一个场景的电子图像,完成从光信号到电信号的转换。CCD的弱点是读出的序列性,只有读出速度缓慢,才能实现低噪声。CCD器件根据光敏元像素排列规模,分为线列和面阵,根据电荷转移方式,又分为全帧、帧转移和隔行转移3种。

(1) 全帧CCD

全帧CCD器件如图4-35所示。在曝光之后,所有行的电荷向下移动一行,与像素水平一致的电荷顺序移向串行存储器,该过程一行接一行地不断重复,整个像素阵列被成像器件或芯片读出,直至最后顶行移到底行并被移出,然后准备积累另一幅图像。全帧CCD必须在读出过程中关闭快门以使其保持黑暗,提供高分辨率和高密度图像。

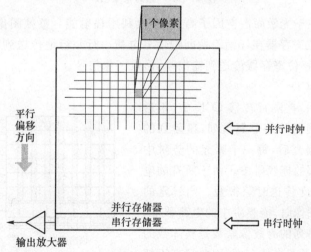

图4-35 全帧CCD

(2) 帧转移

帧转移CCD器件由成像区、暂存区和读出寄存区3部分组成。成像区和存储区都以

CCD 移位寄存器为基础,成像区的电极是透明的,而存储区的电极不透明。成像区在积分期积累起一帧电荷包阵列,当积分期结束后,在频率 f_{cv1} 的时钟驱动下,成像区 $M×N$ 电荷包阵列向下转移,经过 N 个周期,帧图像便转移到与成像区单元数相同的存储区。此后成像区进入下一个积分期。与此同时,存储区内电荷图像在频率 f_{cv2} 的时钟驱动下向水平读出寄存器转移。水平读出寄存器在频率为 f_{cH} 的时钟驱动下输出。

帧转移结构如图 4-36 所示。除了使用对光不敏感的存贮阵列作为并行存贮器外,其余原理与全帧转移相似。获取的图像读入到存贮阵列中,在下一幅图像形成之前,读出该图像。这种方法的优点是可进行无快门或无频闪观察处理,大大提高帧率。但是,当图像连续产生,同时读出到存贮器阵列时,其性能会受到影响,造成图像污染。

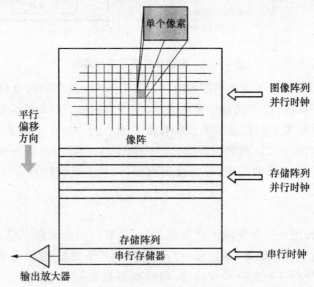

图 4-36 帧转移 CCD

帧转移的特点在于光敏面占空因子高,可有效利用辐射能。整帧图像在光敏成像区积累信号电荷,CCD 移位寄存器在场消隐期间把信号电荷一行一行地传送到存储区中,然后每行信号电荷由行 CCD 移位寄存器传送到输出端,形成图像信号。

(3) 隔行转移 CCD

如图 4-37 所示,在隔行转移 CCD 中,不透明的掩膜覆盖了探测器的每个偶数列,覆盖列的势阱供读出使用。曝光后,每一个曝光的势阱中的电荷包移动到相邻的掩膜阱中。由于所有的电荷组一起被移动,因此传送时间很短。当暴露的势阱在累积下一幅图像时,掩膜阱中的电荷移下、移出。这种芯片上每列的有效像素数是实际数的一半,掩盖的列占据了一半的表面,因此只有不超过百分之五十的面积是光敏的。

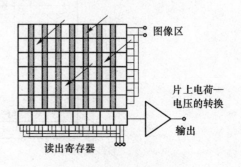

图 4-37 隔行转移 CCD

由于 CCD 是 MOS 结构器件,正面 CCD 较厚的 SiO_2 栅介质和多晶硅(Poly-Si)栅对 UV 光子均有较高的吸收,UV 光子几乎不能到达硅衬底,因此,CCD 直接用于 UV 光子探测时效率很低。

2. 紫外增强 CCD

(1) 扩谱紫外 CCD

目前 CCD 光敏元都是由半导体 Si 材料制成的,灵敏度范围为 $0.4\sim1.1~\mu m$。为了实现 CCD 对紫外波段的响应,在 CCD 表面淀积一层对 UV 光子敏感的荧光物质可完成紫外到可见光的光谱转换,将紫外辐射转换成与 CCD 光谱响应相对应的波长。图 4-38 所示为 CCD 在表面淀积荧光体前后的光谱响应。利用硅 CCD 的吸收还可作抗反射涂层。

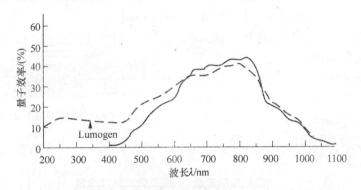

图 4-38 CCD 表面淀积荧光体前后的光谱响应

晕苯(coroneoe)是一种典型的荧光物质,受到波长小于 400 nm 紫外辐射激发时,发射峰值接近 500 nm 的绿光。水杨酸钠和红宝石混合物也是可选物质,因为水杨酸钠荧光区为 $0.4\sim0.5~\mu m$,正好是红宝石的吸收带,而红宝石的强荧光区为 $0.60\sim0.77~\mu m$,刚好是硅的响应峰。

像其他紫外膜层材料一样,由于光分解作用,荧光膜会降解,尤其强光使用时降解加速,但正常情况下降解速度很慢。这类 CCD 不具备日盲特性,且难以进行单光子检测。

(2) 背照减薄 CCD(BTCCD)

BTCCD 器件采用背照射结构且硅层厚度从数百微米减薄到 $20~\mu m$ 以下,如图 4-39(a)所示。与前照 CCD 相比,BTCCD 入射辐射不必再穿越钝化层,大大提高了直接探测效率,改善了紫外光子响应的量子效率,从而扩展了 CCD 光谱响应的下限。背照减薄 CCD 的光谱响应如图 4-39(b)所示。从图中可见,紫外波段的量子效率在 40%~80% 间,可见光部分的量子效率超过 80%,甚至可达 90% 左右。因此 BTCCD 是一种优良的宽波段成像器件。

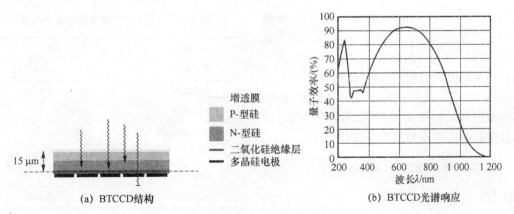

(a) BTCCD结构   (b) BTCCD光谱响应

图 4-39 背照减薄 CCD 的原理及光谱响应

BTCCD器件减薄后出现的一个问题是在硅的腐蚀表面通常有高浓度的复合中心,UV光子在靠近硅背面的表面处被吸收而产生电子空穴对。许多光电子在被收集到CCD正面之前就会复合掉。解决的方法是在已减薄的CCD背面通过注入一很浅的P层,产生一个附加电场,将光生电子驱赶到正面而不再被复合掉,如图4-40所示。

BTCCD器件的输出主要由垂直CCD移位寄存器、水平CCD移位寄存器和锁相放大器3部分组成。在时钟脉冲驱动下,信号电荷由垂直CCD移位寄存器一步步地输送到水平CCD移位寄存器,再由锁相放大器变换成电压信号输出。锁相放大器有很高的电荷—电压变换灵敏度和很低的噪声,因而它的信噪比和灵敏度高、动态范围大。BTCCD的器件输出结构如图4-41所示。

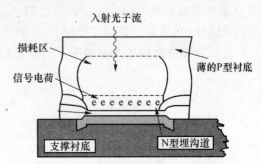

图4-40 BTCCD器件的内部结构

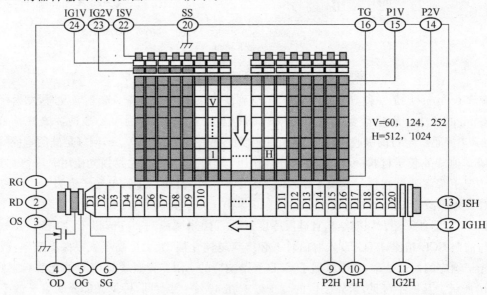

图4-41 BTCCD的器件的输出结构

日本滨松公司的全帧S7031背照减薄CCD器件的主要性能参数见表4-6。器件像素数1 024×250,像素中心矩为24 μm,能实现对中紫外波段的响应。CCD探测器可热电制冷到-35 ℃,从而获得很高的灵敏度,热电制冷器用环氧树脂封到CCD芯片的背面,以在较宽的温度范围内低噪声工作。

表4-6 CCD探测器主要性能参数表

CCD格式	1 024×250
像素面积	24 μm×24 μm
光敏面积	24.6 mm×6.0 mm
填充因子	100%
光谱势阱容量	550 000 e-
非线性	<2%@16位
不均匀性	<±3%
动态范围	16位 @ 100 kHz

3. 片上倍增增益CCD(EMCCD)

(1) 基本原理

EMCCD采用标准CCD制造工艺制作,

其读出(转移)寄存器后接续有一串"增益寄存器"(图 4-42),增益寄存器中与转移寄存器的不同之处是,一个电极被固定电压电极和时钟电极替代,二者间相对较大的电压差(40~60 V)产生的电场使电子在转移过程中产生"撞击离子化"效应,导致电子在倍增寄存器中逐一连续被加速碰撞,并通过碰撞电离产生二次电子,达到片上增益,使得从每个像素转换成的电荷在其读出之前倍增。每次转移的倍增倍率非常小,最多只有 1.01~1.015 倍,但经多次过程重复(如连续经过几千个增益寄存器的转移),信号就会实现可观的增益。

图 4-42 所示的帧转移 EMCCD 的增益结构与移位寄存器相似。如图 4-43(a)所示,R2 相(通常为 3 相,R1,R2 和 R3)部分由两个电极代替,第一个保持固定的电势,第二个作为时钟,使用的电压比电荷独自传输时所需的电压高很多。倍增结构内碰撞电离产生的电子倍增过程如图 4-43(b)所示。

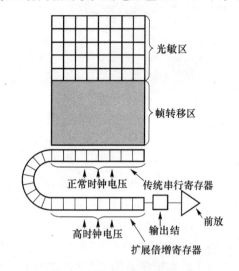

图 4-42 电子倍增型帧转移 CCD

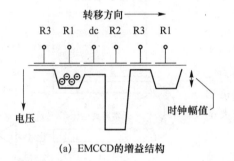

(a) EMCCD 的增益结构

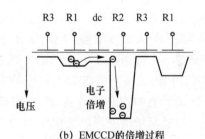

(b) EMCCD 的倍增过程

图 4-43 碰撞电离导致电子倍增的 EMCCD 时钟波形示意

实际上,增益级要与噪声相匹配,应将噪声控制到一个电子,这意味着实际应用中的读出噪声可以不计,从而在任何读出速率时均保持低噪声性能。因为片上倍增增益克服了读出噪声,器件能够以较快的帧速率获得图像。由于信号的增加高于读出噪声的增加幅度,因而读出噪声有效减小,对低于 CCD 读出噪声水平的信号具有更好的信噪比。

片上倍增增益是一个涉及二次电子产生几率和倍增寄存器单元数量的函数。其表达式为

$$G = (1+g)^N \tag{4-10}$$

这里 N 是倍增寄存器单元数量,g 为二次电子产生的几率。二次电子产生的几率取决于串行时钟的电压及 CCD 的温度,典型值范围为 0.01~0.016。尽管几率低,但由于倍增寄存器有大量的单元,总增益实际可达很高。例如,若 CCD 的单元 N 为 400,几率 g 为 0.012,则产生的增益 G 高达 118。

片上增益是电压的指数函数,并与 CCD 高电压的串行时钟成指数关系,可通过增加或减小时钟电压来控制,如图 4-44 所示。图中表明电压的增加可导致片上倍增增益急剧增加。应用中,电压等级一般对应高分辨率的 DAC(数模转换),可通过软件进行控制。

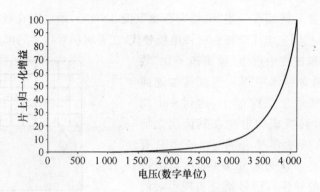

图 4-44　片上倍增增益与电压的关系

不同于雪崩二极管（APD）自由击穿过程的碰撞电离，EMCCD 中的增益过程受控，不会出现击穿，因此噪声系数良好。

(2) 特殊设计

1) 双重放大器

由于动态范围有限，低照度成像设计的一个制约是不能用固定帧频既采集强信号又采集弱信号。为了保持较宽的动态范围，倍增增益可采用双重放大器设计，一个为传统放大器，其输出可拓展输出动态范围的上限，另一个为经过倍增增益的放大器，可提高探测灵敏度，二者结合使 CCD 能够用于宽的动态范围照度场，如图 4-45 所示。

EMCCD 的不足是与读出放大器相关的倍增寄存器通常设计在较高的工作速率，导致较大的读出噪声。尽管倍增增益可以克服增加的读出噪声，但影响系统的成像动态范围，因此双重放大器对 EMCCD 是一种有效的补偿措施。

2) 背照式

EMCCD 也可采用背照式结构，把高达 90%

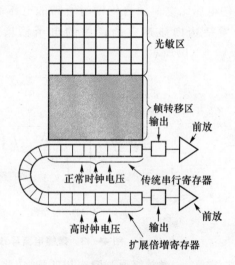

图 4-45　双重放大器的 EMCCD

的量子效率与电荷倍增相结合，提高灵敏度，从而提供高帧速率情况下最好的低照度响应。背照式 EMCCD 也可配置双重放大器。

3) 致冷对 CCD 的影响

温度对片上倍增增益的影响明显。温度越低，由一次电子产生的二次电子越多，则片上倍增增益越高（图 4-46）。研究表明把探测器致冷到 -30℃ 或更低时，片上增益可以超过 1 000 倍。EMCCD 良好的性能取决于 CCD 温度的最佳选择以及温度随环境波动的控制。

CCD 制冷可提高器件的倍增增益，减小器件像素暗电流的产生，但也会增加赝电荷的出现。赝电荷是指当电子进入倍增寄存器像素时，时钟波形产生明显失真而导致凭空产生的二次电子。赝电荷随着温度降低有轻微的增加。EMCCD 总的暗信号等于赝电荷加上暗电荷。一般地，每 10 个像素传输产生一个赝电荷，即 $0.1\ e^-$/像素/帧。例如，CCD 相机致冷到 -30℃，其暗电流速率为 $1.0\ e^-$/像素/秒，暗电荷相关的信号为 $0.133\ e^-$/像素/帧。

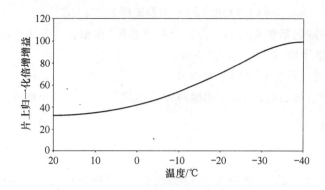

图 4-46 片上倍增增益与温度的关系

(3) 剩余噪声系数及信噪比

片上倍增增益是一种随机现象,具有统计变化特性,增益的偏差及不确定因素与脉冲强度分布有关,并带来大量的系统附加噪声(量化为剩余噪声系数)。片上倍增增益高达 1 000 倍时的剩余噪声系数在 1.0 到 1.4 之间。

EMCCD 输出信噪比的推导过程如表 4-7 所列。

表 4-7 EMCCD 的信噪比推导过程

信号计算	(1)	每像素光子事件数	S	
	(2)	每像素产生的光电子数	$S \times QE$	QE 是光子波长的量子效率
	(3)	倍增后的电子数(S_{Total})	$S \times QE \times G$	G 是片上倍增增益系数
噪声计算	(4)	光子(散粒)噪声	$G \times F \times (S \times QE)^{1/2}$	光子服从泊松统计,有固有的噪声,由信号的平方根给出；在有片上倍增增益的 CCD 中信号和噪声都以增益系数 G 倍增；另外,散弹噪声还由剩余噪声系数 F 引起倍增
	(5)	暗噪声	$G \times F \times D^{1/2}$	总的暗相关信号包括暗电荷和赝电荷；与散弹噪声相似,暗噪声由总的暗相关信号平方根给出；暗电荷也进行倍增,因此与片上倍增增益及剩余噪声系数有关
	(6)	读出噪声	σ_R	读出噪声出现在倍增增益之后,对倍增增益没有影响
	(7)	总噪声(σ_{Total})	$[(G^2 \times F^2 \times S \times QE) + (G^2 \times F^2 \times D) + \sigma_R^2]^{1/2}$	总的系统噪声是(σ_{Total}),在(4),(5)和(6)中的噪声成分相加求积(即单项平方求和后再开方)
SNR 计算		每像素光子事件数	$S \times QE \times G / [(G^2 \times F^2 \times S \times QE) + (G^2 \times F^2 \times D) + \sigma_R^2]^{1/2}$ $= S \times QE / [(F^2 \times S \times QE) + (F^2 \times D) + (\sigma_R/G)^2]^{1/2}$	即(3)/(7)

最终公式分母中,第一和第二项表明散弹噪声和暗噪声的增加归因于电荷倍增过程的剩余噪声,而第三项的有效减小归因于片上倍增增益系数。

EMCCD 的信噪比:

$$\text{SNR}^*_{Total} = (S \times QE) / \sigma_{Total} \quad (4-11)$$

系统总的噪声:

$$\sigma_{\text{Total}} = [(S \times \text{QE} \times F^2) + (D \times F^2) + (\sigma_R/G)^2]^{1/2} \qquad (4-12)$$

式中：D 为全部暗信号（包括赝电荷）；F 为剩余噪声系数（典型值在 $1.0 \sim 1.4$）；R 为探测器的读出噪声；G 为片上倍增增益系数。

分母中第一、二及三项分别表示有效的光子噪声、暗噪声及读出噪声。散弹噪声及暗噪声都随剩余噪声系数的增加而增加，而读出噪声随倍增增益系数的减小而减小。

4. 主要性能参数

(1) 光谱灵敏度

CCD 的光谱灵敏度取决于量子效率 QE、波长 λ、积分时间 Δt 等参数。量子效率表征 CCD 芯片对不同波长光信号的光电转换本领。不同工艺制成的 CCD 芯片，其 QE 不同。灵敏度还与光照方式有关，背照 CCD 的量子效率高，光谱响应曲线无起伏，正照 CCD 由于反射和吸收损失，光谱响应曲线上存在若干个峰和谷。

(2) CCD 的暗电流与噪声

CCD 暗电流是由内部热激励载流子造成的。CCD 在低帧频工作时，可以几秒或几千秒的累积（曝光）时间来采集低亮度图像，如果曝光时间较长，暗电流会在光电子形成之前将势阱填满热电子。由于晶格点阵的缺陷，不同像素的暗电流可能差别很大。在曝光时间较长的图像上，会产生一个星空状的固定噪声图案。这种效应是因为少数像素具有反常的较大暗电流，一般可在记录后从图像中减去，除非暗电流已使势阱中的热电子达到饱和。

暗电流通过制冷可降低，常温时每致冷 10℃，暗电流则减少 1/2，若致冷到 -40℃，每个像素的暗电流可达 0.1 e/s。制冷方式可采用热电制冷或液氮制冷，液氮制冷效果好于热电，因为液氮制冷下暗信号可小于 1 e/像素/小时，但热电制冷简便实用。图 4-47 为热电制冷示意图。

读出噪声是片内电路产生的一种随机噪声。由于芯片设计的不同，每像素的读出噪声范围可能从很少几个到很多电子。当电荷以更快速度读出时，读出噪声会更严重。在曝光时间短、亮度低的情况下，暗电流和光子噪声成分较小，读出噪声就成为噪声的决定性因素。科学级 CCD 读出噪声能达到 2~4 个电子（仅在慢的读出速度）。然而，在更多情况下，像素速率 1 MHz 或更高时，噪声的典型值达 10 个电子或更高。

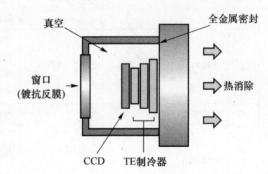

图 4-47 CCD 热电制冷示意图

晶格点阵的缺陷产生不能收集光电子的死像素。由于电荷在移出芯片的途中要穿过像素，一个死像素就会导致一整列中的全部或部分像素无效；过度曝光会使过剩的光电子蔓延到相邻像素，导致图像扩散性模糊。

(3) 转移效率和转移损失率

电荷包从一个势阱向另一个势阱转移时，需要一个时间过程。设电荷包的原电量为 Q_0，转移到下一个势阱时电荷包的电量为 Q_1，则转移效率

$$\eta = Q_1/Q_0 \tag{4-13}$$

转移损失率

$$\varepsilon = (Q_0 - Q_1)/Q_0 \tag{4-14}$$

像素中的电荷在离开芯片之前要在势阱间移动上千次或更多(取决于位置和阵列大小),这要求电荷转移效率极其高,否则光电子的有效数目会在读出过程中损失严重。CCD 的电荷转移效率(CTE)很高,可达 99.999 9%。

引起电荷转移不完全的主要原因是表面态对电子的俘获,转移损失造成信号退化。采用"胖零"技术可减少这种损耗。

(4) 时钟频率的上、下限

下限 $f_下$ 取决于非平衡载流子的平均寿命 τ,一般为 ms 级,电荷包在相邻两电极之间的转移时间 t 应小于 τ,即 $t < \tau$。

上限 $f_上$ 取决于电荷包转移的损失率 ε,即电荷包的转移要有足够的时间,对于三相 CCD 有

$$f_上 \leqslant \frac{1}{3\tau_D \ln \varepsilon_0}$$

式中: τ_D 为时间常量。

(5) 动态范围

表征同一幅图像中最强但未饱和点与最弱点强度的比值。数字图像一般用 DN 表示。如 12 位图像的动态范围为 $2^{12} = 4\ 096$ DN。

(6) 非均匀性

表征 CCD 芯片全部像素对同一波长、同一强度信号响应能力的不一致性。

(7) 非线性度

表征 CCD 芯片对同一波长的输入信号,其输出信号强度与输入信号强度比例变化的不一致性。

(8) 时间常数

表征探测器响应速度,也表示探测器相应的调制辐射能力。时间常数与光导和光伏探测器中的自由载流子寿命有关。

(9) CCD 芯片像素缺陷

- 像素缺陷:对于在 50% 线性范围的照明,若像素响应与其相邻像素偏差超过 ±30%,则为像素缺陷。
- 簇缺陷:在 3×3 像素的范围内,缺陷数超过 5 个像素。
- 列缺陷:在 1×12 的范围内,列的缺陷超过 8 个像素。
- 行缺陷:在一组水平像素内,行的缺陷超过 8 个像素。

4.2.4 宽禁带探测器

宽禁带半导体紫外探测器主要包括 SiC($E_g = 2.9$ eV)、GaN 基($E_g = 3.4 \sim 6.2$ eV)、ZnO($E_g = 3.37$ eV)、金刚石薄膜($E_g = 5.5$ eV)等,它们具有很高的紫外/可见光抑制比。

1. GaN 和 AlGaN 探测器

在Ⅲ-Ⅴ氮化物材料领域的发展中,氮化镓(GaN)是一种宽禁带的直接带隙半导体材料,具有优良的日盲特性和紫外灵敏度,具有很高的击穿场强和优良的物理、化学稳定性。AlGaN 具有截至到 280 nm 波长以上的固有日盲特性,其截止波长取决于材料的实际成分。对于 $Al_xGa_{1-x}N$ 材料,可以通过调整 Al 摩尔比率 x 来调整禁带宽度,进而改变器件的截止波长(根据需要人为地裁剪器件的截止波长),从而调节探测器波长范围。三元合金 $Al_xGa_{1-x}N$ 探测器随 Al 组分的变化时,其禁带宽度在 3.4~6.2 eV 之间连续变化,对应波长范围为 0.2~0.365 μm,是制作日盲紫外探测器的理想材料。利用这些材料制成的探测器在近紫外波长的量子效率很高,通常大于 80%,长波截止波长可在 360~190 nm 范围人为地裁剪限定。器件工作温度为室温(~20 ℃)。

图 4-48 为不同成分 AlGaN 材料的相应曲线。图中所示,对于 $Al_xGa_{1-x}N$ 化合物,当 $x=0.63$ 时,探测器响应度的截止波长骤降为 260 nm。

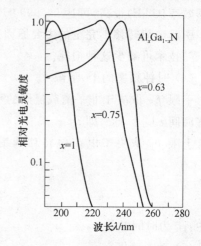

图 4-48 波长函数的 AlGaN 响应度

AlGaN 光电探测器的优点是:

① 直接能隙产生的吸收系数高;
② 锐截止;
③ 响应速度快;
④ 可以制成异质结器件,从而改善器件的量子效率;
⑤ 暗电流及噪声低。
⑥ 不需高压偏置,避免高压对器件的损伤。

GaN 基紫外探测器按器件结构分光导、MSM 肖特基、PIN 及二极管等类型。

(1) 光导探测器

光导器件由两个位于顶部的半导体柱与 GaN 材料形成欧姆接触。光导器件由于快速的空穴俘获和较慢的电子俘获,在室温可产生很大增益,所以光导器件的响应率很高,可达到 1 000 A/W(电场 1 kV/cm),尽管光导器件的响应率很高,但由于带宽窄、暗电流高,器件呈现较低的探测率(在 10^7~10^8 数量级)。低 Al 含量的光导器件的噪声在高频时以 Johnson 噪声为主。高 Al 含量器件的噪声要大于 Johnson 噪声。

光导型探测器结构简单,内部增益高,但缺点是响应速度慢(1 ms)、暗电流高,不适合于直流、高速的工作要求。

(2) 肖特基探测器

肖特基器件包含一个半透明的肖特基接触和一个欧姆接触,基本结构见图 4-49(a),光谱响应随 Al 组分的变化如图 4-49(b)所示。肖特基接触为禁带上的激子提供了平滑的、不依赖入射光强和温度的响应,其原因是肖特基器件的空间电荷区位于半导体表面,抑制了 PN 和 PIN 器件短波量子效率的降低,形成了 AlGaN 肖特基器件的一大优势。$Al_{0.25}Ga_{0.75}N$ 的可

见光抑制比可达到 10^4,最小时间常数为 ns 数量级,漏电流可达到 10^{-8} A/cm,在偏压较低时,肖特基器件的噪声以 Johnson 为主,在高偏压时转以 $1/f$ 噪声为主。

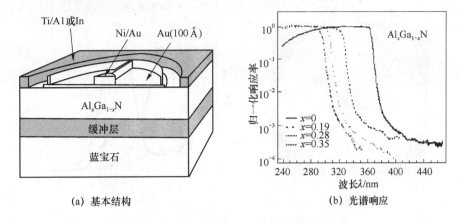

(a) 基本结构 (b) 光谱响应

图 4-49 肖特基探测器的基本结构及光谱响应

肖特基二极管具有平滑的响应率,适于宽带光电探测器,最大响应率受限于半透明顶部接触的光反射。时间响应取决于肖特基接触面积、材料的掺杂和迁移率。肖特基型又分正入射、背入射结构,可制成紫外辐射探测器阵列,但由于受势垒高度的限制,耗尽层窄,漏电流比 PIN 探测器高。

(3) MSM 器件

MSM 结构由两个背靠背的肖特基二极管构成,不需形成 PN 结和欧姆接触。所以,MSM 结构比光电导、PN 结、PIN 等结构的工艺简单。MSM 器件通常采用简单的平面交叉指方式,以减小寄生电容,增大电极接触面积,MSM 光伏器件的线性动态范围宽、光谱响应锐利、探测率高。在高偏压时,MSM 分辨率高,可见光抑制比可达 $10^4 \sim 10^5$,MSM 器件的横向电容较小,渡越时间可达到极限,响应时间只有 20 ps 左右,对应带宽很大。MSM 肖特基光电器件的结构如图 4-50(a)所示,$Al_{0.25}Ga_{0.75}N$ MSM 器件的光谱响应如图 4-50(b)所示,

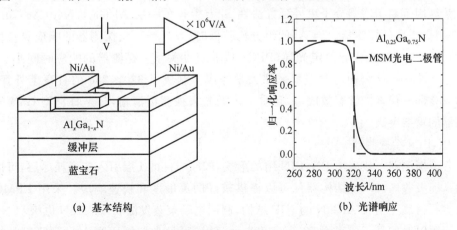

(a) 基本结构 (b) 光谱响应

图 4-50 MSM 肖特基探测器的基本结构及光谱响应

美国 APA 光学公司 1993 年通过在蓝宝石衬底上加镀 GaN 薄膜制成了一种氮化镓(GaN)单晶固态紫外探测器(图 4-51),其工作波段为 $0.2 \sim 0.365\ \mu m$,光谱响应曲线在 $0.375\ \mu m$ 处下

降很陡,所以被称为纯紫外探测器。

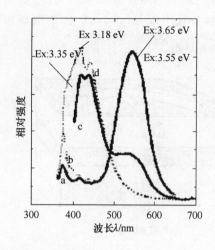

图 4-51 氮化镓探测器及光谱响应

把紫外探测器与硅 CCD 多路传输器通过铟柱倒装互连,可成固态紫外焦平面 CCD。美国 APA 光学公司 1996 年以 MOCVD 方法在 Al_2O_3 衬底上采用两步生长工艺生长出了具有很高响应特性的 $Al_xGa_{1-x}N$ 合金。当 $x=0.06,0.46,0.55$ 和 0.61 时,其相应带隙波长分别为 350,270,255 和 250 nm。这些器件的响应灵敏度从 300 A/W 到 20 A/W 不等。1999 年,美国 Nitrbnex 公司与北卡罗来那大学等实现了基于 AlGaN 的 PIN 型背照 32×32 阵列焦平面探测器的数字相机,响应波段为 320~365 nm,峰值响应率达到 0.2 A/W(358 nm),器件内部量子效率达到 80%,R_{0A} 为 $1.5×10^9$ cm^2,计算得到的峰值探测率达到 $6.1×10^{13}$ $cmHz^{1/2}W^{-1}$。探测器的底层为 N 掺杂的 GaN,具有约 20% 的 Al,其上是一层非掺杂的 GaN 层,再上是一层 P 掺杂的 GaN 层。整个结构建立在一个透过良好的抛光蓝宝石基底上。每一个光电二极管像素都对 320~365 nm 的辐射敏感响应。波长小于 320 nm 的光被 AlGaN 底层吸收,波长大于 365 nm 的光穿过 GaN。增加底层和顶层 Al 的含量可改变光电二极管的带宽。2001 年,北卡罗来那大学等用等离子增强分子束外延方法在 Si 上生长了一层 $Al_xGa_{1-x}N(0 \leqslant x \leqslant 0.35)$ 薄膜,并以此制作了紫外探测器。当 Al 的组分比较低时(<10%),光探测器的响应灵敏度比较高(~10 A/W),且与光强和恒定光导(PPC)成非线性关系。探测器的响应时间小于 1 ns。2002 年,美国 Nitronex 公司与北卡罗来那大学等成功制成了 320×256 的日盲紫外探测器。虽然其中只有部分像素能够有效成像,且质量不如光盲探测器清晰,却是日盲型 GaN 基紫外面阵探测器的重要突破。

(4) PN,PIN 型探测器

二极管型探测器一般采用 PN,PIN 结的形式,PIN 器件的 I 层引入拓展耗尽层,可以形成探测器的高场吸收区。PIN 结构器件可以提供较好的灵敏度和快速响应。采用 LPMOCVD 技术在蓝宝石衬底上生长 AlGaN 的 NIP 结构,利用电子束蒸发淀积 Ti/AuN 电极和 Ni/AuP 电极。正面照射时的量子效率为 23.5%(232 nm 处),可见光抑制比为 10^5;背照射时的量子效率为 15.6%(278 nm 处),可见光抑制比为 10^4。

2. SiC 紫外探测器

半导体 SiC 的禁带宽度为 3.25 eV，具有高临界击穿电场、高热导率、高载流子饱和漂移速度等优点，特别是该器件的反向漏电流低。SiC 紫外探测器只对波长 400 nm 以下的辐射选择性接收，其紫外辐射的接收与硅探测器相比，要大两个数量级，并且不需要表面加工处理，可保持长期的稳定性。另外，灵敏度和暗电流在使用温度条件下几乎不受温度变化的影响，可在 700 K 的高温下使用。

随着体单晶及其同质外延 SiC 材料性能的不断提高，可在不同的沉积条件下用直流溅射法在玻璃衬底和 SiC 衬底上沉积 ITO, Ni:ITO 和 Ni 膜，并可由此制成 SiC 金属-半导体-金属紫外辐射探测器。

3. 金刚石基紫外探测器

金刚石膜具有许多优异的电学及物理性能，如低介电常数(5.7)、高击穿电压(10^7 V/cm)、高电子空穴迁移率(1 800 cm^2/(V·s))、高热导率(20 W/(cm·K))、电子饱和速度大、电阻率高以及高掺杂性、高熔点和强抗辐射性等，能有效工作于高温(高于 650 ℃)和强辐射等恶劣环境。

由于金刚石的 N 型掺杂困难，无法制备出适用于紫外探测的 PN 结光电二极管。目前金刚石紫外探测器主要有光导型和肖特基势垒两种构型。

光导型金刚石紫外探测器一般采用厚度为 70~500 μm 的高质量金刚石薄膜制成，其表面晶粒质量近似于天然单晶金刚石。金刚石膜光导器件突出的优点是能在 600 K 高温下稳定工作。据报道，温度从 300 K 增加到 600 K，暗电流增大 2 个数量级，但此范围内紫外光/可见光仍大于 10^4，量子效率的提高因子为 1‰/℃；肖特基势垒型金刚石紫外探测器可采用热丝辅助化学气相沉积技术，通过在硅衬底上生长一定厚度的、含少量受主型杂质的、近于本征的金刚石膜而成，金刚石膜经光刻后形成微条平面阵的欧姆接触，并沉积指状金属电极而形成 MSM 结构的紫外光电探测器。此种结构的金刚石紫外探测器暗电流小于 10 pA，器件的响应时间小于 20 μs，并且光谱响应与暗电流几乎不受温度影响。

近年来，化学气相沉积(CVD)法技术的进步促进了金刚石探测器的发展，高质量大面积金刚石膜的生长成为可能。CVD 金刚石膜紫外探测器的研究工作主要集中于改进生长技术、材料性能及表面处理、金属-金刚石界面电学性能和电极模式及器件结构等方面。

4. 氧化锌(ZnO)探测器

ZnO 是一种直接带隙的宽禁带Ⅱ-Ⅵ族半导体材料，室温下禁带宽度约为 3.37 eV，激子束缚能高为 60 meV，具有生长温度低、电子诱生缺陷低、阈值电压低、抗高能射线辐射等优点，且原料易得、价廉、无污染。氧化锌基紫外探测器具有极高灵敏度，其量子效率高达 90%；具有高的崩溃电场和饱和速率，响应时间很快。多个氧化锌探测器可组成多光谱探测器。

ZnO 基紫外探测器通过在蓝宝石衬底上制备 ZnO 薄膜而成。ZnO 薄膜制备方法主要有磁控溅射法、金属有机物化学气相沉积法、脉冲激光沉积法、喷雾热分解法、分子束外延法及溶胶凝胶法等。其中磁控溅射法具有较高的沉积速率、低的衬底温度和良好的衬底黏附性等优点而被广泛应用。美国 MOX 公司利用氧化锌及其合金 ZnBeO 制成的紫外探测器，能将可探测波长范围从近紫外扩展到中紫外，光谱响应范围为 200～400 nm，响应时间可达 3×10^{-12} s。

4.3 混合组件

4.3.1 ICCD 组件

1. 组成原理

ICCD 由紫外像增强器与可见光 CCD 耦合而成，包括像增强器、CCD 和中继耦合组件等几部分。ICCD 组件结构如图 4-52 所示。

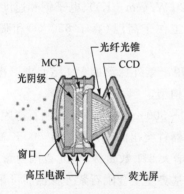
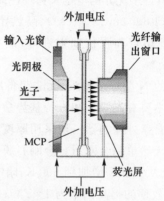

图 4-52 ICCD 结构

ICCD 综合了像增强器和 CCD 两项技术优势，其原理是：像增强器获得光学信号二维分布或图像后，输出 550 nm（P20 荧光屏）绿光，经中继光学元件与可见光 CCD 耦合，CCD 把光敏元上的光信息转换成与光强成比例的电荷量。驱动器用一定频率的时钟脉冲驱动 CCD，在 CCD 的输出端获得物空间二次图像的电学信号。预处理对 CCD 输出信号进行放大处理后输出视频信号，信号中的每一离散电压信号的大小对应着该光敏元所接收光的强弱，而信号输出的时序则对应 CCD 光敏元位置的顺序。ICCD 几何畸变极小，且对光的响应高度线性。

2. 中继耦合

像增强器输出耦合到 CCD 的靶面通常有透镜和光纤两种方式。

（1）透镜耦合

像增强器的输出通过透镜有效耦合到 CCD 靶面，能实现较大缩比的图像传输与耦合，如图 4-53 所示。

透镜耦合的效率为

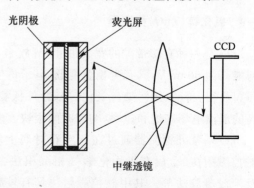

图 4-53 透镜耦合

$$\eta = \frac{\tau}{4F^2(1+\frac{1}{m})^2} \qquad (4-15)$$

式中：F 为光学系统的 f 数；τ 为光学透射比；m 为物与像的高度比。

根据所选定的像增强器光阴极面的大小以及 CCD 的参数，可以确定与之相匹配的中继成像光学系统的主要参数。

实例：某面阵 CCD 的光敏面尺寸为 $5.2\times3.7~mm^2$，像面对角线视场为 $6.4~mm$；像增强器的荧光屏的有效尺寸为 $18~mm$。耦合透镜将像增强器荧光屏的输出成像在 CCD 的靶面上，其放大倍率 $M=3.2/9=0.35$；透镜的相对孔径为 $D/f=1/1.6$，透射比为 $\tau=0.9$，则耦合效率为

$$\eta = \frac{\tau}{4F^2\left(1+\dfrac{1}{m}\right)^2} = \frac{0.8}{4\times(1.6)^2(1+3.2/9)^2} = 0.06$$

由于荧光屏在 180°角范围内发散光，中继光学系统透射的部分只是整个光束相对较小的部分，意味着中继透镜的耦合效率一般极低（5%左右），再考虑 CCD 的量子效率在 550 nm 近似为 20%，因此，荧光屏发射的每个光子在 CCD 的输出为 0.01 个电子。

中继透镜耦合的优点是调焦容易，成像质量高，对正照和背照的 CCD 均可适用且像增强器可灵活移除；缺点是其物理结构尺寸较大、耦合效率低、系统有杂光干扰，因此应用受限。

(2) 光纤耦合

1) 光纤光锥耦合

光纤光锥是一种体积小巧的光纤传像器件，它一端大，另一端小，基于光纤传像的原理，可将像增强器光纤面板荧光屏（$\phi18,\phi25$ 或 $\phi40$）输出的增强图像，耦合到较小的 CCD 光敏面上。图 4-54(a)为光纤光锥耦合原理，图 4-54(b)为耦合样品图片。

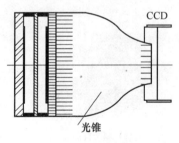
(a) 光纤光锥耦合原理

(b) 光纤光锥耦合样品

图 4-54 光纤光锥耦合

光锥的分辨率主要取决于光学纤维的中心距、排列方式和纤维直径。对于由均匀的、直径为 d 的光纤集束成的单层光纤器件，其极限分辨率为 $1/(2d)$；对于六角形排列的器件，其有效传光面积为 $\dfrac{\pi}{3.464}\left(\dfrac{d}{a}\right)^2$，紧密排列情况下，有效传光面积达 90.7%，静态条件下的极限分辨率为 $R_{\pm}=1/(\sqrt{3}d)$。分辨率与直径成反比，直径越小，分辨率越高。

光纤光锥把像增强器的输出有效地耦合到 CCD 的靶面，整个效率大于 50%，比采用中继透镜耦合高约 1 个数量级，空间分辨率的典型值可达 120 lp/mm，远远超过像增强器的极限，且桶形畸变小（一般小于 4%）。光锥允许存在疵点，尽管这些点在平行光入射时会对应到输出图像中，但由于像增强器荧光屏是一种漫反射源，因此在图像输出中难以出现。多步耦合会

降低系统空间分辨率,因此光纤光锥的大端应作为像增强器的出窗,小端耦合到CCD。例:当像增强器荧光屏尺寸为 $\phi25$、CCD 对角线尺寸为 10 mm 时,则光纤光锥缩比为 1.7。光纤光锥在大端采用 8 μm 的光纤,在小端相应集束为 5 μm,光轴方向长度为 3 cm。

光纤光锥耦合方式的优点是荧光屏光能的利用率较高,理想情况下,仅受限于光纤光锥的漫射透射比($\geqslant 60\%$),缺点是背照 CCD 的光纤耦合有离焦和 MTF 下降的问题。

2) 光纤面板耦合

光纤面板(FOP)是由几百万到几千万根彼此平行成束的玻璃纤维组成的光学面板,其结构如图 4-55 所示。

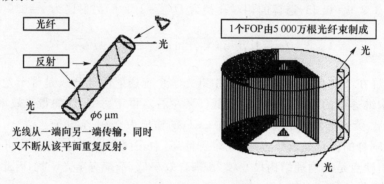

图 4-55 光纤面板(FOP)

FOP 耦合利用光纤面板将像增强器光纤面板荧光屏输出的图像以 1:1 的传输比耦合到 CCD 光敏面,并使图形传输后畸变极小。图 4-56(a)为光纤面板耦合原理,图 4-56(b)为耦合样品照片。

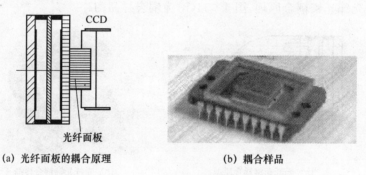

(a) 光纤面板的耦合原理　　　　　　(b) 耦合样品

图 4-56 光纤光锥耦合

光纤面板及光锥耦合都与像增强器的有效区域、CCD 的尺寸有关。光纤面板、光锥和 CCD 均为由诸多像素单元形成的离散式成像阵列元件,因而,三阵列间的几何对准损失和光纤元件本身的疵病对最终成像质量有影响。

3. 光纤 ICCD 组件耦合的关键工艺

ICCD 组件耦合是把像增强器和 CCD 器件通过光纤元件良好连接起来,其关键工艺是解决好 ICCD 的两个耦合面,即像增强器与光纤元件间的面和 CCD 与光纤元件间的面,前者属于平板间的光学粘接,而后者相当于光学玻璃与硅材料间的粘接。CCD 光敏面硅材料的脆弱、易静电损坏以及电极引线的纤细,都是光纤耦合中重点考虑的问题。为了对 CCD 进行有效的保护,可在 CCD 与光纤元件连接的结构中设计法兰盘,用结构胶把 CCD 的外壳、法兰盘和光纤元件结合成一个整体,而在光纤元件与 CCD 的光敏面之间使用弹性光学胶。这种结构既能有效保护 CCD,又能保证光的有效传输。对于带保护窗的 CCD,在把光纤元件安装到 CCD 之前必须拆除 CCD 的光窗,但要避免对 CCD 的损坏,因此最好使用不带光窗的 CCD。

光纤耦合一般分 4 个主要步骤:

① CCD 与法兰盘的粘接。在线视场和工作距较大(以被观察的 CCD 光敏面为标准)的体视显微镜下,将法兰盘的孔与 CCD 的光敏面对正并胶合固化。

② 光纤元件与 CCD 在显微镜下胶合固化。

③ 将像增强器固定在 ICCD 组件的外壳上,其位置精度由机械加工保证。

④ 借助 V 型槽、平行光管和视频图像采集处理系统,将 CCD 的中心像素调节到组件外壳的轴线上(以圆柱型外壳为例)。图 4-57 是 ICCD 耦合的结构示意图。

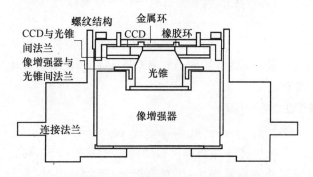

图 4-57 ICCD 的耦合结构示意图

CCD 和光纤元件间需要紧密耦合,因为集束光纤较大的数值孔径输出的图像随间距增加而快速散焦。同时 CCD 的光敏面与光锥间应维持一个小的空气间隙,因为如果部件安装得太紧,且当 CCD 窗口的光纤与光锥光纤不能完美对准时,则易形成莫尔图案的干涉条纹。基于同样的道理,像增强器和光锥间需要维持一空气间隙。鉴于热和振动等难以克服的环境适应性问题,光纤元件必需物理耦合到像增强器和 CCD 上。

入射光经过光纤元件收集和传输后,到达 CCD 光敏面的光能量与入射总光能之比为光纤 ICCD 的耦合效率。影响光锥耦合效率的因素有:光学纤维芯材料的吸收、涂层与芯界面内壁上的全反射损失、光纤端面的菲涅耳反射损失及光锥的有效传光面积。另外,光纤元件的有效数值孔径、有效填充率和光学环氧层也易引起光纤 ICCD 耦合过程中的损耗。

4. ICCD 的噪声、非均匀性及降噪

(1) MCP 增益的非均匀性

光电子进入微通道板时,导致微通道板增益出现非均匀的因素有:

① 微通道板输入端的开口面积有限,致使随机变化的入射电子落入非开口面积而不能进入通道,引起部分入射电子损失。

② 入射电子的运动方向与通道轴线一致时,电子直接贯穿通道而不倍增。

③ 通道内二次电子倍增时,由于每个二次电子的出射角和动量不同,产生二次电子的数目不同,并且二次电子的逸出几率也与多种因素相关。

④ 由于微通道板是由许多微通道形成的熔合阵列,因此阵列中部分区域间在通道直径上的偏差将造成相应区域增益的不同,形成了输出像的固定图形噪声,严重时荧光屏上呈现非常

明显的亮区或暗区,最常见的增益不均匀发生在复丝间的交界处,称为复丝边界噪声或"鸡丝"(chicken wire)。

由于电子在 MCP 通道中倍增是随机过程,因此 MCP 本身会对倍增的信号产生附加噪声,可用 MCP 的噪声因子 F 来表示,其对 ICCD 的信噪比影响为

$$\mathrm{SNR_{out}} = SNR_\mathrm{in}/F^{\frac{1}{2}}, F \geqslant 1 \tag{4-16}$$

ICCD 的 MCP 噪声因子通常在 1.6~2.0,亦即在 MCP 开口面积比一定、次级电子平均产额一定的前提下,由 MCP 给系统带来的噪声为一相对固定值。

(2) 光阴极的随机噪声

无光照下,热激发对光电子造成的随机起伏称为光阴极的随机噪声。由于光阴极的量子效率服从泊松分布概率,由此产生的光电子具有一定的随机散弹噪声:

$$n_{e_\lambda}^{-1} = \mathrm{QE} n_{\gamma_\mathrm{pix}} \lfloor e^- \rfloor \tag{4-17}$$

式中:QE 是阴极的量子效率。对于像增强器,QE 的取值范围随入射波长的不同而变化。对于波长为 220~280 nm 的紫外辐射,其量子效率 QE 为 20% 左右。光电子噪声符合泊松分布并随入射辐射强弱而变化。

紫外 ICCD 阴极产生的噪声为

$$n_{\overline{es}} \approx \sqrt{n_{e_\gamma}^2 + n_{e_d}^2} \tag{4-18}$$

可以看出噪声主要取决于光子噪声和阴极的暗电子发射噪声,而且这两部分噪声彼此独立。阴极暗电子发射是器件的内部噪声,可对其测量、统计。因此,紫外 ICCD 光阴极散弹噪声水平可统计获得。图 4-58 为典型光阴极散弹噪声图像。

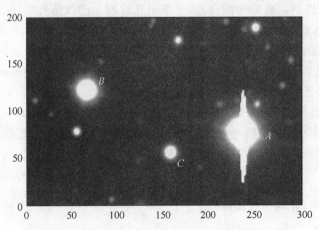

图 4-58 光阴极散弹噪声图像

① 随着 MCP 放大倍数的增加,紫外 ICCD 阴极噪声点数也随之增加,但其增加趋势是非线性的。

② 随着 MCP 增益的增加,噪声点最大强度(即噪声点图像的灰度值)变化不大。

③ 不同 MCP 增益下紫外 ICCD 多帧最大噪声强度平均值随着增益的变大而增大。

在 CCD 积分时间内,散弹噪声的数学期望为零,幅度的概率密度函数为高斯分布。对于光子计数成像的 ICCD 组件,其放大倍数在数万倍乃至百万倍的水平,因此光阴极的暗电子发射是 ICCD 噪声的主要来源。例如:PROXTRONIC 公司的日盲像增强器的暗电子发射可以

到 $3\ e^{-1}/(cm^2/s)$。

(3) 荧光屏的颗粒噪声

荧光屏的结构具有空间非均匀性,故发光特性受此非均匀性结构的制约。荧光屏发光本身的量子效率是一个离散变量,实测和理论分析证明,这一随机变量的概率分布符合泊松分布规律,所以当荧光屏受到电子激发时,其输出的光分布呈颗粒状闪烁,由此造成像管输出的噪声,并且使输出图像具有一定的非均匀性。

(4) CCD 噪声及非均匀性

CCD 的噪声可归纳为 3 类,即散弹噪声、转移噪声和热噪声。相比于像增强器经过几万倍乃至上百万倍放大的散弹噪声和光子噪声,CCD 的噪声可以忽略不计。

受目前的材料制造及工艺所限,CCD 器件的材料中会出现掺杂不均、厚度不等和像素尺寸不均等各种缺陷,造成不同像素间参量的不同,从而引起探测响应的差异。像素和读出电路之间的信号耦合以及读出电路的电荷传输效率也存在着差异,这些都将引起器件输出信号的非均匀性。

(5) 光　晕

紫外 ICCD 组件的发射谱线存在较明显的光晕。对其进行高斯拟合,可发现整个能量的 25% 分布在宽翼上,其主要机制如下:

① 来自前通道板的电子散射。部分一次电子在第一个通道板的离子阻挡层表面前方发生弹性散射,引起光晕在直径为 $1\ 200\ \mu m$ 范围内的扩展(但强度很低)。这种机制的光晕约占 80%,且与光阴极到第一块通道板间的电压有关,电压增加,光晕减小。

② 来自第一块通道板前表面的光子散射。这种机制的光晕占 20%。光子穿过光阴极产生初次反射。若去除离子阻挡层,则光晕显著地减小。

实例:某紫外 ICCD 组件采用索尼 2/3″视频 CCD,实现的主要性能指标为

- 量子效率超过 30%
- 完整的无畸变成像转换
- 动态范围 $10^6:1$
- 极高的图像分辨率

调制传递函数和空间频率分别如图 4-59 所示和表 4-8 所列。

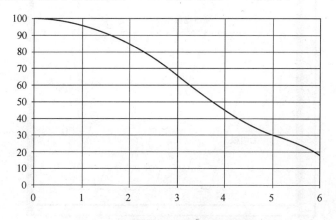

图 4-59　紫外 ICCD 调制传递函数

表 4-8 紫外 ICCD 空间频率

空间频率/MHz	调制传递函数 MTF/%	空间频率/MHz	调制传递函数 MTF/%
0.5	99	4	45
1	95	5	30
2	85	6	18
3	65		

4.3.2 电子轰击 CCD

电子轰击 CCD(EBCCD)主要包括阴极、加速电场及背照减薄 CCD,由信号输入与信号输出两大部分组成,整管结构如图 4-60 所示。信号输入为电子光学系统,主要用于实现光电转换并聚焦加速成具有一定能量的电子束。电子光学系统部分采用金属-陶瓷封装结构,背照减薄 CCD 系统采用金属-玻璃封装结构。

背照 CCD 读出系统主要用于完成电子信号的采集与转换输出,可获得与 ICCD 相近的灵敏度。减薄 CCD 仅保留含有电路器件结构的薄硅层,使成像光子从 CCD 背面无需通过多晶硅门电极而进入 CCD,进行光电转换和电荷积累,量子效率可达 90%。CCD 置于真空管中,直接探测来自光阴极的光电子。

在额定工作电压下,EBCCD 每个光子事件在 CCD 面上呈 4~6 μm 的宽度指数分布,光阴

图 4-60 EBCCD 整管结构

极的光电子直接轰击 CCD,产生二次电子,当入射能量为 3.6 eV 的光电子打到 CCD 器件上时,约产生一个电子-空穴对。光生载流子仅发生在器件光照吸收面的一定的深度内,其总数以指数分布的形式向体内扩散。EBCCD 的工作原理如图 4-61 所示。

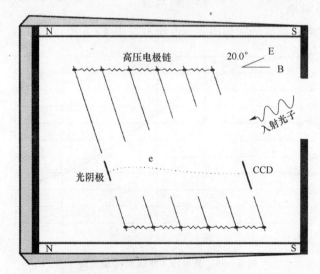

图 4-61 EBCCD 的工作原理示意

如采用缩倍的电子光学倒像管(例如倍率 $m=0.33$),则可进一步获得 10 倍的附加增益,即 EBCCD 的光子-电荷增益可达 10^4 以上;而且,良好的电子光学系统可以获得比光纤耦合方式更高的 MTF 和分辨率特性,避免荧光屏附加噪声。因此如果把噪声较低的 CCD 与一定缩倍的倒像管结合,可进行良好的光子接收检测。

EBCCD 在无需任何额外纤维光学耦合的情况下,直接与探测器像素平面耦合,探测器的转换效率可达到 70%、莫尔效应达到最小且没有光纤引起的鸡丝效应,因而有较好的分辨率,但仍有光晕。

EBCCD 的优点是高增益、低噪声和高分辨率,可以在很低的照度状态下工作,甚至可以记录单个光子。缺点是

① 工艺复杂,要将 CCD 封装在管内之后制作光阴极,且封装到管中的 CCD 应与光阴极制造工艺兼容;

② 排气温度不能太高,限制了光阴极的灵敏度;

③ 寿命有限及过度曝光易损;

④ 可用 CCD 的规格受限、结构复杂、价格昂贵。

4.3.3 组件的性能评估比较

1. 信噪比

(1) 信号响应

1) 一般表征

响应率是探测器输出信号与辐射功率输入之比,单位为 V/W。对于光导和光伏探测器来讲,更准确地是均方根 V/W。探测器灵敏度受噪声限制,一般用噪声等效功率(NEP)或噪声等效输入(NEI)等表示。NEP 是可探测到的最小功率,是单位带宽内产生信/噪比为 1 所需要的功率。NEP 的单位为 W,更准确地表示是 $W/Hz^{1/2}$。NEI 是指产生信噪比为 1 所需的单位面积辐射功率。将 NEP 除以探测器光敏面可获得 NEI。NEI 单位为 W/cm^2。

NEP 的倒数是可探测率(D),单位是 $W^{-1} \cdot s^{-1/2}$,高可探测率表示器件的探测能力强。D^* 是 1 Hz 带宽下所测得的 1 cm^2 响应面积的探测率,与探测器面积等因素无关,其单位是 $cm \cdot W^{-1} \cdot s^{-1/2}$,通常在探测器性能表中给出。

光阴极量子效率同样是器件的灵敏度表征值。量子效率是光电子发射数与接收光子数之间的百分比,是光电子产生的概率,但不能由此确定探测到光子的概率,因此必须考虑其他损耗机制和统计噪声源,也就是必须包含噪声系数,因此宜用校正的量子效率来表示采用不同技术的有效量子效率,即

$$QE_e = QE/(N_f)^2 \tag{4-19}$$

式中:N_f 是噪声系数。

2) CCD,ICCD 和 EMCCD 的响应

表征 CCD,ICCD 和 EMCCD 响应性能的指标包括分辨率、噪声系数、量子效率、EBI、暗信号和时钟感应电荷,也涉及赝电荷。

图 4-62(a)为不同光电探测器的量子效率,图 4-62(b)为对应的有效量子效率。

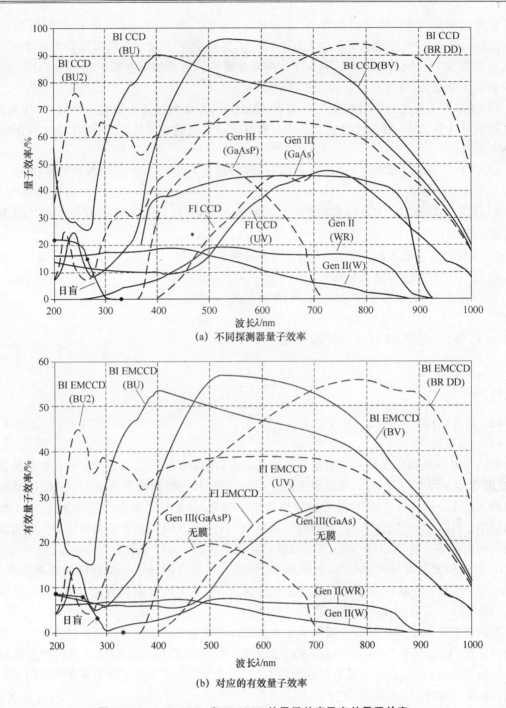

图 4-62 CCD、ICCD 和 EMCCD 的量子效率及有效量子效率

从图 4-62 中可见，EMCCD，ICCD 具有很高的灵敏度，能探测所有等级的信号，能使任何信号都倍增到 CCD 放大器的读出噪声之上，尤其是背照式 EMCCD 有很好的原始探测性能。探测器深度致冷后，EMCCD 低光子速率工作时的低读出噪声，能够在无像增强器时进行光子计数。

探测量子效率（DQE）是在器件应用过程中，对探测路径上各种损失（如滤光片透的过率损失)的综合度量;图4-63是各种紫外材料的DQE。从图中可见,基于MCP的探测器较CCD+滤光片组件具有明显的DQE优势,因之成为目前应用广泛的一种紫外探测组件;EBC-CD曲线包括了已知的全部损失(如窗口损失等);AlGaN固体探测器的预期DQE曲线在2 500 Å附近可达90%。

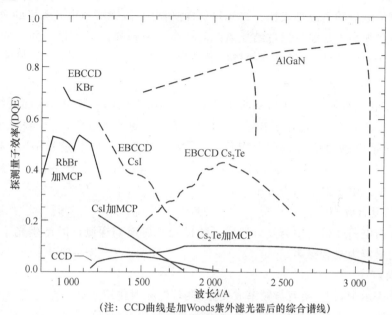

(注:CCD曲线是加Woods紫外滤光器后的综合谱线)

图4-63　各种探测器的日盲紫外量子效率

表4-9是几种具有内增益探测器的性能对比。

表4-9　几种具有内增益紫外探测器性能的对比

参　数	MAMA	延迟线	ICCD	EBCCD
探测量子效率(DQE)	15%～20%	15%～20%	15%～20%	50%～60%
可见光截止情况	$<10^{-7}$	$<10^{-6}$	$<10^{-6}$	$<10^{-6}$
最大局域动态范围 LDR	800 cps	2～53 cps	5 cps	45 cps
阵列规模	1K×1K 2K×2K	13K×3K	2K×2K	1K×1K
像素尺寸	25μ×25μ 14μ×14μ	20μ×32μ 18μ×18μ	7.5μ×7.5μ	21μ×21μ

(2) 噪声机制

探测器噪声主要包括热、散弹、产生-复合、$1/f$及读出噪声等几种。热噪声在高频部分中占据主导,散弹噪声占据低频部分,产生-复合和光子噪声在中频占主导地位。

1) 热噪声

热噪声又称为约翰逊噪声或奈奎斯特噪声,是电阻材料中载流子随机运动产生的。

CCD硅衬底的热致电子引起暗电流。直流信号部分基本固定,可通过暗场减法从图像数据中减去。对任意CCD,暗电流噪声(N_{dc})由暗电流信号的平方根给出:

$$N_{dc} = [2.55 \cdot 10^{15} N_{dc0} \tau \cdot d_{pix}^2 T^{\frac{3}{2}} e^{\left(\frac{-E_g}{2kT}\right)}]^{1/2} \tag{4-20}$$

式中：N_{dc} 是每个像素的电子；N_{dc0} 是在 300 K 环境温度时，以 nA/cm² 为单位的暗电流；d_{pix} 是以 cm 为单位的像素尺寸；T 是工作温度(单位为 K)；k 是 Boltzmann 常量(8.62 · 10⁻⁵ eV/K)；E_g 是能带隙(单位为 eV)。

2）散弹噪声

散弹噪声是电荷的离散性表征。在光发射探测器中，散弹噪声由光阴极的电子发射产生。光电二极管中散弹噪声是电流通过结处离散而产生。散弹噪声是光量子的本质特性，是对目标发射光子数波动的统计，是探测器的最佳噪声限。散弹噪声可由 Poisson 统计规律描述为

$$N_{shot} = G \times F \times \sqrt{\eta \phi_P \tau} \tag{4-21}$$

式中：G 是全部电子增益(对于非增强的 CCD，$G=1$；对于 ICCD，需计算全部系统转换和耦合效率)；η 是量子效率(QE)，描述了在给定波长处光电子的产生过程；ϕ_P 代表每个像素每秒的入射光子流；τ 是以秒为单位的积分时间；F 是噪声系数，由增益过程引入，对于 ICCD 或 EMCCD，$1.3 < F < 2$。对于非增强的 CCD，$F = G = 1$，散弹噪声等于 $(\eta \phi_P \tau)^{1/2}$，是积分过程中每个像素收集的光电子数量的平方根。

3）产生与复合噪声

由半导体内电荷随机产生与复合造成。随机光子碰撞到探测器时产生光子噪声，光子相互作用产生的噪声为复合噪声。

4）$1/f$ 噪声

在功率谱表示中，$1/f$ 噪声与频率成反比，在较低频时作用明显。在光发射探测器中，$1/f$ 噪声称为反射噪声。在半导体中，$1/f$ 噪声称为调制噪声。

5）读出噪声

读出噪声是像素电荷数字化时产生的噪声。读出噪声总是存在，包括"复位噪声"、输出放大器噪声及量化噪声。读出噪声与帧速率关系极大，但与积分时间无关。

6）ICCD 与 CCD 和 EMCCD 的噪声

噪声源包括信号固有的光子散弹噪声、暗电流噪声和探测器的读出噪声等。根据损耗机制及电子倍增过程的统计学结果，不同探测器的噪声系数各异。考虑白噪声的均方波动，探测器的总噪声为

$$N_{tot} = (N_{shot}^2 + N_{dc}^2 + N_r^2)^{1/2} \tag{4-22}$$

散弹噪声和暗电流噪声是积分时间 τ 的函数，可综合写为

$$N_\tau = (N_{shot}^2 + N_{dc}^2)^{1/2} \tag{4-23}$$

因此由探测器产生的总噪声为

$$N_{tot} = (N_\tau^2 + N_r^2)^{1/2} \tag{4-24}$$

其中：

$$N_r = [N_{r0}^2 + (G \times N_{ct})^2]^{1/2} \tag{4-25}$$

(3) 信噪比的推导

信噪比是探测器灵敏度和噪声的相关度量。假设一定数量的光子 P 落在了具有量子效率 DQE 的像素上，则产生的电子信号 N_e：

$$N_e = DQE \cdot P \tag{4-26}$$

由光子噪声的泊松统计特性，其入射光子具有的固有噪声 δ_s，

$$\delta_s = \sqrt{DQE \cdot P} \tag{4-27}$$

综合考虑读出噪声 δ_{readout}、暗噪声 δ_{dark}、光子噪声 δ_{signal}，则信噪比表达式：

$$\frac{S}{N} = \frac{\text{DQE} \cdot P}{\sqrt{(\delta_{\text{dark}}^2 + \delta_{\text{signal}}^2 + \delta_{\text{readout}}^2)}} \tag{4-28}$$

将噪声表达式带入，则：

$$\frac{S}{N} = \frac{\text{DQE} \cdot P}{\sqrt{\text{DQE} \cdot P + N_{\text{dark}} + \delta_{\text{readout}}^2}} \tag{4-29}$$

热噪声形成的 N_{dark} 是温度和曝光时间的函数。当曝光时间非常短，且CCD致冷到低温状态时，N_{dark} 可忽略不计，因此，背照CCD的信噪比接近理想状态，如图4-64所示。

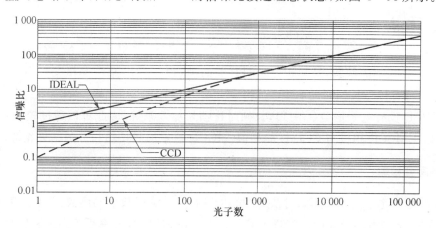

图 4-64 背照 CCD 的信噪比

当CCD读出噪声为 10 e 时，QE 为 93%，则

$$\text{DQE} \cdot P \geqslant \delta_{\text{readout}}^2 \text{ 或 } P \geqslant \frac{\delta_{\text{readout}}^2}{\text{DQE}} \tag{4-30}$$

1) 单帧工作的 SNR

单帧工作的信噪比（SNR）为

$$\text{SNR} = \frac{G\eta\phi_p\tau}{(N_\tau^2 + N_r^2)^{1/2}} \tag{4-31}$$

当散弹噪声起决定作用时，有 $N_{\text{shot}}^2 \gg N_{\text{dc}}^2$ 和 $N_{\text{shot}}^2 \gg N_r^2$。散弹噪声限工作出现在读出噪声及暗电流噪声小或信号强时，可通过提高增益（仅对ICCD和EMCCD）获得，直到 N_{shot}^2 在所有噪声源中占主要。这是ICCD和EMCCD与CCD相比在弱信号方面的主要优势。它们能产生较高的电子增益，从而使产生的散弹噪声超过其他电子噪声。在低增益时，信号受限于探测器的噪声，当增益增高到一定等级时，SNR持续增加直至达到噪声限。

CCD和EMCCD的SNR作为像素光子数（$\phi_p\tau$）的函数而变化。CCD致冷对于SNR改善不多，其主要噪声限是读出噪声，因此普通CCD尽可能工作在较低的读出速率。ICCD探测器致冷对SNR改善也不大，因此ICCD芯片致冷是不必要的，此外，在低照度时，ICCD明显优于致冷的CCD，但在每像素的光子数超过 400 时，致冷低噪声CCD的增益优于ICCD。

当未足够致冷时，EMCCD系统放大了暗电流，尤其在低照度时，致使SNR变差。室温时，暗电流 N_{dc0} 可低至 0.1 nA/cm²，背照型EMCCD探测器在较低照度时无散弹噪声限制，但受电荷转换噪声（CTN）束缚。

2) 长帧时积分与帧相加

对恒定照度,采用较长的帧时或连续帧累加,易于提高 SNR。

长帧时工作方式的 SNR 为

$$\mathrm{SNR}_{\mathrm{long}} = \frac{n_1 G\eta\phi_{\mathrm{p}}\tau}{[n_1 N_\tau^2 + N_r^2]^{1/2}} \quad 或 \quad \mathrm{SNR}_{\mathrm{long}} = \sqrt{n_1}\frac{G\eta\phi_{\mathrm{p}}\tau}{\left[N_\tau^2 + \left(\frac{N_r^2}{n_1}\right)\right]^{1/2}} \qquad (4-32)$$

这里,n_1 是与积分时间 τ 增加有关的因子,对输入信号有影响;散弹噪声和暗电流噪声(N_τ)等是与积分时间有关的项。

帧累加工作方式的 SNR 为

$$\mathrm{SNR}_{\mathrm{add}} = \frac{n_{\mathrm{a}} G\eta\phi_{\mathrm{p}}\tau}{[n_{\mathrm{a}}(N_\tau^2 + N_r^2)]^{1/2}} \quad 或 \quad \mathrm{SNR}_{\mathrm{add}} = \sqrt{n_{\mathrm{a}}}\frac{G\eta\phi_{\mathrm{p}}\tau}{(N_\tau^2 + N_r^2)^{1/2}} \qquad (4-33)$$

这里,n_{a} 是累加的帧数,是与积分时间有关的项(也与读出噪声等相关)。帧累加的 SNR 可改进 $(n_{\mathrm{a}})^{1/2}$,且接近长帧时的 SNR。

普通 CCD 没有电子增益($G=1$),长帧时比帧累加效果好,因此可以通过较长的观察时间提高 SNR。EMCCD 相机与 CCD 性能相似。ICCD 帧累加和长帧积分的结果相似。

2. 空间分辨率

CCD 的分辨率主要由像素尺寸决定(可达 $6\,\mu\mathrm{m}$),是像素数量的函数,并受入射光子影响,因为光子被像素的边界吸收而可能进入其他像素。ICCD 的分辨率受很多因素影响,但通过改进荧光屏和 MCP,器件的分辨率可大大提高,与之相对应的光斑的半高宽相应改善。图 4-65 和图 4-66 是分辨率受影响情况的示意。图 4-65 所示是 EMCCD 和 ICCD 高增益下记录的单电子事件的像素平均分布。对于 ICCD,大约 50% 来自单事件的信号扩散进了相邻的像素,与 EMCCD 相比有差距。图 4-66 表示了电荷扩散对 EMCCD(左)和 ICCD(右)空间分辨率的影响。

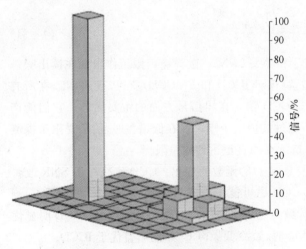

图 4-65　EMCCD(左)和 ICCD(右)单个事件的点扩散分布　　　图 4-66　电荷扩散对 EMCCD(左)和 ICCD(右)空间分辨率的影响

分辨力还取决于物体成像是否对准中心点、是否处于像素中心点或像素顶点处。尼奎斯特定理表明数字化采样频率应是模拟信号频率的2倍,但该理论对于图像这类具有强度、X和Y空间的三维信息有局限,因此,合适的表征应是计算调制传递函数。图 4-67 为调制传递函数示意,它是输出信号调制度与信号频率函数之比。

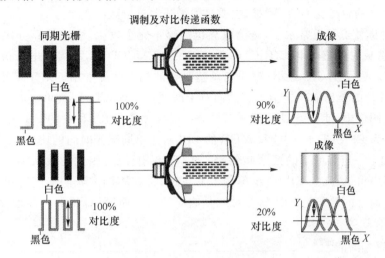

图 4-67　调制传递函数图示

调制传递函数曲线可根据 CCD 像素规模进行绘制。例如:10 μm×10 μm 和 20 μm×20 μm 像素 CCD 的调制传递函数曲线可绘制成图 4-68。图中,横坐标是入射到 CCD 表面的正弦波空间频率,纵坐标为总调制百分比。

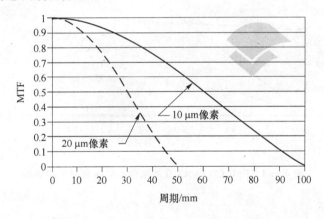

图 4-68　10 μm×10 μm 和 20 μm×20 μm 像素 CCD 的调制传递函数曲线

每个可分辨单元至少需要 2 个空间采样(3 个采样可保证更足够的信息)来满足目标所需的分辨率。比如,对于 CCD 光敏面上尺寸为 27 μm 的极限衍射斑,13 μm×13 μm 像素就能使光学器件和电子分辨率匹配,用 9 μm×9 μm 像素会更加理想。不过像素小型化的 CCD 在改进空间分辨率的同时,也限制了器件的动态范围。

3. EBI、暗信号和时钟感应电荷

EMCCD 的暗信号和普通 CCD 类似,通过致冷可以减小。传统上确定消除 CCD 暗信号最佳工作温度的依据是判断暗信号的散弹噪声是否低于读出噪声,进一步的致冷没有实际效

果。对于 EMCCD,它基本上无读出噪声,可以探测单电子事件,需保证暗信号极低。因此,通常 EMCCD 比 ICCD 系统的 CCD 需要更好的制冷。CCD 芯片易于在真空中安装 TE 制冷器。

ICCD 的 EBI 来自管子的光阴极,类似于 EMCCD 的暗信号,可以通过致冷减小。然而实际应用中,ICCD 的致冷比 CCD 困难,主要是像增强器难以致冷。

CCD 时钟即使低于正常水平,碰撞电离也能够不完全发生,引起约百分之一的电荷转移并产生电子,造成时钟感应电荷(CIC)或赝电荷。在 EMCCD 中,高增益电子倍增寄存器会产生额外的 CIC。为了使 CIC 最小,需仔细调整时钟的幅度和脉冲沿。对于最小噪声的 CCD,CIC 通常在 CCD 的读出噪声中消失。然而对于高增益 EMCCD,即使单个电子也能成为尖锐的毛刺呈现在图像中,使任何 CIC 都显而易见。这种效应与 ICCD 中的 EBI 相似。

图 4-69 为 EMCCD 的 CIC 和 ICCD 的 EBI 对于不同曝光时间的比较。EMCCD 线包括了固定 CIC 加上一定温度下的残余暗信号。ICCD 仅有 EBI,因此曲线从零开始随着曝光线性增加。从图中可见,几条 EBI 曲线单调上升迅速,且在不同的光阴极间甚至是同类型像管间表现不同。通常的趋势是 EBI 随着对红光响应的增加而增加,其中一些很快赶上 EMCCD 的 CIC。

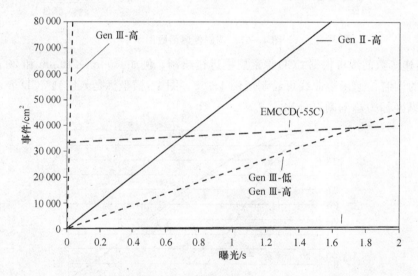

图 4-69 EMCCD 和 ICCD 的事件数与曝光时间的关系

4. 电子增益的影响因素

ICCD 电子增益是来自光阴极的光电子和 CCD 中的光电子之比,而 EMCCD 的电子增益是进入倍增寄存器的电子和输出电子数之比。图 4-70 和图 4-71 分别为 EMCCD 和 ICCD 的信噪比和信号关系曲线。曲线考虑了 CCD 的散弹噪声和读出噪声。ICCD 的理论曲线也考虑了邻域的扣除,因为对于任何一个像素的实际测量都会从相邻像素得到 50% 的信号。

图 4-70 中,对于 1 倍增益的 EMCCD 意味着没有电子倍增,像标准的 CCD 一样工作,由于没有显著的统计及机制损耗,其噪声系数是一致的。随着增益的增加,倍增过程的统计特性恶化了噪声及噪声系数。电子倍增过程的初始理论噪声系数为 1.4,但实测可低至 1.2。图 4-70 给出的数据平均为 1.3。

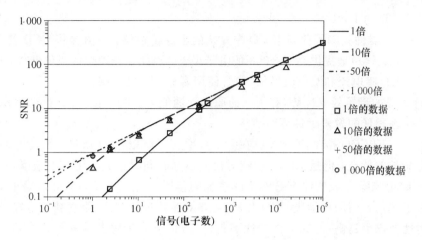

图 4-70 不同增益 EMCCD 理想和实测的单像素的性能

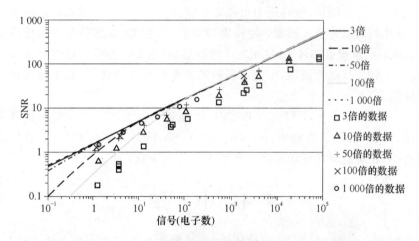

图 4-71 不同增益 ICCD 理想和测量的单像素的性能

对于 ICCD 则相反，增益增加时，噪声系数减小。这是因为像增强器增益较低时，MCP 电压也较低，由此增加了光电子捕获及倍增过程的损耗，因而增加了噪声系数，导致在 ICCD 系统中，即使照度适度，CCD 也会饱和。为了防止这种情况发生，ICCD 需降低 MCP 的电压。

小信号倍增过程增加了噪声，意味着如果信号不足以小，则像增强器或 EMCCD 的信噪比退化。EMCCD 的优势是增益可以开关，可以在低照度或者高照度情况下最佳地工作。

ICCD 中 CCD 探测器的制冷和读出技术的采用也应适可而止，因为暗电流噪声和读出噪声对 ICCD 的 SNR 没有显著影响。

5. 性能比较评价

ICCD 利用中继光学元件将像增强器的输出传输到 CCD 阵列，但较多的成像环节也恶化了图像质量，如光电成像路径中的莫尔条纹、元件本身的缺陷、光纤中的"鸡丝"等积累起来而在 CCD 中形成了固定的背景噪声；光学界面及纤维光学元件中的能量损失及弥散降低了 ICCD 器件的调制传递函数；荧光屏发光过程中存在附加噪声、拖尾滞后、闪烁和光晕等，空间分辨率较低，对于慢图像的摄取易形成假象。另外结构复杂价格昂贵，寿命有限且过度曝光易受损等也是 ICCD 的不足。

EBCCD 成像器件去除了普通 ICCD 中复杂的图像传输链,而直接将 CCD 置于像管的真空中,能够几乎无噪声地提供高于 3 000 的电子增益,因此是较理想的成像器件,但在电子的直接轰击下,CCD 暗电流和漏电流增加,像管使用寿命也随之下降。

CCD 有明显的量子效率优势,有优异的原始探测能力。为了使 CCD 达到更高的灵敏度,探测器应工作在很低的像素时钟频率并制冷。

与 ICCD 和 EBCCD 相比,EMCCD 在量子效率、分辨率及图像质量方面有好的品质,具有体积小和寿命长的特点,但是 EMCCD 在对信号增强的同时也放大了暗电流噪声,于是控制 CCD 芯片的暗电流噪声水平对于 EMCCD 系统的信噪比至关重要,而降低暗电流噪声最有效的手段除了选用专门的科学级 CCD 芯片,还要对芯片进行制冷,温度越低越好,但对传感器的真空密封性要求也越高,若真空密封性不佳,一方面进入传感器内的气体会显著影响 CCD 芯片的性能和寿命,造成不可逆的严重损害;另一方面,会大大影响制冷效果,使得制冷温度降不下去,制冷器功耗成倍增长,散热压力也随之急剧升高。此外,传感器内的气体作为导热介质会将 CCD 芯片的低温传至入射窗,使得窗口结露(包括 CCD 芯片在内的传感器内部会出现水汽凝结,从而严重损害芯片)。EMCCD 的不足是,电荷转换噪声随着像素速率增加而明显增加,恶化了 EMCCD 的探测限,即使在低的帧速率和弱光条件下,其电荷转换噪声也较大地影响器件性能。

综合来看,在弱光条件下,EMCCD 和 CCD 性能仍不及 ICCD,仅在照度级别不需要制冷及慢扫描读出时,EMCCD 才有较好的 SNR。此外,EMCCD 难以实现门控,难以满足纳秒级的高时间分辨率,在对高时间分辨的动态测量领域仍不及 ICCD。

4.4 小　结

在紫外探测器的真空二极管、光电倍增管、紫外增强器及固体探测器等多种形式中,紫外探测器性能的优劣势各不相同,其设计选择的主要点有:

① 对通带外波长的光(辐射)响应低;

② 通带内有较高量子效率;

③ 有高的动态范围;

④ 足够的像素单元以完成足够的视场和分辨率或同时获得足够光谱信息。

光电真空紫外探测器件是发展历史最悠久的紫外探测器件。传统的真空紫外探测器有紫外真空光电二极管、打拿极光电倍增管(PMT)以及成像类的紫外变像管和像增强管。带有 MCP 结构的近贴聚焦型的紫外成像管可以方便地直接耦合到固体成像器件上来进行后续图像存储和处理。多阳极型 PMT 具有实现二维信息的能力,所以越来越受到重视。在多阳极 PMT 的基础上发展的 MAMA 器件可根据要求灵活地选择光阴极,无论是灵敏度,还是时间分辨率与探测光谱范围方面,都具有优异的性能。紫外 MAMA 器件可用于探测极高速移动的目标。具有 $1 024×1 024$ 成像能力的 MAMA 器件已经用在美哈勃太空望远镜的成像光谱仪上。目前美国还在着力开发 $4 096×4 096$ 矩阵的 MAMA 器件及其应用系统。

具有单光子计数能力的光电倍增管和紫外 ICCD 是目前日盲紫外微弱信号探测使用的主流探测器,但为抑制背景,通常需要低效且昂贵的滤光器来选取波段,带来系统的复杂和成本的上升，同时其本身体积大、功耗大、工作电压高。传统紫外固体器件由于在性能上与真空器件有较大的差距，主要是在 $0.2 \sim 0.35\ \mu m$ 范围不能给出满意的灵敏度，所以削弱了以上优势；而增强型硅光电器件，由于通带内响应低且带外无日盲抑制，光谱控制措施困难，也难以得到应用。

AlGaN 等基于三族氮化物的紫外探测器在很多领域有着良好的应用前景，是日盲紫外探测的最佳选择，近年来在国内外已取得许多突破。1998 年，美国国防高级研究计划局投资 1 400 万美元启动了为期 3 年多的研究计划，研制了工作波段为 $0.25 \sim 0.3\ \mu m$ 的Ⅲ族氮化物光电材料固态焦平面阵列，为能在高温工作并且更高效、更可靠的紫外探测器提供了材料。纵观过去的 10 年，GaN 基探测器大致经历了 3 个阶段：初始阶段，主要由 APA 光学公司的科研人员利用 GaN 和 $Al_x Ga_{1-x}N$ 材料开展紫外光探测器的探索性研究，所用的 $Al_x Ga_{1-x}N$ 材料中 Al 组分较低；第二阶段主要集中在研究高响应度的器件及开发使用中等 Al 组分的 $Al_x Ga_{1-x}N$ 材料，实现光盲紫外探测器；第三阶段是研究用高 Al 组分 $Al_x Ga_{1-x}N$ 材料，真正实现日盲紫外探测器以及开发 GaN 基紫外二维成像阵列。

新型紫外固体探测器件具有体积小、耐恶劣环境、工作电路简单等优点，且从发展趋势来看，随着 GaN，SiC 和 AlGaN 紫外探测器工艺技术的不断改善，紫外 CCD 将是今后紫外成像器件的重要方向，尤其是用 $Al_x Ga_{1-x}N$ 新材料研制的焦平面器件大大简化了光通道，在改善探测性能的同时，大幅降低了成本。

第 5 章 信号检测与处理

微弱信号检测和低噪声处理是紫外探测的关键。根据信号接收的方式,信号检测和低噪声处理主要有频域的窄带化技术、时域信号的平均处理技术及离散量的计数统计技术等。其中,离散量的计数统计技术主要用以检测随机或按概率分布的离散信息,是目前信号检测灵敏度最高的一种技术,在军事光电探测系统中有极为重要的应用。成像探测的图像数字化和数字图像处理是紫外图像信号检测的两个重要组成。图像数字化实现物理图像到数字图像的转换,图像处理利用软硬件手段对转换后的数字图像进行时、空域的处理。

入射到光电探测器上的辐射通常由大量光子组成,它们叠加在一起形成了辐射的模拟入射方式,相应地模拟检测方式包括了辐射信号的采集、光电转换和放大、调制解调以及编码—解码等过程,尤其是抗干扰和去噪声是关键内容。对于热噪声、散弹噪声、低频噪声和放大器噪声等来自多方面的噪声,必须进行有效的处理(如相关处理、锁定放大、信号平均、自适应噪声抵消、低噪声前置放大、抑制电磁感应与静电感应等外界干扰),以降低噪声,提高系统信噪比。

当入射光功率减小到一定程度时,光电探测器上的光电子脉冲呈现出不连续的随机分布,形成了辐射的离散入射方式。通过对光电子脉冲进行计数检测的方式称为光子计数检测,若能在探测单个光子的同时确定其空间位置,进行二维光子计数探测,则为光子计数成像检测。

5.1 光子信号的统计特性

5.1.1 光子速率

辐射功率很低的弱光呈现粒子性——光子。光子是一种没有静止质量,但有能量(动量)的粒子,它的能量取决于入射辐射的波长。一个光子的能量(单位为 J 或 eV):

$$E_P = h\gamma = \frac{hc}{\lambda} \tag{5-1}$$

$$E_P = \frac{hc}{\lambda e} \tag{5-2}$$

式中:h 为普朗克(Plauck)常量,$h = 6.626 \times 10^{-34}$ J·s;c 为光速,$c = 2.998 \times 10^8$ m/s;e 为电子电荷,$e = 1.6 \times 10^{-19}$ C;γ 为辐射频率,Hz。

辐射源发射光子的时间间隔是随机的,所以,"光子速率"实际上是指某一时间间隔的平均光速,光子的速率代表了信号的光强。

一束单色光的功率=光子速率×光子能量,即

$$E = R_P \cdot E_P \tag{5-3}$$

式中:R_P 为光子速率(cps,即每秒的个数)。

则

$$R_P = \frac{E}{E_P} = \frac{E \cdot \lambda}{hc} \tag{5-4}$$

入射光子数很多时,光电子脉冲互相叠加,紫外探测器会输出较高的直流电平。当入射光功率逐渐减弱时,光电子脉冲的叠加逐渐减小,如图 5-1(a)所示;紫外探测的输出直流电平逐渐下降,光电子脉冲愈来愈分离;如图 5-1(b)所示,探测器上的光电子脉冲呈现出不连续的随机分布,辐射源对应为单光子发射。

对于以紫外光电倍增管为探测器的光电探测系统(以波长 $\lambda=250$ nm 为例),当光强弱到一定程度(如辐射功率小于 4×10^{-11} W)时,可由式(5-4)计算出光源发射光子的平均速率为 $R_p \leqslant 5\times10^7$ cps,即发射光子的周期 $\geqslant 20$ ns,这正好是一般光电倍增管输出脉冲的极限宽度,光子计数正是根据光的粒子性特点,同时巧妙利用了噪声脉冲和光子脉冲间的差异而进行工作的。

传感器接收的光辐射通常视为一恒定量,但任何辐射源在一定的物理条件下,其单位时间内发射的光子数或发射的光强总存在起伏,所谓的恒定光功率实际上是光子数的统计平均值。每一瞬时到达探测器的光子数是随机的。因此,光激发的光电子一定也是随机的,也要产生起伏噪声。这种光子流的起伏就是光子噪声。正是背景光子噪声决定了探测系统的性能极限。由于光子本身服从统计规律,光子接收中必须考虑光子噪声。

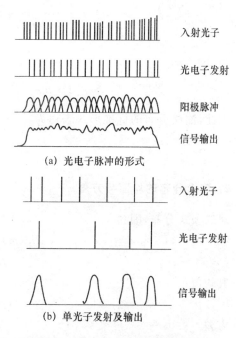

图 5-1 强光和弱光信号输出的比较

5.1.2 辐射源发射光子的泊松分布

1. 泊松分布

光子噪声是由光的粒子性导致的。例如,如果用平均每秒每像素 100 个光子照射 CCD,那么每个像素每秒接收光子的实际数目将是一个随机数。从统计学角度讲,这个数目满足泊松分布,其标准差等于均值的平方根。对于大多数辐射源来说,辐射源发射光子的随机方式可用泊松分布来描述。

设时间 δt 内出现光子的概率为 p,则在 t 时间内可出现光子数的期望值是

$$pm = pt/\delta t \tag{5-5}$$

由于单位时间的光子数为光子速率 R,因此

$$pm = R \cdot t \tag{5-6}$$

当 $\delta t \to 0, m \to \infty; p \to 0$ 时,$pm = n$(有限值),可用二项式分布来表示。

① $\delta t \to 0$,在近似的二项式分布中可用 $R \cdot t$ 来代替 pm。

② 由于光子出现与未出现只有两个状态:即 1 和 0,有光子时 $p_1 = p$,无光子时 $p_0 = 1-p = q$。若观测 m 次,出现 n 个光子概率的二项式分布为

$$P_n(P) = \frac{m!}{n!(m-n)!} p^n q^{m-n} = \frac{m(m-n)\cdots(m-n+1)(m-n)!}{n!(m-n)!}$$

$$P^n(1-p)^{m-n} \approx \frac{m^n}{n!} P^n (1-p)^m$$

当 $m \gg n$ 时

$$P_n(P) \approx \frac{(pm)^n}{n!} \left(1 - pm + \frac{m(m-1)}{2!} p^2 \cdots \right)$$

当 $p \ll 1$ 时

$$\left(1 - pm + \frac{m(m-1)}{2!} p^2 \cdots \right) \approx e^{-pm}$$

因此,泊松分布的标准形式表达为

$$P(n,t) = \frac{(R \cdot t)^n}{n!} e^{-Rt} \tag{5-7}$$

2. 泊松分布的均值与方差

对二项式分布,因

$$P_n(m) = C_n^m p^m q^{n-m}$$

$$q = 1 - p$$

其均值

$$M\xi = \overline{m} = np \tag{5-8}$$

方差

$$D\xi = \overline{m^{-2}} - \overline{m}^2 = np(1-p) = \overline{m}(1-p) \tag{5-9}$$

泊松分布是当 $n \to \infty$, $p \to \varepsilon$ 且 $nP = \alpha$ 时的二项式分布,因而可由式(5-8)和式(5-9)直接得到泊松分布的均值和方差为

$$M\xi = \overline{m} = np = \alpha$$

$$D\xi = \overline{m^{-2}} - \overline{m}^2 = \overline{m}(1-p) = \overline{m} = \alpha$$

由以上二式知,对泊松分布,其方差等于平均值,则标准偏差

$$\delta = \sqrt{D\xi} = \sqrt{\alpha} \tag{5-10}$$

3. 光子的信噪比

光子噪声大小取决于泊松分布的标准偏差,决定了光子计数的误差。系统计数为 n 的标准偏差:

$$\delta = \sqrt{n} = \sqrt{R \cdot t} \tag{5-11}$$

如果只有信号光子入射,则其自身引起的光子噪声在一般定时计数中的信噪比为

$$\text{SNR} = \frac{n}{\sqrt{n}} = \sqrt{n} = \sqrt{R \cdot t} \tag{5-12}$$

则计数的不准确度为

$$\frac{1}{\text{SNR}} = 1/\sqrt{n} \tag{5-13}$$

实测可能值:

$$n' = n \pm \sqrt{n} \tag{5-14}$$

例如,当观测时间 t 为 0.2 s,入射光的功率分别为 10^3 cps,10^4 cps,10^5 cps 时,测量的光子数、信噪比和不准确度如表 5-1 所列。

表 5-1 光子数随机量计数值

随机量 R/cps	入射光子数 n	测量的光子数 n'	SNR	1/SNR
10^3	200	186～214	14	0.07
10^4	2 000	1 955～2 045	45	0.02
10^5	20 000	1 985～920 141	141	7×10^{-3}

从表 5-1 中可见,光电子脉冲速率越大,系统接收信息量越大,光子速率随机分布所引起的噪声在信号中所占的百分比越小,从而信噪比越高,测量精度越高。当然,通过延长观测时间,也可获得增加信噪比的结果,但对于战术探测系统,因为反应时间要求很短,所以单纯延长时间不可取,因此必须保证一定计数速率。

5.2 光子计数

5.2.1 基本原理

对于单光子发射的微弱紫外辐射,除了采用电荷积分法(即把各个光电子产生的阳极脉冲电荷积分,测出阳极平均电流)的方法之外,基于光的粒子性(即单光子计数)探测较基于光的模拟特性探测更有效,即把各光电子脉冲一个个地记录下来,以一定时间内的计数多少来表示信号的大小。

光子计数是微弱光信号检测的一种技术,其典型方式是以光电倍增管作为接收器,将光信号以光电子形式来检测。当光子入射到光电探测器上时,倍增管的光阴极释放的电子在管内电场作用下运动至阳极,在阳极的负载电阻上出现光电子脉冲,然后经处理把光信号从噪声中以数字化的方式提取出来。弱辐射信号是时间上离散的光子流,因而检测器输出的是自然离散化的电信号,采用脉冲放大、脉冲甄别和数字计数技术可以有效提高弱光探测的灵敏度。光子计数器的原理如图 5-2 所示。

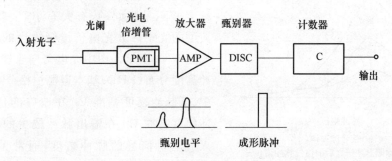

图 5-2 光子计数器原理框图

光电倍增管输出微弱模拟脉冲信号后进行预处理。首先对微弱模拟信号进行放大再通过电压比较器和除噪声,最后对比较器输出的信号脉冲进行计数和后处理。

5.2.2 光电子脉冲的输出特性

1. 光电子脉冲的形状

光子以一定的量子效率 $\eta(\lambda)$ 从光阴极激发出光电子,其速率 $R_e = \eta(\lambda) \cdot R_P$,每一个光电子经倍增后,形成具有一定空间展宽的次级电子云,在阳极得到一定宽度的阳极电流脉冲,其形状由高斯分布形式给出:

$$i_a(t) = \frac{\overline{A_e}}{t_P \sqrt{\pi}} \exp\left[-\left(\frac{t}{t_P}\right)^2\right] \tag{5-15}$$

式中:$\overline{A_e}$ 为光电倍增管平均增益;t_P 为电子渡越时间分散值。

阴极电流脉冲在阳极 RC 网络上形成电压脉冲,此电压脉冲的形状依赖于 RC 时间常数。图 5-3 为光电子脉冲形状随 R-C 时间常数变化曲线。图中,R_a 为阳极负载电阻,C_a 仅为阳极分布电容。当 R_a 很大,且 $R_a C_a \geqslant t_w$(电流脉冲半宽度)时,输出电压脉冲宽度增大且有较长时间的拖尾。

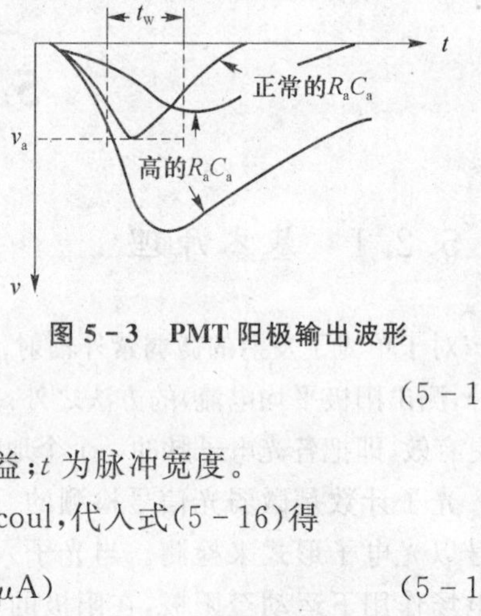

2. 光电子脉冲幅值

由库仑定律知,电流等于电荷除以时间,即

图 5-3 PMT 阳极输出波形

$$i_P = \frac{Q}{t} = \frac{G \cdot e}{t} \tag{5-16}$$

式中:i_P 为脉冲电流;Q 为阳极收集电荷量;G 为倍增管增益;t 为脉冲宽度。

对于一般的倍增管,$G=10^6$,$t=20$ ns,$e=1.6 \times 10^{-19}$ coul,代入式(5-16)得

$$i_P = \frac{10^6 \times 1.6 \times 10^{-19}}{20 \times 10^{-1} i} = 8(\mu A) \tag{5-17}$$

如果取标准负载电阻 $R_a = 50 \ \Omega$,则电压峰值 $V_P = i_o \cdot R_a = 8 \times 50 = 0.4$ mV。

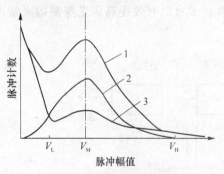

1—信号脉冲谱;
2—扣除暗脉冲谱之后的信号脉冲;
3—没有信号时的暗脉冲

图 5-4 PMT 脉冲幅度谱

由于光电子发射具有随机性和量子性质,存在着统计起伏,所以每个光电子的阳极输出脉冲幅度并不是相同的,有大有小,呈玻里亚分布。典型的光子计数光电倍增管输出的脉冲幅度谱如图 5-4 所示。图中光电倍增管输出的典型脉冲高度分布(PHD)基本遵循泊松分布。在 PHD 中,低脉冲幅度基准 V_L 在波谷的位置,而高脉冲幅度基准 V_H 在输出脉冲较少的底部,V_M 是入射辐射信号的脉冲幅度,通常 V_L 为 V_M 的 $1/3$,V_H 为 V_M 的 3 倍。绝大部分低于 V_L 的脉冲和高于 V_H 的脉冲都是暗噪声计数。

暗噪声计数是在无入射辐射时阳极输出的光电子脉冲,通常把从 0.1~10 个等效光电子的脉冲幅度区域内的暗计数总和定义为光电倍增管的暗噪声计数,它大体上由 3 部分构成:

① 脉冲幅度小于 1 个等效光电子的暗噪声计数。主要由管子倍增系统的暗发射和电路产生。

② 脉冲幅度为 1 个等效光电子左右的暗噪声计数。主要是光阴极热发射的单电子噪声。阴极热发射的暗脉冲与信号光电子一样是单电子发射,与光电子具有相同输出,所以它的峰位也在单电子的脉冲幅度 V_M 处。对碲铯阴极,其热发射很小,室温 20 ℃时,热电子发射仅 10 电子/(cm² · s)数量级。

③ 脉冲幅度大于 4 个等效光电子的暗噪声计数,它主要由多电子发射事件产生,其中包括离子轰击光阴极、场致发射、宇宙射线穿过玻璃产生的切仑可夫效应和管壳玻璃材料中所含放射性同位素产生的闪烁。

3. 单电子幅度分辨率与峰谷比

单电子峰半宽度处的宽度 ΔE 与单电子幅度 E 比值的百分数称为单电子幅度分辨率(SER),如图 5-5 所示。SER 主要取决于第一倍增级的二次发射系数和光电子的收集效率,收集效率与输入电子光学系统有关,进一步提高阴极和第一倍增管极间电压,单电子幅度分辨率可进一步改善,但过高的电场易使管子噪声增加。单电子峰谷比是单电子峰处计数与其"谷"点(脉冲计数微分曲线左边的凹点)计数的比值。影响峰谷比的因素有:

① 当二次发射系数 σ 较大、倍增极的热发射较小时,光阴极的单电子谱才有可能与倍增系统的热发射谱很好地分离,从而显示出单电子峰和谷。

② 阴极透射辐射在第一倍增极上产生的光电发射增加了倍增系统产生的小脉冲,使峰谷比变差。

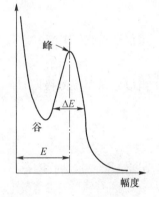

图 5-5 单电子幅度分辨率

PHD 谱线中清晰的波峰和波谷是光子计数 PMT 的一项重要特性。因此,为了获得良好的单电子幅度分辨率和峰谷比,应当尽量采用高二次发射材料的第一倍增极、高的极间电压 V_{K-D1}、小的输入膜孔和尽量小的倍增极热发射率及有效面积。

4. 坪特性

坪特性是光子计数 PMT 的又一重要特性。当光电倍增管工作电压增加时,积分计数率也随之增加,电压增加到一定值后,计数率出现一个相当平坦的区域,再进一步增加电压,计数率增加得很缓慢。通常把每变化 100 V 电压,计数率变化不超过 10%的区域称为"坪区",把坪区两端的电压差值称为坪长。

5. 时间响应

光电倍增管的时间响应基于光电子和二次电子在极间的运动以及光电子发射和二次电子发射的统计特性。管子的结构直接影响时间响应,百叶窗结构和盒栅结构的管子时间响应很慢。时间响应的两个主要参数:

① 上升时间　在阳极输出脉冲前沿部分,从峰值的 10%～90% 的时间间隔称为上升时间。它是快速和超快速管子的主要参数之一。

② 渡越时间　在光阴极全照射情况下,从子入射光到达阴极至输出脉冲幅度达到某指定值之间的时间间隔称为渡越时间。结构紧凑、级数少、工作电压高的管子渡越时间较短。渡越时间可粗略地看成电子从阴极到阳极飞越时间的总和。

6. 信噪比

设光子到达阴极的速率为 N_p,阴极量子效率为 η,第一倍增极的光电子收集系数为 K,计数时间为 τ,则信号脉冲数为 $N_p\eta K\tau$。在实际测量中,为了扣除暗脉冲计数,$N_p\eta K\tau$ 是从有入射辐射信号和无入射辐射信号二次计数测量之差得到的。因为进行了二次测量,所以测量误差的方差为

$$\sigma^2 = N_p\eta K\tau + 2N_d\tau \tag{5-18}$$

式中:N_d 为暗脉冲计数率。

信噪比为

$$\mathrm{SNR} = \frac{N}{\sigma} = \frac{N_P\eta K\tau}{\sqrt{N_P\eta K\tau + 2N_d\tau}} \tag{5-19}$$

当信号很强,即 $N_P\eta \gg N_d$ 时

$$\mathrm{SNR} = \sqrt{N_P\eta K\tau} \tag{5-20}$$

当信号弱至探测极限,即 $N_d \gg N_P\eta$ 时,有

$$\mathrm{SNR} = \frac{N_P\eta K\tau^{1/2}}{\sqrt{2N_d}} \tag{5-21}$$

5.2.3　检测电路

1. 输入模型及电路组成

(1) 输入模型

光电倍增管输出信号光电子脉冲的同时,也会输出一系列的噪声脉冲。检测电路从前端传感器接收的信号模型可由下式表示:

$$X = S + n_1 + n_2 + n_3 + n_4 + n_5 + n_6 \tag{5-22}$$

式中:S 为目标辐射光电子脉冲;n_1 为太空辐射光电子脉冲;n_2 为残留日光光电子脉冲;n_3 为宇宙射线光电子脉冲;n_4 为阴极热激发光电子脉冲;n_5 为打拿极热电子脉冲;n_6 为热电子脉冲。

光电子脉冲的波形服从高斯分布,大致上是指数上升和指数下降的,高度、宽度和渡越时间都是随机的(宽度一般在 5～10 ns 之间),如图 5-6 所示。信号的主要特征是幅值集中于中部,噪声及干扰主要特征是脉冲幅值较低或较高。

(2) 电路组成

信号检测电路主要由预处理(包括脉冲放大与偏置、脉冲甄别)及计数等单元组成,如图 5-7 所示。输入的光电子脉冲首先放大到一定量级后进行阈值比较,经幅值鉴别后的光电

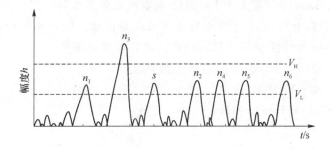

图 5-6 光电倍增管输出信号谱

子脉冲由脉冲计数及逻辑控制电路进行计数,最后送入微处理器进行最终检测。

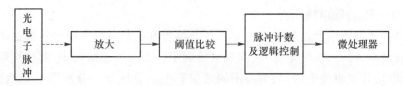

图 5-7 光子计数信号检测电路

2. 预处理

信号预处理基于光电子脉冲的幅值、宽度和数量来剔除噪声脉冲并提取信号。上下甄别器分别设定门限电平 V_H,V_L,只准许符合目标信号幅值的脉冲通过,当上下甄别器均有脉冲通过时,反符合器产生一个脉冲并整形输出,如图 5-8 所示。

衡量预处理电路是否稳定可靠、高性能工作的标志有 2 个,一是观察前放输出波形是否服从高斯分布;二是测量整形电路输出光电子脉冲数是否服从泊松分布。

(1) 脉冲放大与偏置

放大器的作用是将光电倍增管阳极回路输出的信号电子脉冲(连同其他噪声脉冲)线

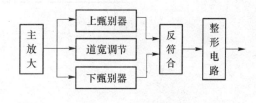

图 5-8 预处理框图

性地低噪声放大,将其转变为电压信号,通常由前置放大器和主放大器两级构成。前置放大系统的设计应尽可能使噪声系数低,而增益适当大。设第一级放大器噪声系数为 N_{F_1}、放大倍数为 K_{F_1},第二级噪声系数为 N_{F_2},则按照最小噪声系数原则可知总的噪声系数为

$$N_F = N_{F_1} + \frac{N_{F_2} - 1}{K_{F_1}} \tag{5-23}$$

第一级放大器对整个探测系统的噪声性能有关键的影响,应尽量提高第一级的电压放大倍数以使总的噪声系数接近第一级的噪声系数,并在每一级或级间加入负反馈可提高稳定性,因此应选用场效应管放大器等,增加输入阻抗,增加带宽。但增加带宽将使噪声增大。因此,放大器的频带宽度只要满足所需信号频谱即可。前放要尽量靠近探测器,以免引线过长感应干扰信号,另外,放大电路良好的电磁屏蔽也十分重要。

由于光电倍增管输出信号一般为 0.5~0.8 mV,脉宽 20 ns,放大器的增益需根据单光电子脉冲的高度和甄别器甄别电平的范围来选定。另外还要求放大器具有较宽的线性动态范

围,上升时间要优于 3 ns(即带宽大于 100 MHz),噪声系数要小等。光电倍增管与放大器的连线应尽量短以减少分布电容,有利于光电脉冲的形成与传输。用于光子计数的放大器必须低噪声、宽频带且有良好的线性响应。日本滨松公司的模块化组件——C716 把管座、偏置电路和前放封装在一起,其体积小,易装配,主要性能指标如下:

- 转换系数为 $30 \text{ mV}/10^{-13} \text{ coul}$;
- 频带范围为 500 kHz～10 MHz;
- 最大信号(P-P)输出为 +1.5 V;
- 响应时间为 15 ns;
- 输出阻抗为 75 Ω;
- 等效输入噪声的最大有效值为 $20 \text{ μV}(10 \text{ MHz})$;
- 峰值$(P-P_{max})$噪声输出为 0.6 mV。

打拿极型的光电倍增管需要偏置电路。各级偏置电压是通过电阻分压器提供的。分压比由管子幅度分辨率、增益、线性电流、时间响应等确定。不同类型的管子,其结构和电子光学系统不同,电极电位分布也就不同,因而有不同的偏置电压分压比。分压器可归纳为均匀型、递增型和稳压型等 3 种。对于脉冲信号测量,常采用递增型,以获得大的线性电流和时间性能,聚焦型快速管的典型递增分压比为 1,1,…,1,1.5,2,3,4.2。为了避免脉冲电流输出引起的放大倍数变化和非线性现象,在最后几级分压电阻上要并联适当容量的储能电容。图 5-9 为光电倍增管偏置电压分压网络示意图。

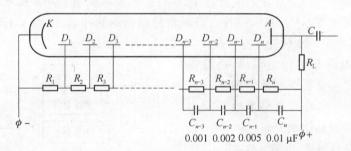

图 5-9 光电倍增管偏置电压分压网络示意图

(2) 脉冲甄别

脉冲甄别电路利用信号的幅度特征去除掉比目标信号脉冲幅度大得多和小得多的噪声及干扰脉冲,通常设有两个连续可调的阈值电平(也称甄别电平)V_H 和 V_L。只有当输入脉冲的幅度介于两个甄别电平之间时,甄别器才输出一个有一定幅度和形状的标准脉冲,因此信号光电子脉冲和阴极热电子脉冲因幅值位于阈值间而输出,倍增极所引起的暗脉冲因幅度低于 V_L 或高于 V_H 而不能通过。

选取恰当的上限阈值与下限阈值对测量准确性有较大的影响。合适的上下甄别阈的选择要使信号脉冲尽量少受损失的同时保证有较好的探测效率和信噪比,由图 5-4 可知下阈选在谷底处。

甄别器受脉冲触发后的一定时间内不能接受后续脉冲,这段时间称为死时间 t_d。如果相邻两光子发射间隔时间小于 t_d,则引起脉冲堆积,形成幅值和脉宽均变大的新脉冲。对甄别器的要求除了甄别电平稳定、灵敏度高外,死时间要小(t_d 一般小于 10 ns)。

倍增管高压电源的稳定性及脉冲鉴别电路的脉冲幅值的选取对辐射测量结果有较大影响。高压电源决定了光电倍增管各极的增益电压,直接影响到器件的响应效率及输出脉冲的幅值,其稳定度应大于 99.5%。

（3）整形电路

整形电路完成如下两项功能：
- 将不规则脉冲整形为矩形脉冲；
- 将 10~20 ns 的脉冲信号展宽。

3. 脉冲计数

（1）基本组成原理

计数器通过对介于 V_H 和 V_L 之间的脉冲计数,把甄别器输出的脉冲累计起来,探测紫外辐射信号。用于光子计数的计数器要满足高计数率的要求,即时间分辨率要小于 10 ns,相应的计数率则大于 100 MHz。

由于从甄别器来的信号已为数字量,所以计数器可在一定采样时间间隔直接进行计数,并不断打入 CPU 数据线上进行数据处理。采用可编程定时计数器对光电子脉冲进行采集,定时电路、计数电路位于一个芯片之内并能进行各种工作方式的编程,具有定时精确、集成度高、可靠性好且易于修改定时常数的特点。根据设定的定时间隔,定时器产生中断,CPU 读取计数器的脉冲计数值,读完后清除计数器,进行下一次计数,如图 5-10 所示。

脉冲计数及逻辑控制部分采用可编程器件完成。鉴于光子脉冲的随机性与高重频,选用的逻辑器件的可计数频率应大于 100 MHz,引脚到引脚的延迟时间小于 7 ns,其逻辑如图 5-11 所示。

光子计数算法流程如图 5-12 所示。CPU 接收到传感器送来的脉冲计数值后,首先对数据进行平滑滤波。通过光电子脉冲的计数值得到入射的光子数,再根据光子计数值可以得到被测物体的紫外辐照值。

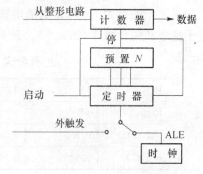

图 5-10 脉冲计数原理

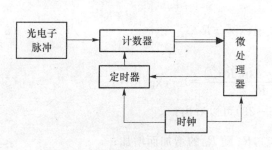

图 5-11 脉冲计数及逻辑控制框图

图 5-12 数据处理程序框图

(2) 光子计数的堆积和漏计

1) 光电子脉冲堆积

光信号较强时,光电子脉冲的产生率较大,而光电倍增管和甄别器都有一定的死时间 t_d,所以必然会出现光电子脉冲的堆积现象。例如,在 $t=0$ 时,计数器已产生了一个光电子脉冲,则在 t_d 内即使接收到新的光子,也不会产生新的光电子脉冲,而是结合在一起形成一个大的光电子脉冲,它的幅度和宽度都比单光子形成的脉冲要大。脉冲堆积使光子计数产生误差。

2) 漏计概率

以光电倍增管输出脉冲的半宽度 t_w 作为分辨时间,根据泊松分布,对于一定的光电子速率,发生漏计的概率 $p(\eta,t_w)$ 为

$$p(\eta,t_w)=\frac{(R \cdot t_w)^n}{n!}\exp[-R \cdot t_w] \tag{5-24}$$

式中:n 为落在分辨时间 t_w 内的光电子数。

当 $n=0$ 时,在 t_w 内接收不到光子,即不发生堆积的概率为

$$p(0,t_w)=\exp[-R \cdot t_w] \tag{5-25}$$

当 $n=1$ 时,在 t_w 内接收 1 个光子,即发生一阶漏计的概率为

$$p(1,t_w)=R \cdot t_w \cdot \exp[-R \cdot t_w] \tag{5-26}$$

如果光子能量为 7 eV,光电倍增管量子效率为 10%,t_w 为 20 ns,可计算出对应的光功率、光电子速率和漏计概率,如表 5-2 所列。

表 5-2 光电子脉冲堆积概率分布

P/W	10^{-11}	10^{-12}	10^{-13}	10^{-14}	10^{-15}
R/cps	10^6	10^5	10^4	10^3	10^2
$p(0,t_w)$	0.980	0.998	1.000	1.000	1.000
$P(1,t_w)$	0.02	0.002	2×10^{-4}	2×10^{-6}	2×10^{-6}

从这些数据结果可以得到两点重要结论:

① 随着光子平均速率的增加,漏计概率也增加。

② 高计数率时,一阶漏计明显,必须在计数时对较大脉冲以 2 倍计。

从零阶漏计概率(即不漏计概率)可以得到输出,输出光电子速率 R_o 与输入光电子速率 R_i 的关系:

$$R_o=R_i \cdot \exp[-R_i t_w] \tag{5-27}$$

可得脉冲堆积而产生的误差为

$$\varepsilon=\frac{R_i-R_o}{R_i}=\frac{R_i-R_i \cdot \exp[R_i t_w]}{R_i}=1-\exp[R_i \cdot t_w] \tag{5-28}$$

可见,R_i 越大,堆积误差越大。由式(5-28)可以看出:

当光电子发射的周期 $\frac{1}{R_i}>t_w$ 时,$R_i t_w<1$,R_o 随 R_i 的增加而增加;

当 $1/R_i=t_w$ 时,$R_i t_w=1$,R_o 为极大值。

当 $1/R_i < t_w$ 时,$R_i t_w > 1$,由于堆积效应,R_o 随 R_i 的上升而下降,堆积误差增加。当 R_i 上升到足够大时,R_o 会降到零,倍增管变为饱和,如图 5-13 所示。

甄别器的死时间 t_d 等同于脉冲分辨率,即每当它接收一个脉冲后的 t_d 期间内,不能接收新的脉冲。若输入脉冲速率为 R_o,输出速率为 R'_o,观测时间为 t,则

输出总脉冲数: $N_o = R'_o \cdot t$

总的死时间: $N_o \cdot t_d = R'_o \cdot t \cdot t_d$

总"有效时间": $t_e = t - R'_o \cdot t \cdot t_d$

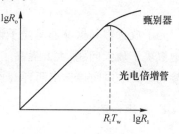

图 5-13 堆积效应

能被接收的输入总数应等于总的输出脉冲数

$$N_o = R'_o \cdot t_e = R_o(t - R'_o \cdot t \cdot t_d) = R'_o \cdot t \quad (5-29)$$

故有

$$R'_o = \frac{R_o}{1 + R_o t_d} \quad (5-30)$$

在 $R_i t_w$ 和 $R_o t_d$ 均 $\ll 1$ 时,可用此式计算光子计数的漏计情况。

5.2.4 光子计数方法的优点

光子计数方法有以下优点:

① 信噪比和测量精度高。在极弱辐射测量时,比电荷积分法高 5~10 倍,可以区分信号强度的微小差别。

② 可以探测极低的辐射通量,测到 10^{-18} W 甚至更低。

③ 动态范围宽,可达 10^6。

④ 可以方便地用二次测量之差方法扣除本底计数。

⑤ 抗漂移性好。在直流测量方法中,小电流放大器的零点漂移、管子增益及暗电流漂移等均难解决,而在光子计数测量系统中,放大倍数变化对计数影响不大,所以有很好的时间稳定性。

⑥ 消除了漏电流的影响。

⑦ 便于数据处理。测量结果是脉冲数目,可以不经过模拟数字变换,直接输出到计算机进行分析处理或数显。

5.3 光子计数成像

光子计数成像以二维方式探测光子、实时成像并进行图像处理,具有极高的时间和空间分辨力。光子计数成像由于使用了分阈值技术,可以实现零噪声读出,输出信号中残留噪声仅为入射信号的泊松噪声和来自 MCP 的暗电流噪声,且对每一个光子事件的地址解码后,既可以用到达时刻的时标读出,也可以将一个周期内积累的总图像一并读出,因而具有任意读出的能力,因此可应用于高时间分辨力的场合,如火箭尾焰的紫外探测和跟踪。

5.3.1 光子计数成像器件的读出方式

光子放大器和探测器是光子计数成像器件的两个关键组成部分。基于微通道板的器件较好地解决了放大问题,大大提高了时间分辨率和放大倍率。光子放大器与探测元之间分电子直接和电-光-电间接读出两种交连方式,分称为电耦合读出和光耦合读出。

1. 电耦合读出

电耦合读出有连续编码读出、延迟线阳极读出以及分立导线读出等形式,光学编码提供的图像可达 256×256 像素以上,其电子学部分包括电荷放大器、鉴别器、带有存储器的解码电路、计时和控制电路等。

电耦合读出的原理是:由阳极捕获的电荷脉冲,首先由电荷灵敏放大器放大,然后送入鉴别器,当输入脉冲大于鉴别器所设定的阈值电平时,产生电脉冲。所设定的阈值高于电路的噪声电平但低于 MCP 输出脉冲的电平。输出的数字脉冲再馈入解码逻辑电路,解码后可确定出与输入信号对应的入射于某组特定电极事件的位置。一般而言,只要 x,y 两个方向上同时接收到信号,便可确定事件发生的位置。实际使用时,为了用有限数目的放大器、鉴别器电路来处理高分辨成像所需的大量的位置信号,须采用各种编码和电极几何排列技术。

对于第 4 章图 4-11 所示的结构,探测器的解码电路可以从 52 个电荷探测器输出信号,确定光子入射到达光阴极的位置。一个光子事件产生的电子云分布大小随加在光阴极、微通道板和阳极阵列上的偏压以及微通道板的特性而变化。电子云的大小按受照的阳极数来量化,光子事件以倍数为量化单位,即 2 倍事件代表有 2 个相邻的阳极被电子云辐照,3 倍事件就代表有 3 个相邻的阳极被照,依此类推。光子事件的译码分为阳极解码和像素译码。阳极解码是将一个光子产生的电子云所对应的 m 倍事件转换成等效 2 倍事件的过程,二维面阵有 2 个阳极解码器;像素译码是根据阳极解码器的输出信息来确定电子云的坐标位置。

2. 光耦合读出

光耦合读出的初始输出为荧光屏,它将电子转换为光子,然后再光学耦合到 CCD 探测器中。

当辐照度低于 10^{-5} lx 时,入射光在时间和空间上离散,光阴极发出的光电子极少,仅有少量光电子能够进入到 MCP 的各个通道中,于是不能获取带有灰度信息的连续图像。采用 2 或 3 级 MCP 像增强器以光子计数方式工作时,荧光屏上输出的亮点可用脉冲高度分布表示,并作为亮度等级(脉冲高度)的函数。在这种情况下,如果向 MCP 加足够高的电压(单块平均 800 V),增益可达到 10^6 以上,输出的图像灰度用光斑的时间和空间分布来表示(不用亮度来表示)。即使在光亮度极低的情况下,当每秒只有少量光斑出现在荧光屏上时,通过探测每个光斑及其位置并将其输出到图像存储单元就可以获得图像。图像的亮度分布由各处光子数差异而定。

光子计数成像需要像增强器 MCP 增益饱和,使得荧光屏上对应每个光阴极点的亮度各不相同。如图 5-14 所示,亮点排列可用脉冲高度分辨率和峰/谷(P/V)比来描述。

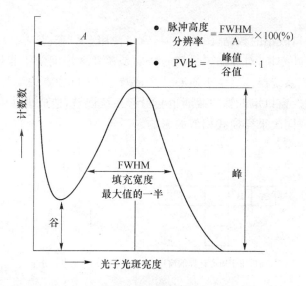

图 5-14　脉冲高度分辨率和峰/谷(P/V)比

5.3.2　检测原理及解算方法

1. 质心及识别定位

光子事件一般呈现为高斯分布(图 5-15(a))的光斑,通常覆盖 5×5 像素面积。事件峰值像素的质心计算可在每一维度确定其中心(精确到亚像素),它基于大量像素和较高的分辨率,并由事件高度分布图的低谷决定(图 5-15(b))。

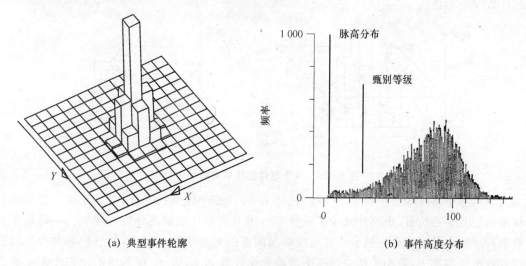

(a) 典型事件轮廓　　　　　　　　(b) 事件高度分布

图 5-15　光子事件的高斯分布

事件的识别包括所有事件在一定标准下峰值像素的确切定位。这个标准是按照信噪比的要求和排除虚假低标准事件而确定的。事件识别引入了一定的相关性,可用中心像素电荷代替事件全部电荷(当峰值事件接近像素的角落时,识别的效果有一定的降低),主要过程如下。

(1) 质心计算

针对事件峰顶窗口较小的数据(图 5-16),窗口使用 3×3(3 点质心)或 5×5(5 点质心)的交叉像素。根据傅里叶变换,对数据欠采样的结果是相邻区域间的干扰影响了原始图像的准确重构,引起质心计算系统误差。由于质心计算依赖于 CCD 像素内事件的位置,因此在图像累积中产生模式影响。窗口矩计算的截断也会引起系统误差,造成事件中心到 CCD 像素中间距离的低估,并且导致同欠采样模式相似的影响。

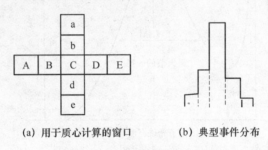

(a) 用于质心计算的窗口　　(b) 典型事件分布

图 5-16　光子事件的质心计算

由 3×3(3 点质心)或 5×5(5 点质心)窗口计算质心的对应公式分别为

$$\left.\begin{array}{ll} \bar{x} = \dfrac{d-b}{b+c+d} & \bar{y} = \dfrac{D-B}{B+c+D} \\ \bar{x} = \dfrac{2e+d-b-2a}{a+b+c+d+e} & \bar{y} = \dfrac{2E+D-B-2A}{A+B+C+D+E} \end{array}\right\} \quad (5-31)$$

(2) 阈值处理

每帧图像逐个像素的强度都要与预设探测阈值进行比较,当强度值高于阈值时,像素值置为 1,其他像素值置为 0,其原理如图 5-17 所示。根据单个事件的强度和探测限,单个事件得到的计数可能不止一个。

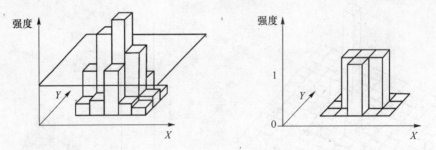

图 5-17　单个事件的简单阈值处理

大事件与小事件间必须折衷,大事件包括了 CCD 多个像素的采样,并且允许以更高的位置精度确定其中心位置,小事件减少了重叠事件的干扰并且能提高计数速率。同一峰值下的重叠事件可能会处理成单一的事件并且削弱探测器的线性响应。因此,在分辨率和线性特性间需要权衡。事实上,最小采样空间频率能最大化计数速率,因此,探测器的动态范围不会因为事件的欠采样而产生太大的影响。

执行局部最大值检测以决定每个事件的像素峰值,然后用多个不同的峰值进行局部检查来排除重叠事件。

动态范围上限主要由像增强器的 MCP 恢复时间决定。图 5-18 是 3 个不同输入数据速率的典型脉冲能量分布。图中,当计数速率增加,增强器输出的平均大小呈下降,归因于在通道板的恢复期内事件的增加,使事件增加的数低于得到精确质心定位所需的阈值,导致数据损失。

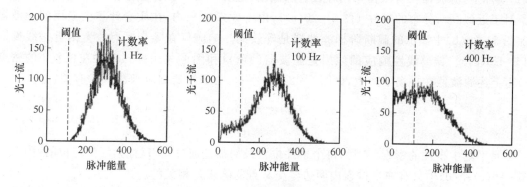

图 5-18 增强器脉冲能量分布的理论曲线

采用模拟模式累积数据并存储每个事件的能量分布,可以一定程度消除这种影响,如公式(5-32)。

$$\frac{积累数据的总能量}{单个事件的平均能量} = 接收到的事件总数 \qquad (5-32)$$

质心拟合算法获取质心的缺点是在数据中有高强度的固定图形噪声,这是由事件分布误差造成的,尤其是 MCP 的微通道角偏导致的误差,引起事件不对称分布,如图 5-19(像素尺寸是 20 μm)所示。

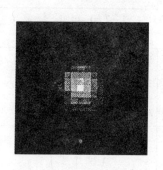 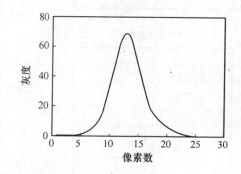

图 5-19 光子事件在像增强器荧光屏上的分布

在事件识别中,图像事件的截取也会引入固定图形噪声。比如,像素峰值的鉴别导致 CCD 峰值中心对于事件有一微小的偏差,影响的大小取决于峰值位于像素的位置。光子事件电荷分布轮廓线轨迹的采样,也会使计算事件的坐标与真实值相比出现误差,导致图像失真和固定图形调制。

2. 质心误差计算及查找表校正

质心算法可看做用滤波器 $h(x) = -x$ 对图像的空间卷积 $g(x)$,得到

$$t(x) = g(x) \otimes h(x) \qquad (5-33)$$

这里假定信号 $g(x)$ 归一化。

质心位置 $\bar{x}$ 由响应的零交叉点确定,$t(x)$ 经过滤波器后得到

$$t(\bar{x}) = 0$$

由远离零交叉点 $t(x)$ 的响应得到质心位置的距离(假设在 $x=0$ 是线性的,服从 $t(x)=-x$。实际上,滤波器在有限窗口内存在边缘截断,且响应必须在滤波器窗口内完成信号标准化。对于近似高斯分布的事件(图 5-20(a)),由于像素的平均,在质心计算中使用的滤波器与在图 5-20(b)中显示的截断阶梯滤波器是等效的。响应仅在零交叉点位置附近是线性的(图 5-20(c))。偏离线性响应的原因是滤波器的窗口和图像欠采样。事件在位置 t 的密度 $f(t)$ 由上述滤波器在平场下产生,如图 5-20(d)所示,与滤波器响应函数 $t(x)$ 有关:

$$f(t) = -\frac{t_a}{\frac{dt}{dx}} \tag{5-34}$$

t_a 是平场中事件的密度。因为每个事件位置最初都是通过 CCD 像素峰值定位的,因此在图 5-20(c)和(d)中只有在半像素内两边零交叉点的响应是相关的。

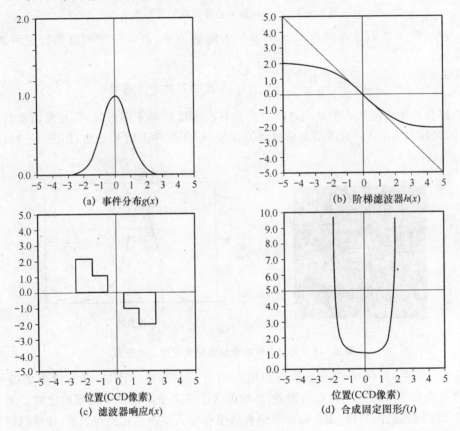

图 5-20 质心算法的滤波器

滤波器的响应决定质心定位的误差,取决于事件轮廓的详细形状。对于高斯分布事件,其宽度 σ,滤波器 $h(x) = -x$,窗口宽度为 $2W$,质心定位的误差由下式决定:

$$\varepsilon_1(x) = \frac{-\left[\sigma^2 e^{-\frac{\mu^2}{2\sigma^2}}\right]_{-W-x}^{W-x}}{\int_{-W-x}^{W-x} e^{-\frac{\mu^2}{2\sigma^2}} d\mu} \tag{5-35}$$

当距零交叉点的距离增加时,滤波器的开窗使响应的增加趋向于一个定值,定值大小由窗口的宽度决定(图 5-20(c))。然而,随着事件距离的增加,在任何噪声或背景平稳期,响应趋向于零。

欠采样导致空间频率非线性。质心位置由在零频率时的变换得到,只取决于变换的低频部分。对没有像素平均和高斯分布事件,欠采样在质心定位中存在一阶误差,即

$$\varepsilon_2(x) = -4\pi\sigma^2 \sin(2\pi x) e^{-2\pi^2\sigma^2} \tag{5-36}$$

它在像素中心及像素边界给出零误差,并导致其余像素质心位置的低估。

3 像素和 5 像素窗口的质心计算如图 5-21 所示。对于不同的事件位置,质心误差随着事件宽度变化。小事件宽度的误差主要受欠采样影响,而大事件宽度主要受开窗影响。根据质心误差,采用 3 点算法最佳的事件半高宽(FWHM)大约是 1.0 个 CCD 像素,采用 5 点算法约为 1.5 个 CCD 像素。

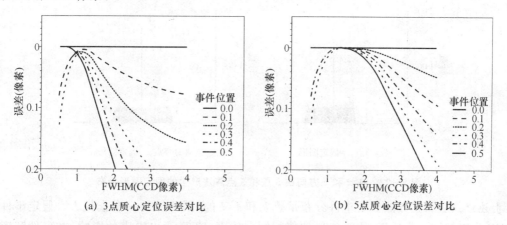

(a) 3点质心定位误差对比　　　(b) 5点质心定位误差对比

图 5-21　质心定位的误差对比

假设滤波器的输出为 $t(x)$,在所需的时间间隔内(即在事件的峰值像素内),$t(x)$ 在等式(5-33)中是单调的,其映射线性响应函数为 $F(t)$:

$$F(t(x)) = -x \tag{5-37}$$

如果函数 $F(t)$ 足够简单,那么校正可在质心计算中一并进行。然而,实际中最好使用查找表来校正质心位置。对于非高斯事件分布,背景稳态噪声的存在或事件分布的非对称导致滤波器微小的不同响应。公式(5-37)计算的位置与原始信号真实的质心相比有固定的偏移。

查找表取决于对事件峰值像素内质心位置 x 和 y 分布的测量(用式(5-31)计算)。通过对预先采集数据执行一个短的(如小于等于 30 分钟)平场,需对一定范围内所有像素求和(如采样为 1 000 个像点)。多事件必须从固定图形分布中排除以防止失真,因此计数速率必须低。采用 3 点及 5 点算法的典型固定图形分布如图 5-22 所示。通过将分布细分成一定数量的像点,使每个像点接收相等数量的事件,可重建查找表,并将计算质心位置 t 与对应的像点数相联系。像点数用于重置事件,以更高分辨率重新采样图像。

图 5-22 中有些事件质心落在峰值像素之外,并且溢入相邻像素,可通过查找表使其还原到原始像素。像素边缘由于噪声影响而模糊不清。x 方向明显的非对称源于事件的不对称分布。中间的毛刺是信号量化的伪像,没有影响。

5 点分布是相对平的,表明质心误差几乎是线性的,因此查找表可以有效地将计算的质心

位置与一定的比例因子相乘。3 点分布明显是压缩和非线性的。这些分布采样函数 $f(t)$（图 5-22(d)）超过了 CCD 像素周围的事件。

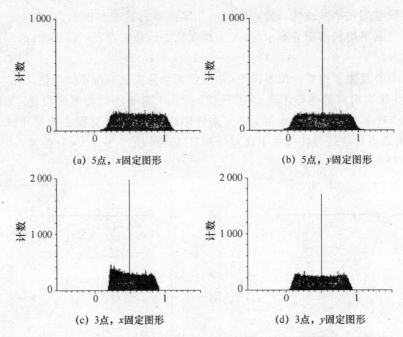

图 5-22 在 x 和 y 方向由 3 点和 5 点算法产生的固定图形分布

上述查找表校正方法假定事件分布是独立和不变的,因此仅需一个查找表。假定事件落在 CCD 像素的同一个位置,质心位置的值相同。然而,CCD 读出噪声的影响、在事件宽度上的变化以及相对背景事件强度的变化,均导致质心位置成为与一些均值或一个特定初始事件位置有关的分布。查找表应用于这种均值分布能校正质心位置噪声。基于查找表的质心解算可把固定图形噪声减小到低于系统噪声的水平,并保证分辨率没有损失,如图 5-23 所示。

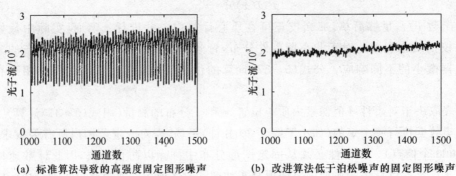

图 5-23 不同算法的固定图形噪声比较

3. 计数的性能限制

(1) 最大计数速率限制

由于不能区分到达的时间和位置,光子计数成像的最大计数速率受限于两个或者多个光子事件的符合损失。这种限制由于受下列因素的制约而更加难以量化。

1) 输入源

最大平场计数速率远低于可以获得的发射。

2) 像素尺寸

探测器的像素尺寸越大则可计数的像素越少。

3) 符合损失

① MCP 的通道恢复时间。MCP 电子放大电路有大约 10 ms 的恢复时间。通道直径约为 50 μm 的双 MCP 受每个事件影响,其基本限制是每 50 μm^2、每秒有 20 个计数。采用较小 RC 时间常数的 MCP 可以将性能提高约 1/10;

② 帧速率。帧速率越高,符合的几率越小,计数上限就越高。

(2) 最小计数速率限制

由像增强器的暗计数决定。经过增强后的暗计数平均为 5 个计数/像素/10^4 秒。经过致冷可将其减小 90%。

(3) 光子计数成像检测的噪声抑制

光子计数成像暗计数随工作电压的升高而增大,呈线性关系。单电子计数的微通道板是限制探测灵敏阈的主要因素。由于工作电压的大小由系统决定,该噪声只能通过制冷(如 TE 制冷)来降低。

阴极噪声可通过累积求平均值来抑制。可先将连续 3 帧图像累积,再依据统计结果进行图像二值化阈值的选取,最后进行相关计算。此方法有利于在抑制噪声的前提下提高对弱信号目标的检测能力,并保证图像信号的动态范围。对于不同增益下的图像均可利用该处理方法,在连续多帧图像时间内将阴极的散粒噪声剔除。

5.3.3 检测电路

根据所采用具有光子放大能力的真空光电探测器的类型,检测电路分 MAMA 检测和 ICCD 检测两种主要体制,下面分述之。

1. MAMA 检测体制

(1) 基本结构与原理

MAMA 检测系统主要由读出电路、解码电路及数据存储和处理等几部分组成,如图 5-24 所示。

基本工作原理如下:

① 电荷放大器组从 MAMA 器件阳极引脚收集电荷信号,将其转换为电压信号并进行甄别,形成与入射位置对应的特定编码;

② 解码电路对编码信号进行解码以得到电荷包在阳极阵列上的坐标位置,从而得到光子在光阴极上的入射坐标位置;

③ 单光子事件的坐标位置在数据存储后,经一段时间的累积可处理得到被探测目标的图像。

(2) 读出电路

读出电路的基本功能是实时收集探测器阳极输出的电荷脉冲,进行一系列的处理与转换,最终形成一个数字编码并传输给解码单元。图 5-25 是基于普通集成电路的读出电路基本原理示意图。

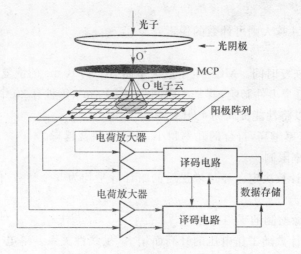

图 5-24 MAMA 检测系统组成

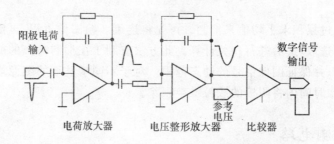

图 5-25 读出电路基本原理示意图

电路主要由电荷灵敏放大器、电压整形放大器与甄别器 3 部分组成。电荷灵敏放大器从阳极收集电荷脉冲，将其转换成电压脉冲，经过电压整形放大器进行整形并放大，甄别器对电荷灵敏放大器输出的电压脉冲信号进行甄别，确定其是否为有效信号，并以数字信号的方式传输给解码单元。

(3) 解码算法

基于 MAMA 器件的编码原理，采用归纳推理法等对读出电路输出的阳极编码进行解码，得到入射光子的位置信息，完成单光子计数成像。解码算法要求实时性好并保证读出系统的最高计数率。

(4) 数据存储与数据处理

光子事件产生的光电子经过 MAMA 探测器、读出电路及解码电路的处理后，产生一个二维的地址数据，得出光子在探测器光敏面上的入射位置坐标。由于每个光子事件都是在特定时刻、在光敏面上的特定位置发生，因此检测系统不仅可记录每一个光子事件发生的位置，还可以记录其发生的时间。根据应用需求的不同，数据存储方法一般分"累积"模式与"时标"两种模式。

"累积"模式为每一个像素分配一个存储单元，当某像素上产生了一个光子事件时，对应的存储单元计数数据加 1，完成图像的计数堆积存储。"时标"模式则记录每一个光子事件发生的时间与位置信息,需要的存储容量大,但能完整地重现整个图像产生的过程。

2. ICCD 检测系统

(1) 基本组成

ICCD 型光子计数成像检测系统主要由下述 2 个单元组成:

1) 光子计数型 ICCD 组件

其像增强器要求有较高的辐射增益、较低的暗噪声以及良好的荧光屏余晖特性;CCD 组件要求帧频高、读出噪声低。

2) 图像采集系统

能自动、快速地把高帧频 CCD 组件输出的面源图像转换成数字量存储,并输入到计算机中进行数据处理。

ICCD 型光子计数成像检测系统工作原理如图 5-26 所示。工作时,辐射源发出的微弱光子图像被像增强器接收,经增强放大后,显示在像增强器的荧光屏上,由耦合光学系统输入到 CCD 面上,再通过图像采集系统输送给计算机进行处理。

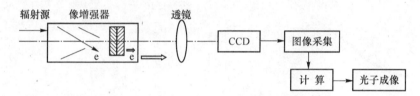

图 5-26 光子计数成像检测系统工作原理

ICCD 检测系统增强器的光学增益应大于 10^7,CCD 组件一般工作在帧转移模式,控制器可对 CCD 的区域有选择性的读取,使 CCD 尺寸与应用匹配。为了对极微弱的光图像进行探测,需进行多帧累加或长帧时积分。

工作在单光子计数模式时的像增强器应考虑以下几方面的因素:

1) 光电子通量限制

由于时间分辨率和空间分辨率的限制,进入系统的最大光子速率受到限制,因此输入光子要保持一定低的水平,成为可计数的光子事件。

2) 像增强器噪声限制

像增强器必须采取各种降噪声措施(如阴极制冷、屏蔽、电子清刷和老练、消除器件内杂散光等),保证暗计数速率很低($<10^2$ 数/(cm² · s))。

3) 像增强器输出特性

像增强器输出光子脉冲高度(即脉冲能量)分布应呈高斯形式。

(2) 自动增益控制(AGC)

扩大计数的动态范围的方法有两种,一种是通过改变加到 MCP 上的电压,改变像增强器的电流增益,一般可进行超过两个数量级的调整;另一种方法是在第一块微通道板和阴极间加选通门来通断阴极发出的电子,以产生 3 个量级以上的电子增益幅值调整。

方法一:分别以数字图像饱和信号的 80% 和 20% 作为数字比较器的上下阈值,确定是否需要增益调节。如果像素数超过了 N_1,则不断地以 lg 2n(n=1,2,3,…)调低增益直至低于 N_1 或增益最低。同样如果像素低于了 N_2,则不断地以 lg 2n(n=1,2,3,…)调高增益直至

高于 N_2 或增益最大。MCP 的电流增益控制通过高压电源的模拟输入调整来实现。如图 5-27 所示,6.5~9.1 V 的输入电压范围可实现每 lg 2 倍的对数增益变化(对应高压电源的变化量为 300 mv)。分立设置的 10 档电压,平坦地覆盖了所期望的调节范围。计数器探测超过各阈值的像素数。微处理器监测计数器并控制增益,用查表的方式确定期望的设置并用适当的代码驱动 DAC,运放最后把输出放大到规定范围。

方法二:当模拟控制达到最小设置,通过选通光阴极与 MCP 间的电位可继续实现对动态范围的调节。选通周期以 lg 2n 变化时,增益发生相应变化。微处理器控制选通门的持续时间,与帧速率保持同步,把模拟增益固定在最小等级。为完成 AGC 操作,必需使其他增益控制措施无效,例如,当电流超过预定值时,像增强器高压电源的自动亮度控制起作用,它通过检测 MCP 的输出电流而抑制增益。因此,在自动亮度阈值达到以前,必须使 80% 的阈值有效。

自动增益控制(AGC)电路对 ICCD 的线性工作范围有影响,从图 5-28 近贴式像增强器输入输出的关系曲线看出,只有当像增强器入射窗上照度<10 lx 时,输入输出才呈线性关系。因此,增益控制电路要合理调节,保证 ICCD 器件最大线性工作范围。

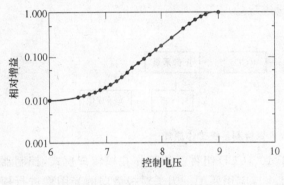

图 5-27 MCP 的电流增益控制

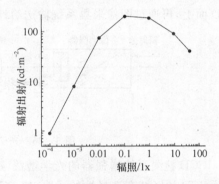

图 5-28 像增强器线性输入-输出关系

(3) 数据读取和处理系统

来自 CCD 的视频信号经放大、暗电平箝位后,进行 AD 转换。事件的质心可通过拟合实时确定,在 X 和 Y 方向可达到远小于单个 CCD 像素的水平。低的通道分辨率可以靠降低质心精度来满足。光子计数成像数据读取和处理原理如图 5-29 所示。

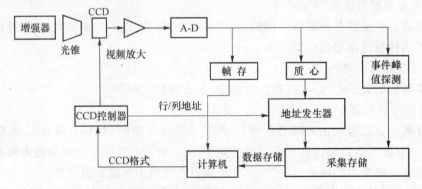

图 5-29 光子计数成像数据读取和处理原理

数据的读取和处理需要满足实时的要求,事件的识别及质心定位要在最紧邻事件(根据在 CCD 矩阵上的位置)提取前完成,将两个最小可分离的连续事件记为两个像素。采用 FPGA 可编程器件可方便地调整算法并无需更改硬件电路。

实例:数据处理系统读取串行 CCD 传感器,数字化输出信号和 3 个同步信号:帧、行及像素同步信号,电路系统由下述 4 个单元组成(图 5 - 30)。

- 串行读取单元:允许事件窗口并发采样。
- 事件识别单元:在获得的图像中识别光子事件。
- 质心单元:确定达到亚像素精度的事件质心。
- 输出控制单元:提供一定格式的数据输出。

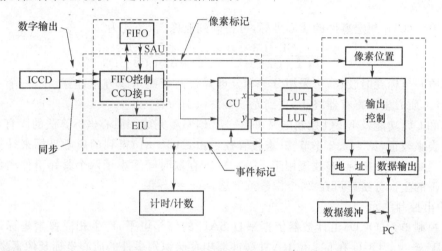

图 5 - 30　数据读取及处理系统结构图

1) 串行读取单元

串行读取单元(SAU)由 4 个 FIFO 器件的 512 字长移位寄存器串行连接,如图 5 - 31 所示。CCD 读出电路逐个像素馈送,构成一个有效的延迟线,从而允许相邻的像素同时采样。

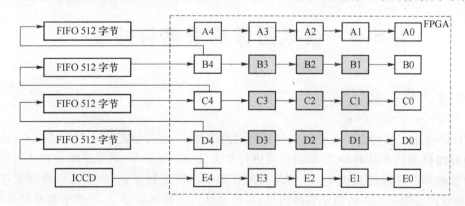

图 5 - 31　读取移位寄存器功能

在读出序列的开始,SAU 由帧同步信号触发,产生合适的控制信号给 FIFO。在给定的时钟周期内,5 个寄存器(1 个输入寄存器,4 个后端寄存器)中的内容形成一个 5×5 像素的 CCD

帧。随着时间推移,依次读取窗口动态覆盖的整个CCD图像。当一个像素的内容进入输入寄存器,则5个新的像素内容(A5~E5)从左进入窗口,而5个旧的像素内容(A0~E0)从右移出窗口。CCD避免了整帧固定或者动态图像的分割。5×5像素窗口或者中心3×3像素部分随后进行事件识别和质心定位。

2) 事件识别单元

事件识别单元(EIU)采用3×3像素窗口,其中心像素值满足规定的条件且最亮点在窗口内。在有效时间内校验当前事件窗口的重点是SAU重构能否满足所用算法的性能,从而产生真或假的标识。真标识的质心坐标并行地由质心单元计算,并存储在输出缓冲器中,然后依次上传。

3) 质心单元

质心单元(CU)测定事件的质心坐标,可精确到亚像素,公式为

$$X_C = \frac{C1-C3}{C1+C2+C3} \qquad Y_C = \frac{D2-B2}{B2+C2+D2} \tag{5-38}$$

计算质心坐标耗时较长,可采用分子和分母并行两级流水线方式计算。每一个事件窗口计算完成后,质心坐标寄存器终止,直到光子事件识别为真。

EIU和CU功能及FIFO控制电路可由一片FPGA完成。质心坐标算法的固有系统误差可用查找表来校正(见4.2.2小节)。查找表校正由式(5-31)得到的质心坐标来计算实际事件的位置。对于每个坐标,查找表用于EPROM的存取时间远小于两个紧邻事件的最小时间间隔。校正的坐标分辨率可在2^n个像素范围选择,$n=1~5$。

4) 输出控制单元

输出控制单元(OCU)由计数器依据来自SAU的信号电平,产生相应像素坐标。真实标识值由EIU产生。OCU在512位RAM缓冲器中存储识别事件的质心坐标及像素坐标,把数据传送给计算机。

质心地址由行地址和列地址构成,事件产生的精确质心位置传送给读取存储器,可以通过图像累积或者时间分辨,以带有时间标识的方式直接记录。数据以帧存方式采集原始CCD数据,并进行单独事件帧的分析,得到像增强器上脉冲能量和脉冲宽度的分布。

5.4 模拟图像的采集与处理

5.4.1 采集

CCD器件是获取物空间二维图像信号常用的探测器,是光学图像采集的核心光电转换单元,其电路组件的任务是对CCD输出信号进行放大、滤波、平滑等,提供总增益和补偿量、提供对CCD面阵积分时间的调整并以一定位数的分辨率将图像数字化,形成由信号和像素时钟、行同步和帧同步信号组成的数字视频信号,再传输至后续数据处理器,图像采集及预处理硬件原理如图5-32所示。

1. 前置放大器

为了满足CCD探测器较大的信号动态范围,前置放大器应增益可调。例如,某探测器读

出噪声<4 e。单像素势阱容量为 500 ke,则对应动态范围为 125 000~1;如进行像素合并,势阱容量可扩至 1 000 ke,动态范围可扩大一倍。16 位 AD 转换器能实现 65 536 个不同等级的调节,但仍不能覆盖所有的 CCD 动态范围。如果前放的增益设置为 4 e,在噪声接近 1 e 时,AD 转换器在~262 ke 处饱和。如果前放的增益设置为 16 e,那么,AD 转换器将在~1 000 ke 处饱和,但信号的最低位信息丢失。AD 的有限范围产生了新的噪声源,引起测量误差。其量化噪声的表达式为

$$\delta_{\text{ADC}} = \frac{N_{\text{well}}}{2^n \sqrt{12}} \qquad (5-39)$$

式中:N_{welf} 为单像素势阱容量;n 为 AD 位数。

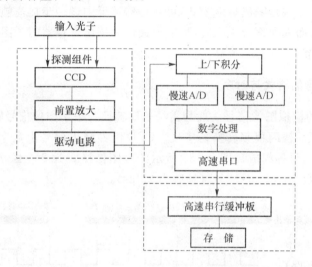

图 5-32 模拟图像采集及预处理的硬件

AD 的噪声增加了系统的噪声。为了达到最高的灵敏度或最低的噪声,前置放大器增益的设置非常重要,以忽略 AD 噪声。增益的设置要保证 AD 读出噪声小于 1,以匹配于单像素全部势阱,即最高位等于整个阱深,使 AD 最高位数与读出寄存器的整个阱深(典型的是 2 倍单像素深度)相匹配,以达到最高信噪比。

2. 水平读出率和垂直转移率

水平读出率是像素从移位寄存器中读出的速率,水平读出率越快,帧频就越高。像素读出速度可变可使 CCD 具有最大灵活性。较慢的读出通常使读出噪声降低,然而,却以较慢的帧频为代价。不同 CCD 可设置不同的读出率。

垂直转移率可变很重要。不同的外部事件需要不同的垂直转移速度,时间越短等于速度越高。较快的垂直转移率能克服低时钟感应电荷(尤其对于 EMCCD),但缺点是降低了电荷转移效率,导致强信号时像素内的电荷残留而降低空间分辨率。较低频率的垂直时钟确保了较好的转移效率,但导致了最大帧频下降和阱深的升高。为了改进转移效率,可通过设置垂直时钟电压幅度来增加时钟电压。然而,电压越高,时钟感应的电荷越高。

3. 像素合并及子成像

通过有效降低读出像素的总量能提高帧频。降低读出像素总量的方法有：
① 像素合并；
② 子成像模式读出。

像素合并把来自一组像素的电荷合在一起计算总量，除了达到较快帧频以外，提高了信噪比，但也降低了成像分辨率，合并像素的效果等同于一个大像素。子成像模式通过剪裁读出有效成像部分，放弃周边无关图像。子成像区可以是探测器的任何小型矩型区，并且子区域越小，可读出的像素越少，帧频越快。像素合并和子像区也可结合使用，来达到更快的帧频。实现超快帧频的另一种方法是隔离剪裁模式，可在特殊环境中进一步提高帧频。比如，如果探测器左下角有入射信号而其他部分无入射，可输出最近邻读出寄存器的子图像，而不需要放弃图像的剩余部分，从而节省了时间，提高了剪裁的速度。

4. 数字视频信号的格式与时序

CCD 组件输出的模拟图像信号一般均需经 AD 转换为数字图像信号输出。AD 转换器可由带有内部参考电压的快闪视频转换器实现。CCD 组件输出信号由数字图像信号和像素时钟、行同步和帧同步信号等组成。图 5-33 所示的是图像格式为 256 像素×256 像素×12 位的 CCD 组件输出的数字图像信号形式（帧频为 25fps）。

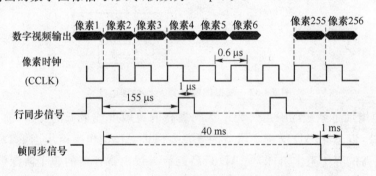

图 5-33 CCD 信号数字输出示意图

5. 致冷的选择

采用适当的热电致冷器或焦耳汤普森致冷器可以达到致冷效果。探测器致冷是有限的（不宜低于 -100 ℃）。当需要最高灵敏度的时候，尽可能使温度设置到最低；当需要探测器长期稳定的工作，尽可能使温度设置到最低值的 3/4 处；当需要探测器在最高功效工作时，探测器应该设在最低温度的一半。为了有效进行冷却，探测器应该是最冷的部件，但如果探测器不能处于良好的真空中，则会形成冷凝面。冷凝可降低或损坏探测器性能，特别是其量子效率。

在致冷探测器中，TE 致冷器能够消除探测器的热量，以工作在适当温度。利用空气或水也能去除传感器过多的热量，其中利用空气去除来自 CCD 的热量更有效。水作为消除摄像头内热量的介质，所带热量随后传递给空气。空气与循环水致冷的优缺点比较如表 5-3 所列。

表 5-3 空气与循环水致冷的优缺点

	优 点	缺 点
空气致冷	• 不依赖任何附加功率或设备 • 不存在与液氮有关的问题和危险 • 环境露点下使用冷却水不存在问题	• 探测器设计体积变大 • 功率需求大幅增加 • 风扇的振动危及测量安全
循环水	• 紧凑、有效、系统轻便 • 水加到循环器后不需供给水源 • 通常不存在冷凝问题	系统安装需要附带备件

5.4.2 处 理

1. 相关双采样(CDS)

同一像素周期内的复位噪声近似为常数,但是对于不同像素单元是随机变化的。所以,只要在同一像素周期内的暗电平参考区间和信号电平区间进行两次采样并模拟相减后,两次采样的复位噪声由于相关性就可从输出信号中抑制。CDS 的原理是:在复位期间,对复位电平进行第一次采样,电容保持的电压为复位电平(KTC 噪声、复位噪声)。在信号输出期间进行第二次采样,电容上的电压为 KTC 噪声、复位噪声和有用视频信号的叠加。把两次采集的脉冲开关时间控制在适当的范围内,采样间隔为 T 时,采样值相减就可抑制输出放大器产生的复位噪声(KTC 噪声)并在输出周期结束前输出有效信号。相关双采样法的原理如图 5-34 所示。

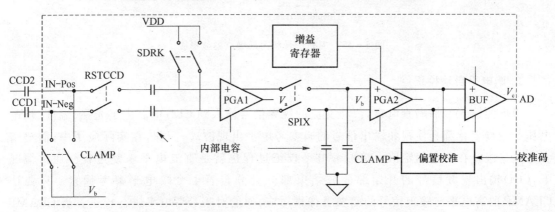

图 5-34 CDS 的原理框图

CDS 输入信号为差分输入方式,不仅可有效抑制开关干扰,而且采用较小的内部电容可获得较长的保持时间。CCD_2(IN-POS)是公共电压端,即 CCD 的视频信号地,CCD_1(IN-NEG)为实际的 CCD 视频输出端。CDS 工作过程中组合控制信号和内部结点的波形如图 5-35 所示。

CCD 视频信号为周期信号,每一周期起始于复位脉冲的上升沿。首先 SDRK 为高电平,将 PGA 的输入信号箝位于 VDD 电平,内部电容对暗参考电平采样。为了消除复位脉冲串扰的影响,CCDRST 脉冲的高电平应与 CCD 视频信号的复位脉冲串扰电平的相位匹配。当 CCDRST 为高电平时,CCD 输入信号与 CDS 隔离。当 RSTCCD 为低电平时,内部电容对暗参考电平进行采样。当 SDRK 为低电平时,信号电平通过内部电容耦合到差分放大器 PGA_1 的输入端。PGA_1 的输入电压为信号电平与暗参考电平的差,PGA_1 输出的全差分信号如图 5-35 中的 V_a。当 SPIX 为高电平时,PGA_2 输入端的内部电容对 PGA_1 的输出信号 V_a 的信号电平进行采样保持。这样 PGA_2 的输出信号 V_b(V_b 与 V_c 的波形相似,仅仅幅度和直流电平可能不同)便是噪声和干扰被抑制的视频真实信号。由于暗参考电平和信号电平的采样点由 SHP 和 SHD 的下降沿控制,为了消除复位脉冲和水平移位时钟的串扰影响,需要对 SHP 的下降沿进行精确定位,考虑电荷转移时间和耦合电容的影响,对 SHD 的下降沿也应进行精确定位。

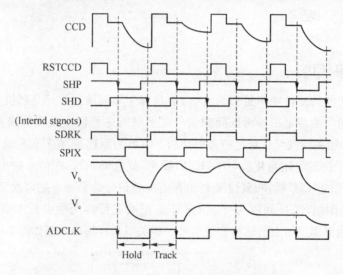

图 5-35 控制信号和内部结点的波形图

2. 暗电平自动校正

CDS 的输入端加隔直电容,仅将交流的视频信号输入到 CDS 中。由于光强、温度、供电电压的缓慢变化都会使视频输出信号的暗参考电平出现波动,因此,在实际应用中,需要暗参考电平维持在一个固定值。暗参考电平校正过程也就是直流电平恢复过程。通常情况下,CCD 输出视频信号的开始部分或结束部分会分布若干个暗电平参考像素。只要让 CLAMP 的高电平与输出信号的暗参考像素对应,便能对暗参考电平进行校正。当 CLAMP 为高时,将经过外部电容耦合的视频信号的暗参考电平嵌位到内部偏置电压 V_b。当 CLAMP 为低电平时,校正过程结束。只要选择合适的外部耦合电容参数,整行的暗参考电平便可保持这个固定值上。由于校正的过程发生在每行的开始或结束,所以也称行率嵌位 (line rate clamp)。

3. 数字偏置控制

为了提高微弱信号条件下的灰度分辨率,输出视频信号的暗参考电平需高于 AD 的下参考电压值,仅仅调整增益是不够的,还需要对视频输出信号的偏置进行调整。偏置的设置过程如图5-36所示。

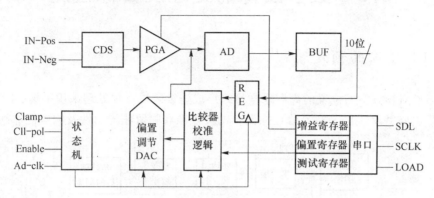

图 5-36 数字偏置控制原理框图

当 CLAMP 为高电平时,AD 的输出数字信号电平为暗电平参考电压的值,将它与偏置寄存器的存储值进行比较可增加或减少 DAC 的偏置控制量,此控制量与 PGA$_2$ 的输出信号 V_c 叠加后再送给 AD,直至使 AD 的输出值等于寄存器的设置值,完成整个视频信号整体电平抬高或降低。视频图像则表现为亮度的增强和减弱。偏置设置过程的调整需要 6 个 SHP/SHD 时钟周期,其中 CDS 需要 1 个、A/D 转换需要 3 个、逻辑判断需要 1 个、DAC 需要 1 个,所以 CLAMP 需包括 6 个完整的采样/保持周期。一旦 CLAMP 信号变低,校正过程结束。除非重新设置偏置或进行复位操作,否则将始终保持当前设置值。偏置寄存器的 8 位偏置码通过串口进行可编程控制。

4. 可编程增益控制

视频信号的幅值是由 CCD 输出信号的电压和信号处理的系统增益、偏置决定的。由于 CCD 输出信号的大小随着入射照度的强弱而改变,对信号处理系统进行增益、偏置的调节可使输出的数字图像在动态范围和均匀性方面满足要求。可编程增益控制既可以对视频信号进行动态调节,又可明确输入输出的对应关系。由于增益带宽积的限制,CDS 的增益由两个运算放大器共同完成。一个为宽带差分运放,提供 CDS 的粗增益,依据串口输入的增益控制码的高两位使增益增加 8 dB、16 dB、24 dB;另一个运放提供精增益,当输入的增益码为 00H 时,CCD 组件为初始增益,增益控制码每增加一个码,组件增益增加 0.125 dB。

鉴于相关双采样、可编程增益控制、暗电平补偿和 AD 转换等功能应用广泛,许多公司开发了含有这些功能的 CCD 视频处理专用芯片,如 BURR-BROWN 公司的 VSP2000 及 EXAR,KODAK,MAXIN 的芯片,它们除了集成以上几种主要功能外,还有串口、省电模式、复位电路、时钟电子极性控制等辅助电路。实际使用中需要对 SHP,SHD,CCDRST,CLAMP 等控制脉冲的周期、幅度、宽度、前后沿和相互位置关系进行设计,对 CCD 时序控制、时序驱动、信号布线和电源滤波等其他因素仔细考虑。

5.5 数字图像的处理及目标检测

5.5.1 图像的预处理

面阵器件对物方空间位置的离散采样最终形成连续区域。预处理采用平场、非均匀校正、畸变校正等主要手段(图5-37),修正探测器的欠校准和驻留非均匀性及响应的非线性。

图5-37 图像预处理过程

对探测器误差的校正和对坏点的去除可以描述成与一个矩阵相乘,因此校正的焦平面图像可由校正矩阵和初始矩阵合成为

$$L_{kl}^1 = \sum_{ij} c_{ijkl} L_{ij} \qquad (5-40)$$

式中:L_{ij}为像素ij接受的辐射;L_{kl}^1为校正后像素的值;c_{ijkl}为探测器像素ij与校正后像素kl的相关系数。

1. 平 场

探测器的坏像素若得不到修正将导致数据斑纹,阴影、斑纹等其他效应也会降低探测算法的性能。因此,消除焦平面缺陷非常重要,其主要工作是坏点的测试和修正。

探测器坏点像素必须通过图像校正或替代的方法去除。坏点是指不能响应或是响应噪声超过预先设置的门限值的像素,坏的探测器像素集标识为"坏像素图"。探测器的非均匀性也导致图像的条纹。理论上,某个像素值与理论值有大于5%的差别时即应被去除。探测器的坏像素往往是制造过程中产生的,其测试可用统计规则来首先确定不可接受的门限,然后据此确定那些"问题"像素。校准文件的信息和坏探测单元图可在每次扫描中获得。参考探测器坏点图,利用线性插值计算取代值可完成探测器的线性修正。

对于像素间响应不一致的修正方法是,把传感器置于积分球的均匀出射口,采集不同照度下的图像序列,确定每一像素的辐射响应,然后确定修正空间响应变化的系数,并通过二次适配来估计每一像素的增益、偏置和二次系数。每像素实时处理的计算公式为

$$Y_1 = a + bX + cX^2 \qquad (5-41)$$

式中:Y_1为像素响应;X为归一化的源强度;a为偏置系数;b为增益系数;c为二次系数。

2. 非线性响应校正

(1) 最小二乘线性拟合

对于响应的非线性响应,采用最小二乘法进行线性拟合的方法就是选定一个固定的修正系数,使得到的直线与原曲线尽量接近。这种方法的优点是比较简单,易于实现,缺点是精度

不高。实际操作时,将探测器对准光学积分球的出光面,采集若干幅图像,之后逐步增大积分球的照度,在每一照度下都采集若干幅图像,直到探测器饱和为止。对每一照度下的图像求均值,得到一组灰度与照度关系的数据,并利用最小二乘法进行拟合(为运算方便,可先将照度值归一化)。

(2) 最小均方误差二次方程式拟合

如果响应曲线呈图 5-38 所示的形状,则线性拟合的误差会很大,应采用二次方程式拟合。

二次方程式拟合就是给出一个数据点 (x_i, y_i) 的子集,设法找出函数 $f(x)$,使其均方误差最小。可以通过下式给出:

$$\text{MSE} = \frac{1}{N}\sum_{i=1}^{N}[y_i - f(x_i)]^2 \quad (5-42)$$

其中,数据点 (x_i, y_i) 共有 N 个。

例如,若 $f(x)$ 是抛物线,那么它的表示式为

$$f(x) = c_0 + c_1 x + c_2 x^2 \quad (5-43)$$

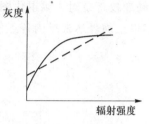

图 5-38 光敏元的实际响应与理想响应

曲线拟合过程用来确定系数 c_0, c_1, c_2 的最佳取值,以使该抛物线到给定点的误差在均方误差的意义下最小。

可以采用矩阵公式对 c_0, c_1, c_2 进行求解。首先构造包含给定的 x 值的矩阵 $\boldsymbol{B}$、包含 y 值的矩阵 $\boldsymbol{Y}$ 和包含待定系数的矩阵 $\boldsymbol{C}$:

$$\boldsymbol{Y} = \begin{bmatrix} y_1 \\ y_2 \\ \vdots \\ y_N \end{bmatrix}; \quad \boldsymbol{B} = \begin{bmatrix} 1 & x_1 & x_1^2 \\ 1 & x_2 & x_2^2 \\ \vdots & \vdots & \vdots \\ 1 & x_N & x_N^2 \end{bmatrix}; \quad \boldsymbol{C} = \begin{bmatrix} c_0 \\ c_1 \\ c_2 \end{bmatrix} \quad (5-44)$$

其中,表示每一个数据点误差的列向量可以写作

$$E = Y - BC \quad (5-45)$$

矩阵积 $\boldsymbol{BC}$ 是由式(5-43)算出的 $y = f(x)$ 值的列向量。

式(5-45)中的均方误差可以由下式给定

$$\text{MSE} = \frac{1}{N} E^{\text{T}} E \quad (5-46)$$

将式(5-45)代入式(5-44),对 C 中的元素进行微分并令导数为零即可得出

$$C = [B^{\text{T}} B]^{-1} [B^{\text{T}} Y] \quad (5-47)$$

C 是使均方误差极小的系数向量。矩阵 $[B^{\text{T}} B]^{-1} [B^{\text{T}} Y]$ 称为 B 的伪逆矩阵,这种方法称为伪逆法。

(3) 插值和查表

采用插值和查表的方法可得到更高的精度和更快的运算速度,在探测器对积分球进行采样标定的时候,对积分球的照度进行细分(比如 100 等分),从而对每个像素都更精确地采样,然后对这些标定点进行插值,在完成插值后,每一像素便对应一张插值表,每一像素的每一输出灰度便对应一个准确的照度值。这种方法的优点是精度高、速度快,缺点是需要一定的静态存储空间。例如,对 512×512 的图像,数据位为 8 位,则插值表所占的空间为:$512 \times 512 \times 2^8$ 字节 = 64 M 字节。

3. 畸变校正

图像的几何畸变影响图像中信息提取的准确。畸变一般分系统畸变和非系统畸变两种。系统畸变又分光学畸变和扫描畸变,而非系统畸变是由平台姿态、高度和速度变化引起的不稳定和不可预测的畸变。几何畸变失真主要表现在图像中像素点发生位移,从而使图像中物体扭曲变形,图 5-39 是光学物镜引起的桶形畸变,在视场很大时可达 30% 以上。

畸变校正是对一幅退化图像的恢复过程,它通过几何变换来校正失真图像中的各像素的位置,以正确表达视场内各点的空间位置分布。下面以物镜引起的桶形畸变为例来讨论畸变校正。

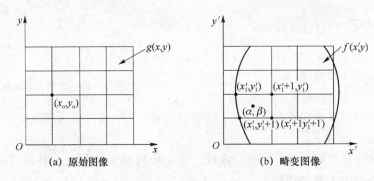

图 5-39 图像的几何畸变

设 $f(x',y')$ 为待校正的畸变图像,$g(x',y')$ 为校正后所得的图像,而原始图像坐标系和畸变图像坐标系的关系 h_1 和 h_2 由下式表述:

$$\left.\begin{array}{l} x'=h_1(x,y) \\ y'=h_2(x,y) \end{array}\right\} \quad (5-48)$$

根据式(5-48),对 $g(x,y)$ 中的每一点找出在 $f(x',y')$ 中的对应点,再由对应点的灰度值按一定规则表示 $g(x,y)$ 中的每一点。具体如下:

设 (x_0,y_0) 为 g 中任一点,在 f 中的对应点为 (α,β),则根据式(5-48)求出点 (α,β) 的坐标:

$$\left.\begin{array}{l} \alpha=h_1(x_0,y_0) \\ \beta=h_2(x_0,y_0) \end{array}\right\} \quad (5-49)$$

若点 (α,β) 正好是 f 中数字化网格上的点,则

$$g(x_0,y_0)=f(x_1',y_1') \quad (5-50)$$

但一般情况下,α,β 不是整数,因此需要找出最接近于 (α,β) 数字化网格点,设为 (x_1',y_1'),则由 (x_1',y_1') 点灰度值来表示 g 中 (x_0,y_0) 点值,即

$$g(x_0,y_0)=f(x_1',y_1') \quad (5-51)$$

作为更精确的近似,可用 (α,β) 点周围四邻的网格点灰度值加权内插作为 $g(x_0,y_0)$,如选取 $(x_1',y_1'),(x_1'+1,y_1'),(x_1',y_1'+1),(x_1'+1,y_1'+1)$,则

$$\begin{aligned} g(x_0,y_0) = & (1-\alpha')(1-\beta')f(x_1',y_1')+\alpha'(1-\beta')f(x_1'+1,y_1')+ \\ & (1-\alpha')\beta'f(x_1',y_1'+1)+\alpha'\beta'f(x_1'+1,y_1'+1) \end{aligned} \quad (5-52)$$

式中:$\alpha'=\alpha-x_1'$;$\beta'=\beta-y_1'$。

畸变校正过程包括下面两个主要步骤：

(1) 空间变换

目的是为输出图像(校正后图像)在输入图像(失真图像)中指定位置,可采用控制栅格插值的方法来实现。

图 5-40(a)表示视场内物空间中的 4 个标定点(A,B,C,D),图 5-40(b)表示成像后的失真图像,可以看到物空间的正方形(A,B,C,D)在失真图像中变成了不规则四边形(A',B',C',D')。输出图像中 4 个顶点空间位置的确定可由 4 个控制点得到,但若想得到 E 点的灰度值,首先要确定 E 点在原始图像中的映射位置 E',进而再求出它的灰度值。E'空间位置的确定采用双线形空间变换法,表达式为

$$G(x,y)=F(x',y')'=F(ax+by+cxy+d,ex+fy+gxy+h) \quad (5-53)$$

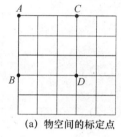
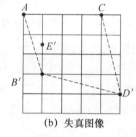
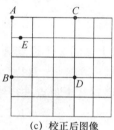

(a) 物空间的标定点　　　　(b) 失真图像　　　　(c) 校正后图像

图 5-40　图像畸变校正过程

双线形变换中,a 到 h 的 8 个系数定义过程为:根据输入四边形的 4 个顶点应映射成输出四边形的 4 个顶点这一约束,可以得到两组含有 4 个未知数的 4 个线性方程,可采用向后映射法建立方程组。设 A 点坐标为$(0,0)$,则由图 5-40(c)可知相应的点坐标为 $B(0,3),C(3,0)$,$D(3,3),A'(0,0),B'(1,3),C'(4,0),D'(5,4)$。将这些点坐标代入式(5-52)可得:

$$\left.\begin{array}{l} 0=d \\ 1=3b+d \\ 4=3a+d \\ 5=3a+3b+9c+d \end{array}\right\} \quad \left.\begin{array}{l} 0=h \\ 3=4f+h \\ 0=3e+h \\ 4=3e+3f+9g+h \end{array}\right\} \quad (5-54)$$

解出 $a=4/3, b=-1/3, c=0, d=0; e=0, f=1, g=1/9, h=0$。

将上述值代入式(5-51)即可求出校正后图像点 $E(1,1)$在输入图像上所对应点 E' 的横坐标和纵坐标分别为:$E'_x=1.7, E'_y=1.1$。

依次对校正后图像中矩形 ABCD 内的任意像素点求出其在失真图像上的对应点的空间位置,完成像素点的空间变换。

(2) 灰度插值

空间变换后的工作是求出该点的灰度值。由于完成空间变换后的像素点的横纵坐标一般都不是整数,所以无法直接从原始图像中得到灰度,一种方法是最近邻插值法,即选用离对应点最近的像点,这种方法运算较快但产生的校正图像有人工的痕迹,不够平滑。另一种方法——双线性插值法的原理如下:

将图 5-40 中的 E' 放大(图 5-41(a))。定义 $f(x,y)$为正方形内任意点的灰度值,可令双线性方程

$$f(x,y)=ax+by+cxy+d \quad (5-55)$$

定义一个双曲抛物面与4个已知点拟合,采用下述简单的算法可产生一个双线性插值函数,并使之与4个顶点的 $f(x,y)$ 值拟合(图5-41(b))。

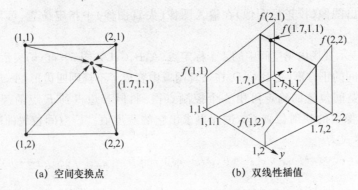

(a) 空间变换点   (b) 双线性插值

图5-41 灰度插值示意图

首先,对上端的2个顶点进行线性插值,可得
$$f(1.7,1)=f(1,1)+0.7[f(2,1)-f(1,1)] \tag{5-56}$$
同样对底端2个顶点进行线性插值,可得
$$f(1.7,2)=f(1,2)+0.7[f(2,2)-f(1,2)] \tag{5-57}$$
最后做垂直方向的线性插值,得到
$$f(1.7,1.1)=f(1.7,1)+0.1[f(1.7,2)-f(1.7,1)] \tag{5-58}$$
由于4个顶点的灰度值都可以从原始图像上直接得到,所以可以求出 $f(1.7,1.1)$ 的值,即是矫正后图像 E 点的灰度值。

通过空间变换和灰度插值,矩形 ABCD 内的所有像素点都可以确定,从而使图像得到恢复。但是,简单地用一个有四边形到矩形的映射不足以描述所期望的空间变换,这时,需要在视场内均匀设置一系列控制点来组成若干个相邻的四边形,再对这些子四边形进行校正后整合,从而更好地复原图像。

5.5.2 点源目标的检测

1. 场景图像特征

对于绝大多数的远距离事件,成像探测系统对其的张角不足一个单元视场,形成了紫外探测系统中一类重要而又独特的点源目标探测现象。例如,5 km 远处发射的导弹虽然其本身可看成长 1 m 的目标,但在成像平面内理想化地仅表现为几个像素。图5-42所示为导弹逼近过程在紫外成像探测系统中的图像序列。由于导弹羽烟紫外辐射较弱及大气衰减等因素,紫外辐射到达紫外探测器时已离散为光子状态。

设包含有点目标的紫外场景图像 $f(x,y)$ 为
$$f(x,y)=f_T(x,y)+f_B(x,y)+n(x,y) \tag{5-59}$$
式中:$f_T(x,y)$ 为目标点灰度值;$f_B(x,y)$ 为背景图像;$n(x,y)$ 为噪声图像。

背景图像 $f_B(x,y)$ 通常都有较长的相关长度,它占据了场景图像 $f(x,y)$ 空间频率中的低频信息。同时,由于场景分布和探测器固有响应的不均匀性,背景图像 $f_B(x,y)$ 是一个非平稳

过程,图像中局部灰度值可能会有较大的变化。另外,$f_B(x,y)$也包含部分空间频域中的高频分量,它们主要分布在背景图像中各个同质区的边缘处。

图 5-42　紫外成像探测系统中的图像序列

噪声图像 $n(x,y)$ 是场景及电路产生的各类噪声的总和,像素间不相关,在频域中表现出和点目标类似的高频特征,但空间分布是随机的,帧间的空间分布没有相关性。

点目标场景图像 $f(x,y)$ 应满足成像系统要求的最小检测信噪比(SNR)。这里定义 SNR 为

$$\mathrm{SNR} = \frac{f_{Tm} - \mu}{\sigma} \tag{5-60}$$

式中:f_{Tm} 为可检测出的点目标的最小灰度值;μ 为图像灰度均值;σ 为图像灰度标准差。

这种信噪比定义方法和单目标系统中用 $\mathrm{SNR} = s/\sigma$ 定义信噪比本质上是一致的,因为 $f_{Tm} - \mu$ 恰恰就是目标真实幅值 s,在单目标系统中代表目标幅值,在多目标系统中则代表目标幅值中的最小值。

点目标像素 $f_T(x,y)$ 的灰度和尺寸在帧间只有较小变化,每帧目标点灰度值大于或等于目标点最小灰度值 f_{Tm}。由上式得

$$f_{Tm} = \mu + \mathrm{SNR} \times \sigma \tag{5-61}$$

依上述分析,目标点像素 $f_T(x,y)$ 和噪声图像 $n(x,y)$ 在单帧图像目标检测阶段无法区分开,但在多帧相关检测阶段可利用其帧间的不同特征区分。而背景图像 $f(x,y)$ 则在单帧目标检测阶段就表现为与目标点像素 $f(x,y)$ 和噪声图像 $n(x,y)$ 不同的特点。因此可利用其相关长度长的特点,选用适当的背景抑制算法,抑制图像灰度分布统计中占主要成分的背景图像,提高目标与背景的信噪比,在单帧图像检测中检测出潜在的目标,并在尽量确保检测出目标像点的前提下,使虚警最少。

2. 点目标的检测概述

点目标图像呈现为几个像素的特征,信噪比较低,目标图像携带的信息量少,无法反映几何轮廓特征,加上现有成像系统不能反映出除灰度以外的其他物理特性,限制了空间滤波或图形识别等一些技术的应用,给图像的检测带来很大的困难。多帧累积点目标图像,可以提高信噪比,但直接积累多帧点目标场景图像,在实时检测当中受限。将目标单帧内的空间处理和多帧间的时间处理结合起来对点目标可有效检测。单帧内采用高通滤波、自适应阈值等方法能抑制背景噪声,增强小目标;似然检测理论可进行统计分析,消除缓慢变化的背景部分和弱噪声干扰点,邻域判决法能提取出少量的候选目标点。进行多帧间目标运动的连续性判断并采用图像流分析法可对图像序列进行分析,检测出运动目标并粗略进行距离估算。

由于所要检测的往往是低信噪比条件下的弱小目标,低信噪比条件下的先跟踪后检测的TBD算法具有很好的适用性,其算法设计流程如图5-43所示。

TBD法概括为3个步骤:一是通过滤波将图像低频和高频部分进行分离,尽可能抑制原始图像中的低频背景杂波干扰,提高信噪比。二是利用相邻几帧中目标的运动信息来分割可能目标,从背景抑制后的图像中分割出少量候选目标进行跟踪。三是利用序列图像中目标运动的连续性和轨迹的一致性,进一步排除虚假目标,从候选对象中检出真正的目标。

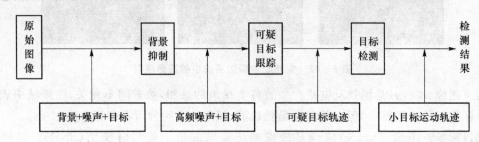

图5-43 紫外弱小目标检测的流程

3. 单帧内的处理

(1) 自适应门限

点目标场景图像中所包含的背景图像总是有差别的,从不同的角度分析背景与目标像素之间的差别,可以得出不同的背景抑制方法。大部分情况下,背景是大面积平缓变化场景,像素之间有强相关性,占据图像空间频域的低频分量。为了抑制这种背景,在图像空间首先应进行自适应门限处理,以增强点目标并抑制背景。

1) 一般的自适应门限检测法

首先进行背景归一化确定适宜的门限,保证上限足以抑制背景起伏,下限足以使目标信号正常通过。当门限的选取可随局部背景分布而变化时,则称该门限是空间自适应的。通常的实现方法是用一滑动窗口对背景分布进行变换,简单的背景归一化可采用如下(5×5)掩模。

$$W = \frac{1}{16} \begin{bmatrix} 1 & 1 & 1 & 1 & 1 \\ 1 & 0 & 0 & 0 & 1 \\ 1 & 0 & 0 & 0 & 1 \\ 1 & 0 & 0 & 0 & 1 \\ 1 & 1 & 1 & 1 & 1 \end{bmatrix} \quad (5-62)$$

设 $f(i,j)$ 表示某一帧图像中 (i,j) 点的灰度,通过上述的掩模 W 处理后,得到如下结果:

$$g(i,j) = \begin{cases} f(i,j) & f(i,j) \geqslant T(i,j) \\ 0 & f(i,j) < T(i,j) \end{cases} \quad (5-63)$$

式(5-63)中

$$T(i,j) = \sum_{x=-2}^{2} \sum_{y=-2}^{2} W(x+2, y+2) f(i+x, j+y) \quad (5-64)$$

考虑到实际应用中标号从0开始,所以式(5-64)中 W 取 $(x+2, y+2)$;同理,W 也可使用 7×7,9×9 的掩模(W 的尺寸须为奇数)。

由式(5-64)可见,W 是一个可调的加权因子,因此可得到如下改进的自适应门限检测算法。

2) 改进的自适应门限检测法

当滑动窗口移动时，取窗口中心 (m,n) 为坐标原点，并假定窗口尺寸为 $M\times N$，则窗口内任一点的坐标 (x_u,y_v) 可表示为

$$\begin{cases} x_u = u\cdot \Delta x, & -(M-1)/2 \leqslant u \leqslant (M-1)/2 \\ y_v = v\cdot \Delta y & -(N-1)/2 \leqslant v \leqslant (N-1)/2 \end{cases} \quad (5-65)$$

如果目标在窗口内不出现，窗口某一点的灰度值 $S(x_u,y_v)$（从输入图像 $f(i,j)$ 得到）可认为属于背景强度。滑动窗口内各像素灰度均值表示为

$$\overline{S} = \frac{1}{Z} \sum_{u=-(M-1)/2}^{(M-1)/2} \sum_{v=-(N-1)/2}^{(N-1)/2} W_{uv} f(m+u,n+v) \quad (5-66)$$

式中：Z 为滑动窗口内掩模非零的点数，$Z = M\times N - (M-1)\times (N-1)$；$W_{uv} = W[u+(M-1)/2, v+(N-1)/2]$；$W_{uv}f(m+u,n+v) = S(x_u,y_v)$。

式(5-66)可变为

$$\overline{S} = \frac{1}{Z} \sum_{u=-(M-1)/2}^{(M-1)/2} \sum_{v=-(N-1)/2}^{(N-1)/2} S(x_u,y_v) \quad (5-67)$$

W 仍假定为类似于式(5-62)的 $M\times N$ 矩阵。

由式(5-65)的定义，显然有

$$\left.\begin{aligned} \overline{x} &= \frac{1}{Z} \sum_{u=-(M-1)/2}^{(M-1)/2} \sum_{v=-(N-1)/2}^{(N-1)/2} w_{uv} x_u = 0 \\ \overline{y} &= \frac{1}{Z} \sum_{u=-(M-1)/2}^{(M-1)/2} \sum_{v=-(N-1)/2}^{(N-1)/2} w_{uv} y_u = 0 \end{aligned}\right\} \quad (5-68)$$

式中：w 为与 W 相对应的加权阵，$w_{uv} = w[u+(M-1)/2, v+(N-1)/2]$，它限制了 x,y 取平均时所用的点，当 $M=N=5$ 时，w 表示为

$$w = \begin{bmatrix} 1 & 1 & 1 & 1 & 1 \\ 1 & 0 & 0 & 0 & 1 \\ 1 & 0 & 0 & 0 & 1 \\ 1 & 0 & 0 & 0 & 1 \\ 1 & 1 & 1 & 1 & 1 \end{bmatrix}$$

由于所要处理的数据是数字图像，它在空间的分布是离散的，故需对背景的灰度分布进行内插，可采用如下的二次多项式来进行内插：

$$S(x,y) = Ax^2 + Bxy + Cy^2 + ax + by + c \quad (5-69)$$

为了确定式(5-69)中的未知参数，利用最小二乘估计，使下式值最小。

$$\varepsilon = \sum_u \sum_v [S(x_u,y_v) - S(x_u,y_v)]^2 \quad (5-70)$$

自适应门限检测的判决准则同式(5-63)类似，只是使用的门限不同而已，如式(5-71)，其中的 $c(i,j)$ 和上面讨论的 c 是一致的。

$$g(i,j) = \begin{cases} f(i,j) & f(i,j) \geqslant c(i,j) \\ 0 & f(i,j) < c(i,j) \end{cases} \quad (5-71)$$

3) 修正的自适应门限检测法

考虑到用式(5-71)得到的检测结果可能含有大量的虚警和杂波，不利于后续处理，因而

应对其进行必要修正。给 $c(i,j)$ 加一个调整因子 $\delta(i,j)$，则式(5-71)变为

$$g(i,j)=\begin{cases} f(i,j) & f(i,j) \geqslant c(i,j)+\delta(i,j) \\ 0 & f(i,j) < c(i,j)+\delta(i,j) \end{cases} \quad (5-72)$$

式中：
$$\delta(i,j)=k\delta(i,j) \quad (5-73)$$

而 $\delta(i,j)$ 为滑动窗口内各像素灰度的均方差，k 可选为一常数，也可根据检测后输出图像 $g(i,j)$ 中非零像素的个数进行自适应调整，以大大减少虚警。

(2) 似然比检测

图像中的运动小目标主要包含高频分量，为了增强小目标，将原始图像进行高通滤波，可以滤除图像中缓慢变化的背景部分，剩下目标点和高频噪声点。假设得到的噪声图为 $D(m,n)$，则目标点和强噪声点的 $D(m,n)$ 较大。为了从噪声图中分割出可能目标，采用经典的似然比检测理论进行分析。

如果 $D(m,n)$ 是背景噪声，则其统计分布类似零均值高斯分布；如果 $D(m,n)$ 是目标，则其统计分布不同。可假设目标灰度的统计分布是一种均匀分布。用 $P(Z|m_1)$ 和 $P(Z|m_2)$ 来分别表示背景噪声和目标的概率密度函数：

$$P(z|m_1)=\frac{1}{\sqrt{2\pi}\delta}\exp\left(\frac{-z^2}{2\delta^2}\right) \quad (5-74)$$

$$P(z|m_2)=\frac{1}{k} \quad (5-75)$$

式中：z 为 $D(m,n)$ 的一个观察值；m_1 为背景噪声出现；m_2 为目标出现；k 为 z 的分布范围（原图灰度级为 255 时，$-255 \leqslant z \leqslant +255$，$k=511$）。

根据似然比检测理论有：$\frac{P(z|m_1)}{P(z|m_2)}<\lambda$ 时，该点为目标；$\frac{P(z|m_1)}{P(z|m_2)}>\lambda$，该点为背景噪声。式中 λ 为决策门限。若选择 $\lambda=0.003$，即认为经高通滤波后的图像中任一灰度 z，目标与背景噪声出现的先验概率之比为 1 000：3。

将式(5-74)和式(5-75)代入 $\frac{P(z|m_1)}{P(z|m_2)}<\lambda$，并化简得到判断该点为目标点的限制条件：

$$z^2 > -2\delta^2[\ln(\sqrt{2\pi}\delta\lambda)-\ln k] \quad (5-76)$$

因为目标在图像中只占有极少几个像素，故背景噪声的均值和方差可通过对所有 $D(m,n)$ 统计得到。

经过上述处理后，得到一个去除背景的可能目标图像序列，可能目标的点保留其灰度值，其余点的灰度值置零。

4. 多帧间的处理

紫外探测中需要检测的大都是机动目标，如运动的导弹等。紫外传感器从记录的紫外图像序列中可以获得视场中的变化情况，因此利用目标在时空上的变化来检测目标成为主要途径之一。由于探测过程中整个视场在不停地移动，首先需要将不同时刻的图像进行场景配准。复杂背景下紫外图像的多帧处理算法包括场景配准、目标候选区域检测、连续性判断等。在这些运算中，通常使用定义在样本空间上的广义距离来衡量不同样本之间的差异，定义如下：

记 R^2 上的二元函数全体为 $F=\{f:R^2 \to R\}$

类似地,记定义在 $\Omega(\subseteq R^2)$ 上的二元函数全体为 $F_\Omega = \{f | f:\Omega \to R, \Omega \subseteq R^2\}$,则在 F_Ω 上定义的广义距离 $D_\Omega(*,*)$ 为

$$D_\Omega(f_1, f_2) = \frac{f_1(x,y) - f_2(x,y) | \mathrm{d}x \mathrm{d}y}{\mathrm{d}x \mathrm{d}y} \quad (5-77)$$

可以看出,$D_\Omega(*,*)$ 是 F_Ω 上的一种广义距离。$D_\Omega(*,*)$ 测量的是两个二维函数之间的差异。因为 $D_\Omega(*,*)$ 将定义域在 $\Omega(\subseteq R^2)$ 的面积归一化,所以对于在 $\Omega_1, \Omega_2(\subseteq R^2)$ 上得到的不同的距离之间具有可比性。

(1) 场景的配准

为了有效地提取目标,不同时刻图像中的场景需要配准。场景是与传感器的成像位置和角度一一对应的。不同的成像位置及角度会接收到不同的场景。传感器在探测过程中的不断运动导致紫外图像的背景也会随着移动。配准场景的过程就是消除运动对图像序列影响的过程。在探测过程中传感器大视场接收场景,图像中场景的移动可以近似为二维平移。同时,传感器的移动是比较缓慢的,邻近帧场景之间的二维平移小。

基于以上特点,用求最大相关的方法来配准相邻帧的场景:平移其中的一幅图像后与另一幅图像作相关。当两幅图像在空间上对准同一个场景时,则会出现最大相关。主要考虑3个问题:

① 配准的主体。在图像中目标的成像面积远远小于背景的面积;因此,配准的主体应该是占图像绝大部分相对静止的背景。

② 为了得到最大相关,需要对相关程度进行度量。相关度量的形式有很多种,考虑到计算量和算法的要求,可选择上面定义的广义距离作为相关程度的度量。

③ 克服噪声的影响。在场景中不仅有运动的目标,还有各种随机运动的景物。这就形成了配准时的噪声。噪声的出现会导致相关程度的下降。鉴于噪声是局部的,使用全局的相关程度作为度量可以在一定程度上克服噪声的影响。

具体算法:假设相隔时间 T 的两幅紫外图像表示为灰度函数 $f_i(x,y)$ 和 $f_{i+1}(x,y)$。它们的帧间差值图像表示为 $\Delta f_i(x,y)$。由于目标的成像面积通常情况下远小于背景的成像面积,所以在配准场景的过程中,认为帧间差值图像中的主体是由背景产生的,目标成像区域的效果可以忽略。基于这种近似,如果 $f(x,y)$ 和 $f_{i+1}(x,y)$ 中的场景是完全配准的,则 $\Delta f_i(x,y)$ 的取值应该恒为 0。由定义知 $D_\Omega(f_i, f_{i+1}) = 0$。但实际中,由于目标区域的存在和各种噪声的联合作用,$D_\Omega(f_i, f_{i+1})$ 始终不会为 0。只能通过将 $f_i(x,y)$ 进行坐标的偏移求得 $D_\Omega(f_i, f_{i+1})$ 的极小值。因此,场景的配准问题就转化成求偏置矢量 Δ,使得:

$$D_\Omega(f_{i,\Delta}, f_{i+1}) = \min_{\delta \in \Phi}(D_\Omega(f_{i,\delta}, f_{i+1})) \quad (5-78)$$

式中:$f_{i,\delta}$ 为偏置矢量 δ 对 $f_i(x,y)$ 作用产生的新函数;Φ 为偏置矢量的允许范围。

(2) 目标候选区域检测

运动信息有几种不同的表示方法:速度场形式和位移场形式等。相应的目标运动信息的提取方法包括:基于灰度梯度确定速度场的方法、基于记号的检测方法等。紫外探测中的目标检测需要较高的实时性和可靠性,考虑到目标检测的实际需要,可基于图像序列的帧间差图像来提取运动信息。

提取运动信息的直接目的是提取图像中候选的目标区域,分两个步骤:

① 用一个边长为 a 的正方形对目标进行定位；
② 压缩正方形区域的边界使其更接近于目标的外轮廓。

步骤 1：经过场景配准，背景的运动基本被抵销，可以认为视场中只有目标在作较大的运动。若设候选目标区域为 Ω_0（边长为 a 的正方形），则在 Ω_0 中，两帧图像 f_1 与 f_2 间的距离 $D_{\Omega_0}(f_1,f_2)$ 较大。寻找候选目标区域的工作，可近似数学化为：寻找边长为 a 的正方形区域 Ω_0，使得

$$D_{\Omega_0}(f_1,f_2) = \max_{\Omega \subseteq R^2}(D_\Omega(f_1,f_2)) \tag{5-79}$$

式中：Ω 为边长为 a 的正方形。

步骤 2：确定了 Ω_0 之后，可以进一步压缩候选目标区域的边界，使其更接近目标的像斑。首先，对帧间差值图像进行自适应门限分割，突出目标。用帧间差值图像的平均灰度作为分割的自适应门限，将图像分两部分。门限分割滤除了背景中微动景物导致的灰度变化在帧间差值图中产生的噪声，突出运动强烈的部分。其次，压缩目标成像区域。压缩目标区域边界，直至在经过门限分割的帧间差值图像中，每条边界的内侧都与目标运动形成的整块区域接壤。以上方的边界为例，判断是否上方的边界已经达到目标运动形成的整块区域的标准是：边界下方邻接点集中是否至少存在一个（或一个以上）点 A，在 A 的下方有 n（或多于 n）个连续点都被分割到运动强烈的部分中，其中，n 通常取 3~4。提取出候选目标区域之后，可以对机动目标进行初步的检测。利用在帧间差图像中候选目标区域的平均灰度与图像的总体平均灰度之间的关系进行检测。由于目标的运动，真实目标区域的平均灰度应该远远大于图像的总体平均灰度。设定门限 η，当目标候选区域的平均灰度与图像的总体平均灰度的比值大于 η 时，判断为候选目标。

(3) 运动连续性判断

经过单帧处理和两帧图像的候选区域检测，数字图像中仍可能混杂有大量的强噪声点，会使虚警率增大。噪声包括背景随机辐射、成像和传输过程中的电子系统噪声等，它们都是不稳定的，在时间和空间上相关性差，而目标的运动是有规律的，因此成像后的目标区域也应具有某种稳定性，反映在：

① 目标成像区域在帧间差图像中总是具有一定幅度的，并且会持续一段时间；
② 目标成像区域在图像中的移动是相对稳定的。

根据以上分析，利用目标成像区域在时间和空间上的相关性，作进一步地相关检测，降低虚警概率。

1) 运动强度检测

帧间差图像中目标区域平均灰度必须达到一定的门限，并保持一段时间。

假设 i 时刻帧间差图像中候选目标区域的平均灰度为 ET_i，帧间差图像的平均灰度为 ED_i。

定义：第 i 时刻检测的运动强度系数为

$$R_i = \sum a_k r_{i-k} \quad i=1,2,\cdots\infty \tag{5-80}$$

式中：$r_i = \dfrac{ET_i}{ED_i}$；a_i 为加权系数，通常 $a_i = 2^{-i}, i=0,1,\cdots\infty$。

设定门限 η_R,当 $R_i \geqslant \eta_R$ 时,认为候选目标区域可能是真实的目标区域;反之,认为候选目标区域不可能是真实的目标区域。易知,$R_{i+1} = \dfrac{R_i}{2} + \dfrac{r_{i+1}}{2}$,实际计算时无需存储以前的 r_i。

2) 位移相关检测

由于小目标的运动具有运动的连续性和轨迹的一致性等特征,即目标点的运动是有规律的,具有连续的运动轨迹,而噪声点的运动是随机的,不能形成连续的运动轨迹。因此将上一步分离所得到的可能目标点在此判别准则下进行筛选,实现目标点与噪声点的进一步分离。

判别准则:目标区域质心位置的移动是相对稳定的,质心的移动不会出现大的跳跃。如果候选目标点在下一帧图像同一位置的某一邻域内仍然出现,则判断该点为目标点,予以保留,否则判断该点为噪声点,予以剔除。

第 i 时刻候选目标区域的质心位置记为 p_i。

定义:第 i 时刻的位移系数为

$$P_i = \sum_{k=0}^{i-1} b_k \mid p_{i-k} - p_{i-k-1} \mid \qquad i = 1,2,\cdots\infty \qquad (5-81)$$

式中:b_i 为加权系数,通常可以取 $b_i = 2^{-i}, i = 0,1,\cdots\infty$。

设定门限 η_P,当 $P_i \geqslant \eta_P$ 时,认为候选目标区域可能是真实的区域;反之,认为候选目标区域不可能是真实的目标区域。η_P 的取值是根据紫外传感器的性能和探测任务的要求来决定的。对于真的目标区域来说,这个门限是相当宽松的,同时可以过滤掉噪声引起灰度变化的区域影响。

在整个相关检测中,候选目标区域必须经过以上两种检测才可认为是真正的目标区域。在视场中能否检测出运动目标,与目标的距离、运动速度和目标面积密切相关。在一定距离上能检测的目标的运动速度和大小都有一个确定的范围。成功的检测必须做到:正确检测到运动目标,并对其准确定位;不但能检测出所要的运动目标,还给出目标的成像区域及目标的方位(图像坐标系),为进一步目标识别和跟踪提供条件。

(4) 图像流

图像流是指图像平面上的速度场,它是由于场景中的运动模式投影到图像平面上产生的。图像流分析法是一种小区域视觉处理方法,它比基于图像特征的匹配法更加局部化,但又不及基于像素的差分图像法。通过对序列图像进行图像流分析,可以有效地检测出图像中目标的运动轨迹。

图像流分析法的基本模型是图像流约束方程。设 $E(x,y,t)$ 表示在时刻 t 图像平面中 (x,y) 点上的图像辐射,则图像流约束方程如下:

$$E_x u + E_y v + E_t = 0 \qquad (5-82)$$

式中:E_x, E_y, E_t 分别是灰度函数 E 关于 x, y, t 轴的偏导;u, v 是目标在 x, y 轴上的速度。

上式建立了图像平面上任意一点 (x,y) 的图像辐射的时空梯度变化与该点瞬时速度 (u,v) 之间的相互关系。它要求景物的灰度函数处处可导,否则会由于其本身的不连续或阻塞遮挡造成灰度的不连续,在偏导计算中会导致冲激函数的出现,使公式(5-82)不成立。

从公式(5-82)可以看出,图像流约束方程实际是速度平面 (u,v) 上的直线方程。如果考虑图像序列中连续的 $J(J \geqslant 2)$ 帧图像,并假定目标的运动速度在这 J 帧图像里近似保持不变,则对于真正的运动目标点来说,其在连续的 J 帧图像里的 J 条运动约束直线必定在速度平面上近似相交于一点,而对于噪声点来说,由于其出现的随机性,因此即使某些噪声点能够在少数的连续几帧中形成速度聚合点,但随着序列长度的增加,这些噪声点既不可能在图像平面上形成连续的运动轨迹,也不可能在速度平面上形成速度聚合点。这样,就可以在候选目标点集合中有效地去除噪声干扰点,检测出真正的运动目标。

第 6 章 系统设计

6.1 基本设计理论

6.1.1 基础物理知识

1. 立体角及倒数平方效应

在半径为 R 的球体表面截取面积 A,则球面度度数为 A/R^2。如果测量长度单位为 cm,则立体角 Ω 单位为 cm^2/cm^2,可视为无量纲,通常表述为 sr。常用观测的立体角有 3 个,分别是:全球—4π 球面度、半球—2π 球面度、立方—$1/2\pi$ 球面度角,如图 6-1 所示。

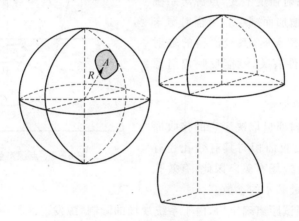

图 6-1 球面度示意图

当球体半径 R 足够大时,假定辐射源处于球体中心,则球面某处的辐照度 E 呈现倒数平方效应(图 6-2),并可表述为

$$E = \frac{\theta^2 I}{A} = \frac{\theta^2 I}{\theta^2 R^2} = \frac{I}{R^2} \qquad (6-1)$$

如果传感器与目标的距离较近,则在给定的视场内因距离变化而增加复杂性,呈现近场效应。

2. 点源和面源

辐射能量计算是系统设计的基础。辐射源被视作点源还是面源,采用的辐照度计算方法是不同的。任何辐射源都具有一定尺寸,不可能是一个几何点。

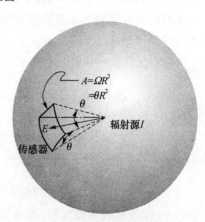

图 6-2 倒数平方效应

所谓点源、面源是根据辐射源尺寸、工作距离及辐射源的面积是否充满系统测试视场等因素确定的。

辐射源的面积如果大大小于系统视场的空间覆盖,称为点源。比如,当一个紫外探测系统对远方来袭导弹的张角远小于系统瞬时视场角时,可以认为全部辐射来自一点,此时,用辐射强度可以计算点源产生的辐照度;近距离用成像仪探测物体(比如导弹的尾焰辐射)时,可得到尾焰空间分布的紫外图像。尾焰图像由许多像素组成,每个像素的测试视场很小,尾焰的辐射面积只有部分是有效的,故应视作面源。面源产生的辐照度用辐射亮度来计算。

(1) 点源产生的辐照度

如图 6-3 所示,假设点源辐射强度为 I、点源到被照面元 dA 的距离为 l、面元法线与入射光线的夹角为 θ。可推导得:

$$E = \frac{I d\Omega}{dA} = \frac{I dA \cos\theta / l^2}{dA} = I \frac{\cos\theta}{l^2} \quad (6-2)$$

式中:$d\Omega$ 为点源对面元所张的立体角。

由式 6-2 可见,在不考虑辐射传输损失时,点源产生的辐照度与距离平方成反比。其原因是:尽管点源的辐射强度不变,点源对系统所张的立体角随距离增加而减小。当辐射源未充满测试系统的视场覆盖时,系统测得的辐射数据与距离等测试条件有关,不能反映辐射源的真实情况。

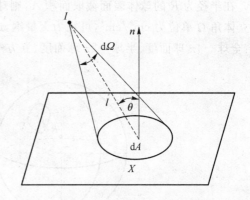

图 6-3 点源产生的辐照度

(2) 面源产生的辐照度

系统接收到的辐射通量取决于它的接收面积和接收立体角,而接收面积与其有效孔径有关,接收立体角与系统视场有关。因此,有效孔径及视场是探测系统最基本的参数。

对面源来讲,当测试距离确定后,由于系统视场的限制,源发射面积中只有部分是有效的。由于有效孔径的限制,源向空间发射的能量只有落在有限的立体角内的部分能被系统所接收。

依据封闭光束无损传输时亮度守恒关系(图 6-4),可推导光束在一个封闭无损失的同种介质传输时亮度的传递关系。

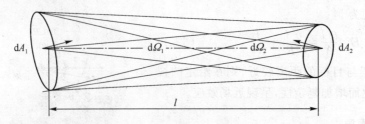

图 6-4 封闭光束无损传输时亮度守恒关系

假设:dA_2 为系统入瞳面积;θ_2 为 dA_2 法线与测试方向的夹角;$d\Omega_2$ 为系统视场立体角;dA_1 为面源有效发射面积;θ_1 为 dA_1 法线与测试方向的夹角;$d\Omega_1$ 为面源发射立体角;l 为测试距离。则:

$$d\Omega_1 = \frac{dA_2 \cos\theta_2}{l^2} \tag{6-3}$$

$$d\Omega_2 = \frac{dA_1 \cos\theta_1}{l^2} \tag{6-4}$$

假定光束传输过程中没有吸收、反射等损失,应有:

$$\Phi = L_1 \cos\theta_1 d\Omega_1 dA_1 = L_2 \cos\theta_2 d\Omega_2 dA_2 \tag{6-5}$$

式中:L 为亮度。

将式(6-3)和式(6-4)代入式(6-5),得:

$$L_1 = L_2 \tag{6-6}$$

上式表明:如忽略传输损失,辐射源的亮度等于系统接收端的辐亮度。如考虑传输损失,两者也仅差一个传输效率。该结论具有普遍意义,不仅光束源端和接收端的亮度是相等的,在封闭光束的各个截面的亮度也处处相等。

由于利用辐射的一些基本定律可较为方便地求得源的辐亮度,接收辐亮度则等于源的辐亮度或源的辐亮度乘以传输效率。由系统接收的辐亮度可求得辐照度和辐射功率。当测试方向与系统光轴重合时,公式进一步简化。

$$E = L \cdot \Omega = L \cdot \omega^2 \tag{6-7}$$

$$\Phi = L \cdot A \cdot \Omega = L \cdot A \cdot \omega^2 \tag{6-8}$$

式中:A, Ω, ω 分别为系统的入瞳面积、视场立体角和视场角。

由于 $A \cdot \Omega$ 是系统固有的参数,只要满足面源的约定,系统测得的辐射功率正比于源的辐亮度,而与测试距离无关。

3. 辐射亮度和理想朗伯体辐射计算

辐射源可以用辐射强度、辐射通量密度和辐射通量来描述其强弱和能量的空间分布。辐射强度定义为辐射源在单位立体角内的辐射功率,反映了辐射能传递的空间分布;辐射通量密度是单位辐射面积发出的所有辐射功率,反映了辐射发射的面密度,而辐射通量则是整个辐射源向空间发射的功率,即发射的辐射能的时间速率;辐射亮度定义为辐射源在沿视线方向单位投影面积向单位立体角所辐射的功率。辐射度有关量之间的关系可用公式表达如下:

将辐射亮度对辐射源的面积积分,可得辐射强度:

$$I = \int_A L \cos\theta dA \tag{6-9}$$

将辐射亮度对辐射所张的空间立体角积分,可得辐射通量密度:

$$M = \int_\Omega L \cos\theta d\Omega \tag{6-10}$$

取辐射亮度对辐射所张空间立体角和辐射面积的双重积分,可得辐射通量:

$$\Phi = \iint_{A\Omega} L \cos\theta dA d\Omega \tag{6-11}$$

上述公式中:L 为辐射源的辐亮度;dA 为辐射源面元的面积;θ 为发射方向与 dA 法线的夹角;$\cos\theta \cdot dA$ 为辐射源面元在发射方向的投影。

辐照度与辐射通量密度有相同的量纲(W/cm^2),但辐射出射度是发射的功率密度,而辐

照度是单位被照面积接收到的辐射通量,是指接收端的功率密度。当系统接收辐射时,入瞳的辐照度按下式计算:

$$E = \int L\cos\theta \mathrm{d}\Omega \tag{6-12}$$

式(6-12)与式(6-10)在形式上完全一致,但式中的辐亮度为接收端的辐亮度,对立体角的积分范围应是系统的接收立体角。如不计能量传递过程的损失,辐射源的辐亮度和系统接收端的辐亮度是相等的。

一般情况,物体辐射或反射均有方向性,能量仅在一个有限的空间立体角内传递。换言之,它的辐射亮度与发射方向有关。理想的全漫射体发射的能量应能向半球空间均匀辐射,而且辐射亮度是常数,这种理想的漫辐射体被称为朗伯漫射体。朗伯体面元的辐射强度只与测试方向与面元法线夹角的余弦成正比,即遵循朗伯余弦定律(图 6-5):

$$\mathrm{d}I = L\cos\theta \mathrm{d}A \propto \cos\theta \tag{6-13}$$

以不同的视角观察一个具有漫射特性的发光体时,每个像素"看到"的发光面元 $\cos\theta \mathrm{d}A$ 是实际面元 $\mathrm{d}A$ 在视线方向的投影。当从法线方向看中心部分,或者从切线方向看边缘部分时,虽然实际面源的大小是变化的,但它在视线方向的投影面积不变,它向瞳孔所张的立体角也不变。由于朗伯体的辐亮度与视线的方向无关,瞳孔接收到的能量不因观察方向而异。因此,观测者看到的都是一个均匀的亮团。

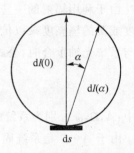

图 6-5 朗伯定律的图示

理想的朗伯体向半球发射的辐射通量密度与其辐射亮度之间存在较简洁的关系。

在球坐标系中(图 6-6):

$$\mathrm{d}\Omega = \frac{(r\sin\theta \mathrm{d}\varphi)\cdot(r\mathrm{d}\theta)}{r^2} = \sin\theta \mathrm{d}\theta \mathrm{d}\varphi \tag{6-14}$$

$$M = \int_\Omega L\cos\theta \mathrm{d}\Omega = L\int_0^{2\pi}\mathrm{d}\varphi\int_0^{\pi/2}\cos\theta\sin\theta \mathrm{d}\theta = \pi L \tag{6-15}$$

从式(6-15)中可知,辐射通量密度是辐亮度的 π 倍,而不是 2π 倍(半球立体角)。

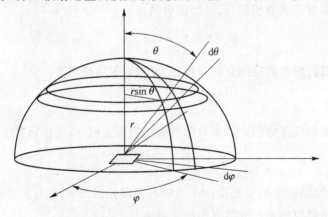

图 6-6 朗伯体辐射计算图示

朗伯漫辐射体仅是一个理想模型。事实上，辐射源大多只是在一定的空间范围内满足朗伯漫射特性。电绝缘材料一般在测试方向与法线的夹角不超过 60°时，辐射亮度可近似一致，而导电材料夹角在不超过 50°时，辐射亮度可近似认为相等。许多光源（如激光二级管）在给定的发射瓣半宽度内，辐射亮度基本恒定。对发射瓣半宽度为 ψ 的近似漫射体，可以导出辐射功率与辐亮度的关系：

$$M = \int_\Omega L\cos\theta\mathrm{d}\Omega = L\int_0^{2\pi}\mathrm{d}\varphi\int_0^\psi \cos\theta\sin\theta\mathrm{d}\theta = \pi L\sin^2\psi \tag{6-16}$$

4. 波段辐射量和光谱辐射量

光谱辐射量是在特定波长下用单位波长间隔测试的。由于任何辐射体均有一定的光谱范围，任何探测装置的光学系统和探测器也有自己固有的光谱响应范围，无论从系统角度还是从应用角度，通常只关心波段辐射量，因此当辐射度量值未采用特殊符号标识时，隐含的光谱波段即系统的工作波段。确有必要说明时，可用下标注明波段范围。

波段辐射量与光谱辐射量的关系为

$$M = M_{\lambda_1 \sim \lambda_2} = \int_{\lambda_1}^{\lambda_2} M_\lambda \mathrm{d}\lambda \cong M_\lambda \cdot (\lambda_2 - \lambda_1) \tag{6-17}$$

$$\Phi = \Phi_{\lambda_1 \sim \lambda_2} = \int_{\lambda_1}^{\lambda_2} \Phi_\lambda \mathrm{d}\lambda \cong \Phi_\lambda \cdot (\lambda_2 - \lambda_1) \tag{6-18}$$

$$I = I_{\lambda_1 \sim \lambda_2} = \int_{\lambda_1}^{\lambda_2} I_\lambda \mathrm{d}\lambda \cong I_\lambda \cdot (\lambda_2 - \lambda_1) \tag{6-19}$$

$$L = L_{\lambda_1 \sim \lambda_2} = \int_{\lambda_1}^{\lambda_2} L_\lambda \mathrm{d}\lambda \cong L_\lambda \cdot (\lambda_2 - \lambda_1) \tag{6-20}$$

物质的辐射、反射、吸收都有一定的光谱范围，甚至有剧变的吸收谱线和发射峰。因此，比辐射率、吸收率、反射率和透射比都是与光谱有关的。如无特殊说明，它们都默认为系统工作波段内的平均值。需要强调它们是光谱值时，可注波长下标。

5. 辐射术语

辐射度学的物理量用辐射能量度量，其辐射术语可应用于整个电磁频谱，包括微波、红外、紫外和 X 射线等谱段。描述光学辐射常用的参数有功率、辐射功率或辐射出射度、辐射率和辐射强度等，相应探测的参数是辐照度。在应用中，辐照度用 W/cm^2 来表示。辐射术语命名的一些规则如下：

① 有"光子"前缀的辐射量不是用辐射能或辐射功率度量的（如用焦耳、瓦等），而是用入射的光子数来度量的。这是因为光子探测器的响应与能量并无直接关系，而主要与入射的光子数有关。

② 带"光谱"前缀的辐射量是在特定波长上、单位波长间隔内测得的。无"光谱"前缀的辐射量是在全光谱范围内或特定波段内测得的，两者的量纲明显不同。在此情况下，下角标注 λ。术语称为"光谱…X…,"如 I 是辐射强度，I_λ 是光谱辐射强度。

③ 凡是冠以"辐射"前缀的术语，均指辐射量，而非光度量。

④ 发射本领、吸收率、反射率和透射比等项均定义为比值，无量纲。它们主要与材料性质

有关,通常默认为系统工作波段内的波段值。如需强调它们是光谱值,则加下标注释,如 ε_λ 即光谱发射本领。

表 6-1 所列的是采用目前国际通行单位体系量化的术语。

表 6-1 常用辐射术语的定义、符号和量纲

符号	名称	说明	单位
Q	辐射能	电磁波传递的能量	J
Φ	辐射功率(或辐通量)	辐射能量转换速率	W
M	辐射出射度	单位面积发出的辐射功率	$W \cdot m^{-2}$
L	辐射亮度	单位立体角单位投影面积辐射功率	$W \cdot m^{-2} \cdot sr^{-1}$
—	辐射光子密度	单位面积上每秒发出的光子数	光子 $\cdot s^{-1} \cdot m^{-2}$
I	辐射强度	点源单位立体角辐射功率	$W \cdot sr^{-1}$
E	辐照度	单位面积上入射的辐射功率	$W \cdot m^{-2}$
X_λ	光谱…X	单位波长间隔	nm^{-1} 或 μm^{-1}

其他辐射度单位如表 6-2 所列。

表 6-2 其他辐射测试定义

符号	名称	说明
α	吸收率	$\alpha = (*)吸收/(*)入射$
ρ	反射率	$\rho = (*)反射/(*)入射$
τ	透射比	$\tau = (*)透射/(*)入射$
ε	发射率	$\varepsilon = 相同温度(*)样本/(*)黑体$

* 表示近似值 Q, Φ, M, E 或 L。

光度学物理量主要根据光学引起观察者的视觉感知来计量,光度学术语和计量单位十分完善,如光通量的单位为流明(lm),发光强度单位为坎德拉(cd),以及光照度单位勒克斯(lx)。如要将辐射量转换为光度量,必须计入人眼视觉特性。

6.1.2 系统设计的若干理论问题

1. 系统的基本参数

物距、像距、从物到像的总长度、F/#(或数值孔径)、入瞳孔径、波段、视场、放大率(有限共轭)、像面尺寸及探测器类型等均是系统的基本参数,下面着重讨论视场和光谱通带。

(1) 视场和瞬时视场

单独的像素视场称为瞬时视场(IFOV)。图 6-7 所示为成像仪垂直和水平方向内靠近图像中心的 3 个像素。瞬时视场对应像素响应的 3 dB 值,像素距是像素中心的间距。对于凝视焦平面阵列来说,像素距一般大于或等于瞬时视场。扫描等体制的成像仪可通过空间图像过采样,使像素距小于瞬时视场。成像系统的视场是像素数和像素距相乘的结果,代表系统观测

空间的总角度,包括水平和垂直 2 个方向的视场。

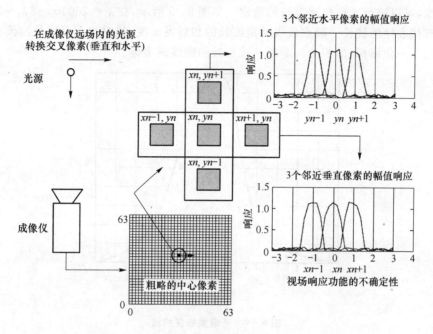

图 6-7 成像仪视场响应图

视场的均匀性和对称性对于测试结果的可重复性和一致性很重要。响应的平坦度定义如下:

$$f = \frac{S_1 - S_2}{2S_1} \tag{6-21}$$

式中:S_1,S_2 定义如图 6-8 所示。

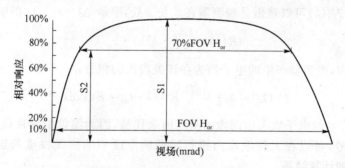

图 6-8 视场的平坦度和均匀性

视场在垂直和水平方向的对称度定义如下:

$$S = \frac{FOV_{Hor} - FOV_{Ver}}{2FOV_{Avg}} \tag{6-22}$$

FOV_{Hor} 和 FOV_{Ver} 是在最大信号 10% 处测得的水平和垂直视场。FOV_{Avg} 是 FOV_{Hor} 和 FOV_{Ver} 的平均值。

(2) 光谱通带

系统光谱覆盖范围一般较宽,在分析灵敏度等指标时,须指定 3~5 个特定波长及其相对光谱权重。比如,如果传感器对中紫外的灵敏度很低,则光学系统的品质可能下降。按照光谱灵敏度曲线,可以进行光谱权重波长的选定。如图 6-9 所示,在 $\lambda_1 = 250$ nm 到 $\lambda_2 = 290$ nm 间选择 5 个有代表性的波长。圆点代表特定波长的相对灵敏度,相对权重分别是波长 1~5 中每个波带内的归一化面积(即积分),非每一波长处的曲线纵坐标。

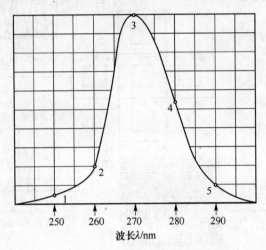

图 6-9 光谱灵敏度曲线

在光谱范围 $\lambda_1 \sim \lambda_2$ 内,任一目标在探测器单个像素产生的电子数可用公式表示为

$$N_e(\lambda) = \int_{\lambda_1}^{\lambda_2} \frac{\lambda A_d}{hc} \cdot \eta(\lambda) \cdot \tau \cdot G \cdot t_{\text{int}} \cdot E(\lambda) d\lambda \tag{6-23}$$

式中:$N_e(\lambda)$ 为探测器一个像素产生的电子数;A_d 为探测器像素面积;$h = 6.626 \times 10^{-34}$ J·s 为普朗克常数;$c = 2.998 \times 10^8$ m/s 为光速;$\eta(\lambda)$ 为探测器的量子效率;τ 为光学传输效率;t_{int} 为探测器的积分时间;G 是增益。

式(6-27)中 $N_e(\lambda)$ 可以看做是探测器在波长 λ 处,窄带 $\Delta\lambda = \lambda_2 - \lambda_1$ 的响应度:

$$R(\lambda) = \frac{\lambda A_d}{hc} \cdot \eta(\lambda) \cdot \tau \tag{6-24}$$

而在 $\lambda_1 \sim \lambda_2$ 内,探测器产生的电子数为在该波段内的积分:

$$N_e(\lambda_1 \sim \lambda_2) = \int_{\lambda_1}^{\lambda_2} R \cdot G \cdot t_{\text{int}} \cdot E(\lambda) d\lambda \tag{6-25}$$

探测器像素产生的电子数可由图像的灰度值来代替,因为图像的灰度值也线性地反映了探测器的输出信号,可以在工作波段内进行辐照响应度和响应线性度的定标。表 6-3 是图 6-9 所示数据的计算结果。

表 6-3 光谱灵敏度和波长相对权重

波长/nm	相对敏感度	相对权重
250	0.05	0.08
260	0.2	0.33
270	1.0	1.0
280	0.53	0.55
290	0.09	0.16

即使光谱带很窄,也应对带宽进行一定处理并推导相关权重。有些情况下,光谱特性暗示单色辐射的情况,但实际上却存在有限带宽,比如高压弧光灯发出的加压增宽谱线就属于这一特性。大多数情况下,基于激光的系统只需在特定的单色波长下设计。

2. 辐射信号接收

一般物体的中紫外辐射较弱且紫外大气衰减严重,紫外辐射到达探测系统时已离散为光子状态,再加上中紫外辐射的光子能量大,对于材料功函数要求较高,因此,多数紫外探测系统面临的问题都是微弱信号,其检测方式要依据所要探测的目标紫外辐射信号大小来确定。下面首先分析给定紫外信号在紫外光学系统接收面处的照度值:

$$E = \frac{I}{R^2} \times \tau_a(R) \quad (6-26)$$

式中:I 为物体紫外辐射强度;R 为探测距离;$\tau_a(R)$ 为大气透射比。

实例:$I=5$ W/sr;$R=3$ km;$\tau_a(R)=0.001$,对应地代入式(6-26)得 $E=5.5\times10^{-14}$ W/cm²。

由于该照度值下的紫外辐射已离散为光子状态,所以下面从光子形式讨论系统探测器光敏面接收照度值,进而确定信号检测方式。

单个光子的能量

$$m = h\frac{c}{\lambda} \quad (6-27)$$

式中:h 为普朗克常量,6.626×10^{-34} J·s;c 为光速,2.998×10^{10} cm/s;λ 为辐射波长,0.27 μm。

代入式(6-27)中得

$$m = 6.626\times10^{-34}\times\frac{2.998\times10^{10}}{0.27\times10^{-4}} = 0.7357\times10^{-18} \text{ J}$$

对于 $E=5.5\times10^{-14}$ W/cm² 的紫外辐射,其在像增强器光阴极对应的光子数

$$n_C = \frac{E}{m}\times\tau_o = \frac{5.5\times10^{-14}}{0.7357\times10^{-18}}\times0.3 = 2.2\times10^4 \text{ (cps/cm}^2\text{)}$$

式中:τ_o 为光学系统透射比(一般地,取 $\tau_o=0.3$)。

经过像增强器 $G=10^7$(表 4-4)的辐射增益,荧光屏上辐射出射度为

$$n_1 = n_c\times G = 2.2\times10^4\times10^7 = 2.2\times10^{11} \text{ cps/cm}^2$$

若像增强器与 CCD 间光纤耦合的效率为 $\eta=0.5$,则 CCD 靶面照度为

$$n_{CCD} = n_1\times\eta = 2.2\times10^{11}\times0.5 = 1.1\times10^{11} \text{ cps/cm}^2$$

以 CCD 典型帧频 $F=25$ f/s 计算,CCD 每帧接收照度为

$$n'_{CCD} = \frac{n_{CCD}}{F} = \frac{1.1\times10^{11}}{25} = 4.4\times10^9 \text{ count/cm}^2$$

对应照度 $E_{CCD} = n'_{CCD}\times m = 4.4\times10^9\times0.7357\times10^{-18} = 3.2\times10^{-9}$ W/cm²

由经验公式 1 lx $\approx 5\times10^6$ W/cm² 得

$$E_{CCD} = \frac{3.2\times10^{-9}}{5\times10^{-6}} \approx 6.4\times10^{-4} \text{ lx}$$

E_{CCD} 符合科学级 CCD 成像组件的最小接收照度要求,因此,系统可采用 ICCD 光子计数成像检测的方式对呈现为光子状态的入射辐射接收。

6.1.3 系统输出 SNR 及探测距离

1. 系统输出 SNR

(1) 点源目标信号

假定点源辐射各向均匀,光学系统所接收的目标辐通量为

$$\phi_{\lambda o} = I_\lambda \tau_\alpha(\lambda) \frac{A_o}{R^2} \tag{6-28}$$

式中:I_λ 为点源辐射强度;$\tau_\alpha(\lambda)$ 为大气透射比;A_o 为光学系统接收面积。

作小角度近似,则探测器上的辐通量变化为

$$\Delta\phi_{\lambda d} = \Delta I_\lambda \tau_\alpha(\lambda) \frac{A_o}{R^2} \tau_o(\lambda) \tag{6-29}$$

式中:$\tau_o(\lambda)$ 为光学系统透射比。

探测器光谱积分响应的光子数

$$\Delta n_{ds} = \frac{\tau_i A_o}{R^2} \int_0^\infty \Delta I_{q\lambda} \tau_\alpha(\lambda) \tau_o(\lambda) \eta_q(\lambda) d\lambda \tag{6-30}$$

式中:τ_i 为系统积分时间;η_q 为探测器量子效率(下角标 q 表示光子形式)。

(2) 背景噪声

在紫外波段,探测器噪声一般非常小,因此系统通常为背景限探测,此时,系统的噪声基本来自于背景,即 $n_T = n_B$。由于背景光子辐射遵从泊松分布,所以

$$\delta_n^2 = \overline{n_T} = \alpha\beta A_o \tau_i \int_0^\infty L_q(\lambda) \tau_\alpha(\lambda) \tau_o(\lambda) \eta_q(\lambda) d\lambda \tag{6-31}$$

式中:α、β 为单元探测立体角;L_q 为背景辐射亮度。

(3) 信噪比 SNR

由式 $\text{SNR} = \frac{\Delta n_{ds}}{\delta_n} = \frac{\Delta n_{ds}}{\sqrt{n_T}}$,将式(6-30)和式(6-31)代入得:

$$\text{SNR} = \frac{\Delta n_{ds}}{\sqrt{n_T}} = \frac{\tau_i A_o \int_0^\infty \Delta I_{q\lambda} \tau_\alpha(\lambda) \tau_o(\lambda) \eta_q(\lambda) d\lambda}{R^2 \left[A_o \alpha\beta\tau_i \int_0^\infty L_q(\lambda) \tau_\alpha(\lambda) \tau_o(\lambda) \eta_q(\lambda) d\lambda \right]^{1/2}} \tag{6-32}$$

由于中紫外工作波段较窄,在粗略计算的情况下,与波长有关的函数值取峰值 λ 处典型值,因此式(6-32)可近似为

$$\text{SNR} = \frac{\tau_i A_o \Delta I_q \tau_\alpha \tau_o \eta_q \Delta\lambda}{R^2 [A_o \alpha\beta L_q \tau_i \tau_\alpha \tau_o \eta_q \Delta\lambda]^{1/2}} = \frac{\Delta I_q}{R^2} \left[\frac{A_o \tau_i \tau_\alpha \tau_o \eta_q \Delta\lambda}{\alpha\beta L_q} \right]^{1/2} \tag{6-33}$$

对入射紫外辐射进行定量成像测试,可获得成像系统的信噪比。方法是:对输出图像进行多帧采样,再对每帧图像像素点进行灰度值统计,计算出灰度平均值、均方根误差,最后利用灰度平均值和均方根误差求出 SNR。

SNR 的测试装置如图 6-10 所示。包括紫外辐射源、ICCD 紫外成像系统和测试光学系统、紫外照度计和计算机图像采集系统等。

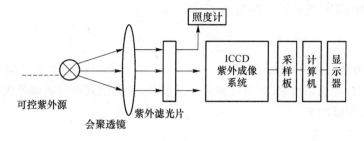

图 6-10 SNR 的测试装置示意

具体测试方法为:连续采集 z 帧图像,每帧图像有 $m\times n$ 个有效像素点,每个点的信号灰度值记为 $S_{ijk}(i=1,2,\cdots,m;j=1,2,\cdots,n;k=1,2,\cdots,z)$。

z 帧图像总的灰度平均值为

$$\overline{S} = \frac{1}{m \cdot n \cdot z}\sum_{k=1}^{z}\sum_{j=1}^{n}\sum_{i=1}^{m}S_{ijk} \tag{6-34}$$

z 帧图像在 (i,j) 点灰度平均值为

$$S_{ij} = \frac{1}{z}\sum_{k=1}^{z}S_{ijk} \tag{6-35}$$

第 k 帧图像的灰度平均值

$$S_k = \frac{1}{m \cdot n}\sum_{j=1}^{n}\sum_{i=1}^{m}S_{ijk} \tag{6-36}$$

第 k 帧图像的灰度平均值与总的灰度平均值之差是时域的噪声。相应的均方差

$$\sigma_1^2 = \frac{1}{z}\sum_{k=1}^{z}(S_k - \overline{S})^2 \tag{6-37}$$

用 σ 表示第 k 帧图像点 (i,j) 灰度值和 z 帧图像 (i,j) 点灰度平均值之差(空域噪声),则相应的均方误差

$$\sigma_2^2 = \frac{1}{m \cdot n \cdot z}\sum_{k=1}^{z}\sum_{j=1}^{n}\sum_{i=1}^{m}(S_{ijk} - S_{ij})^2 \tag{6-38}$$

信噪比测试可计算为

$$\mathrm{SNR} = 20\lg(\overline{S}/\sqrt{\sigma_1^2 + \sigma_2^2}) \tag{6-39}$$

2. 探测距离

当目标在探测器光敏面上的照度值等于其最小接收照度值时,目标与探测系统之间的距离为系统的探测距离。

设目标与探测器件之间的距离为 R,由光学系统的像平面照度公式,目标经过物镜和紫外滤光片后在探测器的辐射照度 E_{ec} 为

$$E_{ec} = \frac{\pi}{4}\frac{I}{S}\tau_1\tau_2\tau(R)\left[\frac{D}{f}\right]^2 \tag{6-40}$$

式中:I 为目标的辐射强度;S 为目标的面积;τ_1 为物镜透射比;τ_2 为紫外滤光片透射比;$\tau(R)$ 为目标辐射传输距离为 R 时的大气透射比;D 为物镜入瞳;f 为物镜焦距。

以 ICCD 体制为例,像增强器的辐射增益 G_{Le}、光纤光锥透射比 τ 和光纤光锥的几何放大

率 m,可得目标在 CCD 光敏面上的光照度 E_{VCCD} 为

$$E_{VCCD} = \frac{\pi}{4} \frac{I}{S} G_{Le} \tau_1 \tau_2 \tau_3 \tau(R) m^2 \left[\frac{D}{f}\right]^2 \qquad (6-41)$$

式(6-41)为紫外成像系统探测距离的估算式。在已知目标辐射源的辐射强度和目标尺寸的条件下,令 E_{VCCD} 为系统 CCD 器件的最小照度值,可由该式计算出紫外成像系统的探测距离 R。具体计算步骤如下:

① 令式(6-41)中的 E_{VCCD} 等于 CCD 的最小照度。

② 将目标和探测器的相关参数代入式(6-41),计算可得不同探测角的大气透射比 $\tau(R)$。

③ 用 LOWTRAN 计算上述所得大气透射比 $\tau(R)$ 对应的 R 值。此时 R 即为紫外成像系统的探测距离。其中 $\tau(R)$ 应为工作波段的平均透射比,鉴于 $\tau(R)$ 是 R 的函数,该计算为多次迭代的过程。

6.2 成像型紫外告警系统

6.2.1 概 述

1. 系统组成

成像型紫外告警系统通常由 4~6 个紫外传感器、1 个综合处理器组成(图 6-11)。

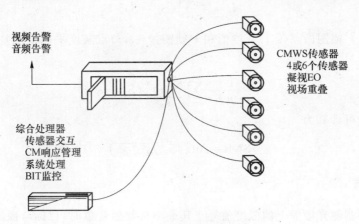

图 6-11 成像型紫外告警系统组成

系统核心功能单元包括如下:

① 成像传感。完成对紫外场景的图像数字化;

② 帧存。把传感器输出的模拟图像信号转换为数字图像数据并存储,供处理;

③ 空间滤波。完成数字图像的单帧内处理;

④ 时间处理。完成数字图像的多帧间处理;

⑤ 信息处理。完成处理后数字图像信息的综合相关、识别分类及距离被动估算等。

图 6-12 所示是由 4 个传感器组成的紫外告警系统,为直升机提供了 360°×90°的全方位威胁探测。

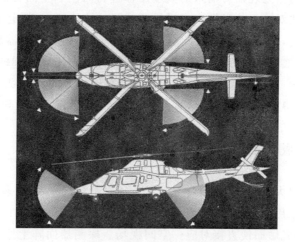

图 6-12 紫外告警的大视场覆盖

2. 工作原理

成像型紫外告警系统采用高分辨力凝视体制,以面阵器件为核心探测器(ICCD 器件或 MAMA 器件)精确接收导弹羽烟紫外辐射,并对所观测的空域进行成像探测及威胁源识别分类,具有更高的精度和杂波干扰抑制能力,其凝视方式使信息的获取具有连续性和实时性,增加了时间灵敏度,增强了识别力、提高了跟踪精度,具有信号积分时间可调、抑制空间杂散噪声、消除图像上固定背景噪声的能力,因而系统的信噪比及空间分辨率高;同时,由于没有复杂的光机结构和运动部件,降低了探测器系统的体积和重量,增加了系统的寿命和可靠性。

成像型紫外告警系统采用光子计数成像探测方式,探测灵敏度高,可对极微弱信号进行探测;系统工作于日盲紫外区,避开了最强的自然光源——太阳造成的复杂背景,减轻了信息处理负担,能够在实战中低虚警地探测目标。其探测机制如图 6-13 所示。

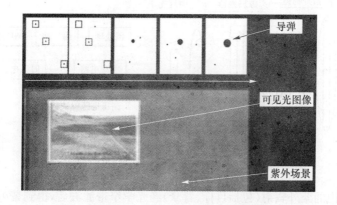

图 6-13 对于导弹的探测机制

紫外传感器把各自视场内空间特定波长的紫外辐射光子图像经光学滤波和光电转换后形

成光电图像,若导弹出现在视场内,则以一点源形式表征于图像上,图像数字化后由同步接口传输到信号处理器。信号处理器对输入的数字图像进行时间和空间特征的相关解算处理,依据目标特征及预定算法对输入信号做出有无导弹威胁的统计判决,判定导弹来袭后,输出数据X,Y,N(X,Y代表方向,N代表威胁等级)至综合处理器。综合处理器对各接收机输入信息进行综合相关、角度变换和威胁等级排序等,实时探测并判明来袭导弹的精确方向,然后把信息送入显示器(或总线),以图形、文字、灯光闪烁及音频输出方式显示威胁告警信息,同时与其他系统进行数据融合,得出空间相应的位置并进行距离的粗略估算,引导对抗系统。

6.2.2 紫外成像传感器

紫外成像传感器以大视场、大孔径对空间紫外辐射进行接收,并以多路分时复用的方式进行信号传输。探测器采用面阵器件,实现光电图像的增强、耦合和转换。当探测器阵列进行电扫描时,整个探测器的光敏面便直接对应一空间视场。探测器面阵上所有探测元的电荷经读出电路读出并转换成为后续信号处理模块能直接处理的图像信号,最终形成对应空间的数字图像。紫外成像传感器的重要特性是:

① 日盲(对日光不响应);
② 高量子效率;
③ 大动态范围;
④ 低噪声,以减低微弱探测时的背景影响;
⑤ 大面阵器件。

对于探测灵敏度较高的光子计数成像,ICCD型和MAMA型均为紫外告警传感器所基于的体制。下面主要以前者为例进行介绍。

基于ICCD组件的紫外传感器由紫外广角光学物镜、紫外滤光片、像增强器、中继光学系统、高压电源和CCD摄像组件等几部分组成,实现紫外光子图像的增强及其空间图像的转换(如图6-14),具有高分辨力、高灵敏度、不扫描和不制冷的优点。

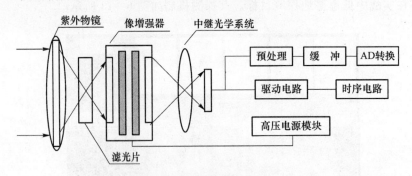

图 6-14 紫外传感器组成

传感器把视场内的紫外辐射(包括目标、背景)经光学窄带滤波后,得到紫外辐射光子。光电转换单元接收入射光子后进行光电图像的增强、耦合和转换,形成光学图像信号,再通过中继光学耦合到CCD组件,转换成数字图像信号,输出到信号处理单元,如图6-15所示。

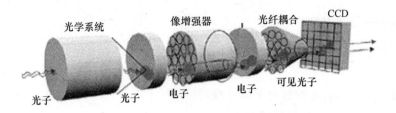

图 6-15　接收机组成及光电转换原理

1. 光学系统

(1) 光谱控制

滤光器对日盲紫外波段产生的能量衰减要尽可能小,以保证整机的灵敏度和信噪比,而探测器光阴极光谱响应带宽又大于日盲紫外波段的宽度,如果通带外的截止深度不够,就会破坏系统的日盲工作特性带。因此,光谱控制应充分抑制系统通带外可见光及日光近紫外成分,确保设备工作于日盲区并使灵敏度最高。

紫外传感器对通带外的辐射要求具有很高的截止深度,以大幅衰减带外背景辐射。控制光谱响应波段的任务是抑制系统通带外可见光及日光近紫成分。日盲光阴极可首先对带外背景进行一定程度的抑制,而滤光器日盲区最大透过波长、截止波长及截止比对探测性能影响很大,如图 6-16 所示。滤光器指标的确定须在目标特性和制作工艺上进行折中,其制作一般采用吸收+干涉的复合体制,需在最大透过目标辐射和最小透过背景间反复试验做出最佳抉择。

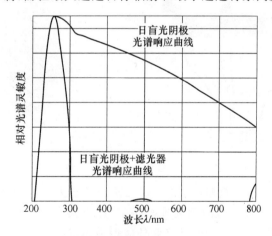

图 6-16　日盲光阴极及滤光器的带外抑制

(2) 成像光学

由于紫外辐射较弱,而且紫外探测器的探测率相对较低,提高系统的接收灵敏度,需要采用大相对孔径的光学系统。由告警传感器要求的 90°×90° 视场,可按式(3-7)～式(3-10)计算出光学系统的视场约为 120°,属短焦超广角透镜。为了实现大的相对孔径,紫外物镜采用远心光路设计,利用正折射凸透镜和负折射凹透镜的组合对像差进行修正。透镜的材料一般多用石英(SiO_2)和萤石(CaF_2)。

2. 探测器——紫外 ICCD

光电转换是决定系统探测性能的关键环节。用于紫外告警光电转换组件应有两个主要特点：

① 灵敏度高，噪声低，能进行光子信号检测；

② 对波长小于 290 nm 的紫外辐射不灵敏。

根据这些特点，具有内增益的紫外 ICDD 组件是理想的选择，它通过紫外光子图像的增强、变换和数字成像，实现对空间紫外图像的高分辨力、高灵敏度接收。

图 6-17 所示为典型的紫外 ICCD 组件，前者为光锥耦合组件的内部结构，后者为组件的物理形态，其像增强器采用 CsTe 阴极和双近贴聚焦倍增系统，实现紫外光子图像的增强及到可见图像的转换，并对带外背景进行抑制，其典型空间分辨率为 20 lp/mm（等效于 50 μm 直径的点），输出为 550 nm 绿光，与可见光 CCD 光谱匹配。中继光学系统把像增强器输出耦合到 CCD 的靶面上，从而在 CCD 的输出端获得物空间图像信号。荧光屏接地以保持和 CCD 的近零电势。

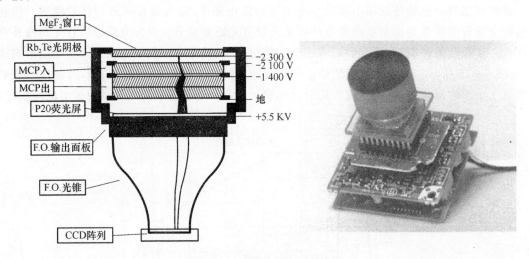

图 6-17 紫外 ICCD 探测组件

CCD 器件提供低噪声的线性响应，其阵列规模和像素大小要与像增强器空间分辨率一致。CCD 电路组件包括 CCD 信号的预处理电路、时序电路和 AD 转换电路，输出与 CCD 像素一一对应的数字化图像信号，其功能是将紫外像增强器输出的光学图像信号转换成数字图像信号，实现紫外场景的数字化，并根据输入信号的大小自动调整 ICCD 组件的增益及曝光时间。对于极低噪声的应用，CCD 可进行热电制冷，用环氧树脂把制冷器封到其背面，在较宽的温度范围之内低噪声工作。当制冷器工作时，CCD 能够制冷到比环境低 20℃的温度。

紫外 ICCD 的主要成像过程如下：

① 景物所发出的紫外辐射通过物镜入射到像增强器的光阴极上，进行光电转换；

② 像增强器内生成的光电子经由高压电场加速后通过 MCP 进行电子倍增，从而实现对弱信号的放大；

③ 像增强器倍增电子轰击到荧光屏上实现电子—光子的转换；

④ 光子通过中继光学元件，将增强的目标图像耦合到 CCD 上成像；

⑤ 在 CCD 电路的驱动控制下，CCD 累积的电荷转移出来，输出数字视频信号。

3. 高压电源

像增强器光电子图像是在高压电场下完成聚焦、倍增、轰击（显示）的，其能量来自高压电源。像增强器高压电源通常像瓦片一样包在增强器壳体凹陷处，故又称为瓦片电源。然而对于小体积多组高压电路，除了基于高压电场本身微弱电流（I_{MCP} 在几 μA～几十 μA，其余电极电流都在 nA 级）特性外，还要选用高性能、微功耗、超小型的电子器件、合适的电路来满足体积和微功耗的要求。

高压电源一般需要把几伏的输入电压变换成上千伏的多组输出电压，其组成电路除包括基本的倍压电路等外，还包括 ABC，BSP 等特定功能的电路。高压电源的基本组成如图 6-18 所示。

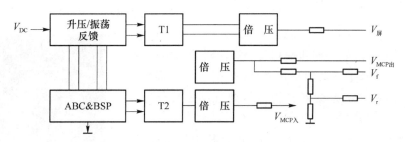

图 6-18　高压电源电路组成

自动亮度控制（ABC）电路的作用是通过控制亮度，保证输入光强变化很大时，输出亮度变化不大。过强的电子轰击会造成输出荧光屏的烧伤损坏，高压直流电源以荧光屏电流作为反馈信号，通过控制 MCP 上的电压实现 ABC 功能。当阴极面光照度增大和屏流增加时，降低 MCP 上的电压，增益下降，MCP 输出电流减小，从而导致轰击荧光屏的电流下降，确保像增强器的输出亮度不变。电源输出应满足图 6-19 输出曲线，包括线性变化（AB）段、等亮保持段（BC）段、强光保护段（CD 段）。

BSP 电路的作用是当强光照射到光阴极面时，保护阴极不至于发出过多电子而产生疲劳，或者导致荧光屏眩光而不能正常分辨出目标。在高压直流电源中，BSP 电路工作原理为：在阴极与高压电源的负输出端之间串联一个高阻值电阻，当强光照到光阴极时，有较大电流流过分压电阻，在电阻上产生电压降，使像增强器的工作电压急剧下降。如果工作电压下降到光阴极

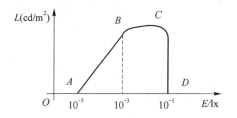

图 6-19　荧光屏的受控亮度输出

发射的电子不能正常加速，而是停留在光阴极附近形成一个负电荷区来阻挡电子的连续发射，则起到保护光阴极的作用。同时，由于电子不能有效地从阴极到 MCP，部分电子带有的信息就会丢失，从而导致荧光屏上图像模糊。

在自动门控电源中，BSP 电路的工作原理是借助减小脉冲信号的占空比来减小阴极发射电子时间，从而达到保护阴极的作用。光阴极采用自动选通不仅可以达到很高的开关速度，而且减少了强光时流到微通道板上电子的数量，防止微通道板饱和而产生模糊图像。此外，自动

选通技术还可以减少强光时的光晕和图像模糊现象。脉冲占空比调节范围足够大时,可大大提高系统的动态范围。另外,由于像增强器的稳定性和可靠性很大程度上取决于阴极灵敏度的衰减,因而在阴极面上加选通脉冲后可更好地保护阴极,延长像管的使用寿命。

在强光下,ABC 电路会使 MCP 电压降低,系统的分辨率随之也降低。电源加门控 BSP 后,用荧光屏电流作反馈信号来控制光阴极上连续脉冲信号的占空比和 MCP 上的电压。只有当强光下脉冲信号的占空比达到最小且荧光屏电流仍很大时,MCP 上的电压才会降低。尽管 MCP 上电压的降低比不使用门控时降得少,但对系统的分辨率影响不大。

6.2.3 信号处理

信号处理通过一定形式的通信接口接收传感器前端输出的紫外数字视频图像。紫外图像信号在包含目标信号的同时,也还包含着各类噪声干扰,如图 6-20 所示。

信号处理通过空间滤波等预处理完成可能目标的初级判断,再利用信号的时间特征和帧相关等算法对输入信号做出有无导弹威胁的判定。抑制噪声杂波、提高系统信噪比,以有效地识别出威胁源是紫外告警信号处理的主要任务。信号处理基本过程如图 6-21 所示。

信号处理算法依据光电统计理论,充分利用目标光谱辐射特性、运动特性、时间特性,采用数字滤波、模式识别和自适应阈值等算法,降低虚警,提高系统灵敏度,从可能存在的目标信息中检测出真实目标并使虚警率最低。算

图 6-20 紫外图像信号及噪声干扰

法实现对目标的跟踪、识别、并判断逼近目标是威胁导弹,同时识别出能引起紫外虚(误)警的干扰源(电焊弧光和灯光等)。

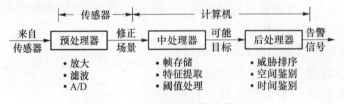

图 6-21 紫外数字图像信号处理

1. 图像预处理

紫外数字图像以数据帧存的方式输入,信号处理器根据行同步和像素时钟确定目标所在的坐标,并利用预置的光学畸变表对坐标校正,给出真实坐标值。处理器每采集一帧图像,均进行全域灰度判断,然后根据灰度水平值输出数字反馈信号,最后经 DA 转换后形成模拟信号,控制光电转换单元。当遇到较强辐射时,设备自动保护。

2. 数字图像处理

(1) 算法过程

告警系统中一种管道结构的信号处理算法过程如图 6-22 所示。

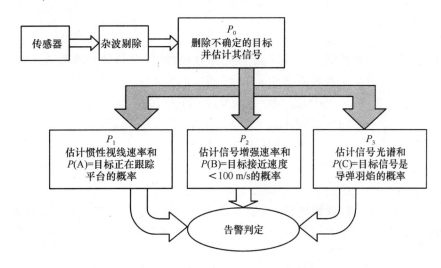

图 6-22 导弹告警系统的一般算法

P_0 算子——测试未确定目标的点尺寸图像,估计其信号电平。

P_1 算子——确认每个像素单独探测的事件是恒定的。

P_2 算子——估计在传感器和跟踪目标之间惯性视线的变化率。

P_3 算子——估计跟踪目标信号的增加率并推断其接近速度。

P_4 算子——运用多波段信息估计跟踪目标信号的光谱分布,从而估计导弹羽焰的概率。(仅用于多波段($N_{波段}>1$)导弹告警系统)。

结论算子——利用所有可用信息,判定是否发出告警信号。

(2) 单帧内运算

1) 空间鉴别

完成杂波滤除,对于那些不属于疑似但未确定的目标的图像部分降低其信号电平,而对于那些属于疑似但未确定的目标增加其图像位置(像素)的信号电平,方法包括空间滤波、匹配滤波等。利用目标的点源特征进行鉴别,对于轻度杂波,空间匹配滤波在抑制大面源方面十分有效,在重杂波区,空间鉴别仍可作为有用的预处理滤波来选择只具有点源特征的物体作进一步处理。

2) 自适应门限

采用自适应的局域阈值使系统动态范围达到最大,消除动态统计学景物背景。探测门限值根据测试前一帧图像和当前帧图像结果的加权和确定。

(3) 图像序列运算

利用候选区域检测、运动连续性判断(运动强度、位移相关)和图像流等方法对可能目标进行最终判断。

1) 一般性假设

① 各传感器与惯性导航系统(INS)刚性连接,以便同步获取光轴的方向信息以及平台的高度和速度信息。

② 标定传感器,使每个像素在正常响应范围内的平均数字输出响应与辐射照度 E 成线性

关系：$s = a \times E + b$。

2) 探　测

系统性能由紫外成像传感器的特性、杂波剔除软硬件，以及信号处理器的计算能力确定。信号处理器的计算能力决定告警系统的灵敏度门限，并与事件出现的数量相适应。

$$dN_{跟踪}/dt = g \cdot N_{像素} - r \cdot N_{跟踪} \tag{6-42}$$

$$dN_{跟踪}/dt|_{静态} = 0 \rightarrow g \cdot N_{像素} = r \cdot N_{跟踪}$$

$$r = 1 - P_{r0} = g \cdot N_{像素} / N_{跟踪}$$

式中：$N_{跟踪}$为同时跟踪的目标数；r为单个探测事件。持续时间不超过帧时，系统在连续数帧内获得稳定跟踪。

P_0算子持续进行探测，直到出现一个置信度充分的探测事件。确认探测事件常用的方法是非相关综合，即从$M(M \geq N)$个探测事件中求出N个，虚警概率为

$$P_{f0} = \sum_{k=N}^{M} C \begin{bmatrix} k \\ M \end{bmatrix} r^{M-k}(1-r)^k \tag{6-43}$$

利用"帧-帧"相减可进行像素内的背景扣除，保留目标信号或其变化量，可进行移动目标的强度探测。实际上由于传感器的抖动而引起像素"模糊"，"帧-帧"空间配准较复杂。

3) 跟踪确认

假定全部跟踪在图像空间形成一条直线(即使对于平台机动)，系统需将未确定目标图像的位置变换成惯性空间坐标。在短的时间周期内，跟踪速度可能会有很大变化。跟踪的概率($P_{跟踪}$)确定为

$$P_{跟踪} = P(T|D)P(D) \tag{6-44}$$

式中：$P(D)$为在给定时间内探测足够目标事件的概率。$P(T|D)$为对单独目标探测并形成跟踪文件的确定概率。

为简化起见，假定系统采用TBD(探测前跟踪)结构，那么，当$P(T|D) \sim 1$，每个探测事件都独立于其他事件，且$P_{跟踪} \sim 1-(1-P_{f0})^N$。

4) 目标到达时间TTI的估算

在告警的最后阶段，一个真正逼近导弹的角速度将为零。而在此之前，逐渐增加的辐射强度则能指示出正在接近的目标，但并不能肯定它能否命中所保护的平台。即使目标的辐射强度降低，也不能确定此目标不对所保护平台构成威胁，因为导弹关机后，逼近导弹的辐射强度也会随时间而下降，但根据辐射下降的大小及速度便很容易判断出导弹是逼近还是离去。对方向分辨率低的告警系统来说，可利用TTI参数来判断最终威胁。如果一个目标的TTI以与超音速径向速度一致的速率减小，就可判定此目标是一个可能的威胁导弹。如果在几秒内它继续以高速接近，就可肯定其是威胁。

通过分析辐照度变化与距离变化关系，可估计径向运动目标的距离变化，进一步得出达到时间TTI。TTI推导如下：

接收机辐照度随源强度、距离、大气衰减的变化可表述如下：

$$E_r = \frac{1}{R^2} \times I \times \exp(-\alpha R) + N_c \tag{6-45}$$

式中：I为源辐射强度；R为距离；α为大气衰减系数；N_c为噪声或杂波；E_r为接收的带内辐

照度。

求时间导数得

$$\frac{dE_r}{dt} = -E_r\left(\frac{2}{R} + \alpha\right)\frac{dR}{dt} \qquad (6-46)$$

式中包括了距离、时间导数和径向速度 $\frac{dR}{dt}$ 等信息。由于紫外波段大气衰减严重，误减系数 α 通常大于 $1\ km^{-1}$，因此远距离时（如 $R > 10\ km$），其占主导因素，而近距离时（如 $R < 5\ km$），二者均需考虑，通过分析辐照度变化与距离变化关系，可估计径向运动目标的距离变化，进一步得出 TTI。用接收机辐照度值的变化率表示为

$$\text{TTI} = -R(dR/dt) = \frac{2}{[-d(\ln E_r)]/dt - \alpha(dR/dt)} \qquad (6-47)$$

当一枚导弹接近速度为 $V(m/s)$，发射距离为 R_0，则接收到的辐射信号为

$$E = \frac{I(t) \cdot \tau_\alpha(R)}{R^2} = I(t)\frac{\tau_\alpha(R)}{(R_0 - V \cdot t)^2} \cong I(t)\frac{\left(\frac{R_0 - V \cdot t}{1\,000}\right)^{-\rho}}{V^2(\text{TTI} - t)^2} =$$
$$I(t)\frac{\left(\frac{V}{1\,000}\right)^{-\rho}\left(\frac{\text{TTI} - t}{1}\right)^{-\rho}}{V^2 \cdot (\text{TTI} - t)^2} = \qquad (6-48)$$
$$\frac{K \cdot I(t)}{(\text{TTI} - t)^{2+\rho}}$$

式中：ρ 为 $0.6 \sim 0.7$ 为由测试获得的大气条件参数；$I(t)$ 为导弹羽焰辐射强度（W/Sr）；TTI(s) 为测试时间 "t" 的命中时间。

$\tau_\alpha(R)$ 与 R 的关系遵循比尔-朗伯定律：$\tau_\alpha(R) = \exp(-\sigma R)$，对于 σ 和 R 相关的数值范围，高于 $R^{-\rho}$ 的近似是合理的，如图 6-23 所示。

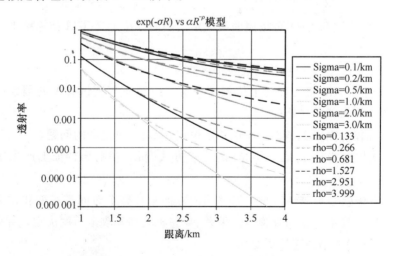

图 6-23　$\exp(-\sigma R)$ 与 $R^{-\rho}$ 的近似关系

如果 $I(t)$ 在 1 秒钟的观察时间内相对来说是一个常数，那么信号的变化率由分母确定。图 6-24 显示了 $E(\text{TTI}-1s) - E(\text{TTI})$ 的百分率对 TTI 和 ρ 的典型值。明显地，在 ρ 内变化率的相关是非常弱的。下面的讨论中假定 $\rho \sim 0.68$（$\sigma = 0.5\ km^{-1}$）。

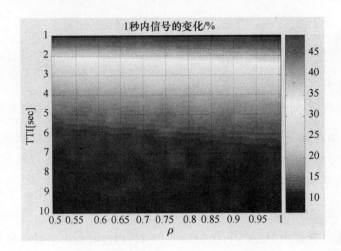

图 6-24　信号变化与 TTI 和 ρ 的关系

对 TTI 的估计如下：

$$\left.\frac{\partial E}{\partial t}\right|_{t=0} = K \cdot (3+\rho)(TTI-t)^{-(3+\rho)} = K \cdot (3+\rho)(TTI)^{-(3+\rho)} \Rightarrow \left.\frac{\frac{\partial E}{\partial t}}{E}\right|_{t=0} = \frac{3+\rho}{TTI} \tag{6-49}$$

用一个稳定的和更强估计的算子来替代不太稳定的算子 $(\partial E/\partial t)/E$：

$$S_h \equiv \hat{a} : \sum_{t_0=0}^{t_N=1} \{E(t_k) - \hat{a} \cdot t_k - \hat{b}\} \to \min; \hat{a} \approx \left.\frac{\partial E}{\partial t}\right|_{t=0.5}$$

$$\langle S \rangle \equiv \frac{1}{T}\sum_{t_0=0}^{t_N=T} E(t_k); \qquad \hat{S} = \frac{S_h}{\langle S \rangle} \Rightarrow TTI_{est} = \frac{3+\rho}{\hat{S}} - 0.5\,\text{sec} \tag{6-50}$$

为了能够识别杂波和目标，可按照两级决定门限的方法定义 TTI 估算结果的门限：

① 要求 $Sh/\langle S \rangle > K_1$。

② 测试是否 $TTI < T_{thr}(s)$，并设置一个函数 (TTI, T_{thr})。

试验的虚警率(FAR)很大程度上依赖于所有噪声源及与测试有关的因素：背景杂波、大气衰减、传感器性能和其数据处理。

实际上，目标辐射强度 $I(W/sr)$ 往往并不恒定，带来了更复杂的问题。

① 导弹火箭推进按照（助推→维持）的确定方式变化，在羽焰特征上产生很大和快速的变化。

② 导弹告警传感器所观察到的导弹尾焰的方向角在整个时间都在变化。方向角通常很小并由导弹的速度、发射方式和导弹方向偏差、导弹机动和其攻击角度决定。导弹羽焰特征也随着导弹弹体对导弹羽焰的遮挡而变化。

③ 导弹羽焰是一个动态过程，在辐射强度上显示出随时间高频波动。因此，导弹羽焰辐射强度是平均辐射强度分量 $\langle I \rangle$ 与均值波动分量 δI 的和。

6.3 概略型紫外告警系统

6.3.1 概述

概略型紫外告警系统采用凝视探测、多路传输、多路信号综合处理的体制,以被动方式工作,其系统配置构型类似于成像型紫外告警,由紫外传感器、信号处理器和控制单元等部分组成,一般每个探测单元的视场略大于 90°×90°(考虑到实际安装时,两相邻传感器的安装误差),4 个传感器共同形成全方位、大空域监视范围,可在导弹到达前 2~4 s 发出告警信息,一般组成如图 6-25 所示。

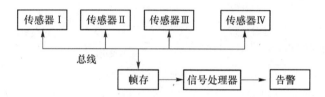

图 6-25 概略型紫外告警系统的组成

概略型紫外告警设备以单阳极光电倍增管为核心探测器,采用光子计数检测方法接收各传感器视场内空间特定波长的紫外辐射光子(包括目标和背景),依据目标特征及预定算法对输入信号做出有无导弹威胁的统计判决,并解算出来袭导弹的概略方向 (X,Y)。如果平台处于多威胁状态,紫外告警可依威胁程度快速建立多个威胁的优先级。系统工作示意如图 6-26 所示。

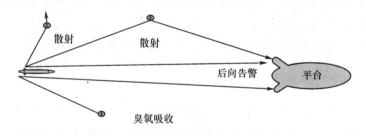

图 6-26 概略型紫外告警系统工作示意

在光子计数信号检测方式下,系统最小接收辐照度由下式决定:

$$E_{\min}=n/(\eta\times\tau\times A) \qquad (6-51)$$

式中:n 为最小可探测光电子数;η 为光电倍增管量子效率;τ 为滤光器透射比;A 为接收面积。

概略型紫外告警设备具有体积小、重量轻、功耗低等优点,具有极微弱信号的检测能力——光子检测,不需 A/D 转换即可获得数字量,信噪比高且便于数据处理。系统工作的背景辐射水平极低,不需调制部件,因此设备采用直接接收方式,降低了辐射损失,同时由于直接非成像探测体制下的探测器阴极接收面较大,所以一般不需光学会聚系统,避免了复杂像差问题。

6.3.2 紫外概略传感器

概略型紫外告警传感器由紫外光学接收系统、滤光器、视场光阑、光电倍增管、高压电源和辅助电路等组成，结构简单、性能可靠，如图 6-27 所示。

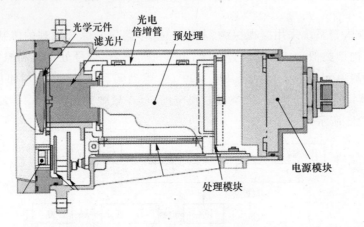

图 6-27 概略型紫外告警传感器

入射紫外光子通过窄带滤波后经视场光栏到达光电倍增管阴极接收面，光电转换后形成光电子脉冲，经由屏蔽电缆传输到信号处理器。传感器应进行良好的光、电、磁屏蔽。

1. 光学部件

为了确保在日盲区进行光子检测，光学接收及转换的几个重要环节需仔细设计。第一，作为传感器前端的紫外光学系统，鉴于紫外波段的特殊，其设计、加工等需要特殊考虑。第二，紫外滤光器是实现日盲区光子检测的门户，需在最大抑制背景和最大透过信号间折衷考虑。由于光学接收面较大，概略型滤光器的带外辐射抑制能力比成像型要求更高。

2. 探测器——光电倍增管

采用光电倍增管作为探测器件，具有极微弱信号检测能力。为了满足日盲紫外特性，一般选用 Cs-Te 或 Rb-Te 阴极的光电倍增管，其光谱响应主要体现在日盲区范围且暗电流小。Rb-Te 较 Cs-Te 在光谱响应上略向短波区偏移。比如，日本滨松公司的 R166P 光电倍增管采用了 Cs-Te 阴极，其暗电流<1 nA；光谱响应范围 185~320 nm；增益>10^7。

光子计数专用光电倍增管将紫外辐射光子转换成光电子，输出信号为离散的模拟脉冲信号，峰谷比特性优良。对于单光电子脉冲，可以计算其输出信号幅值。假设光电倍增管的增益 G 为 10^7，则阳极输出电荷为

$$Q = e \times G = 1.6 \times 10^{-19} \times 10^7 = 1.6 \times 10^{-12} \text{ C} \tag{6-52}$$

式中：e 为单电子电荷。

再假设阳极输出脉冲宽度(FWHM)为 20 ns，则输出脉冲峰值电流为

$$I_P = e \times \mu \times 1/t = 1.6 \times 10^{-12}/(20 \times 10^{-9}) = 0.8 \times 10^{-4} \text{ A} \tag{6-53}$$

阳极输出脉冲越窄,则输出幅度越高。当输出脉冲负载(即前置放大器的输入阻抗)为 50 Ω,则输出脉冲峰值电压 V_{OUT} 为

$$V_{\text{OUT}} = I_P \times 50 = 0.8 \times 10^{-4} \times 50 = 4 \text{ mV} \qquad (6-54)$$

可见,光电倍增管的输出信号微弱,其增益因此要足够高,一般应大于 10^7。

3. 放大电路

光电倍增管输出的微弱紫外信号需要前置放大电路进行放大,但放大电路将有用信号放大的同时,对于输入噪声同样进行了放大,并且放大电路本身也会引入新的噪声。为了保证探测系统维持一定的输出信噪比,设计放大电路时,一般先满足噪声指标的要求,然后再校核增益和带宽等,因此宜选用高输入阻抗、低输入偏流和低噪声的运算放大器。

4. 高压电源

高压电源采用模块化结构,由电流变换、倍压整流、比较放大及限流保护等部分组成,如图 6-28 所示。高压电源紧贴光电倍增管安装,为光电倍增管提供工作电源。

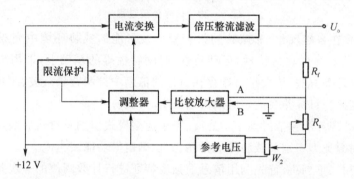

图 6-28 高压电源

高压电源典型指标如下:

输入电压及电流分别为 +12 V±10%,10 mA;
输出最大电压及电流分别为 1 500 V(可调),50 μA;
稳定度≥99.5%。

高压电源的稳定性直接影响辐射测试的精度,加到光电倍增管的高压直接影响整管放大增益。

6.3.3 信号处理

1. 信号输入特征

传感器输出的光电子脉冲包含有导弹羽烟辐射信号、天空背景辐射、本机噪声及各类干扰信号,其主要区别有:幅值特征、强度特征及计数速率特征。

- 幅值特征:负载电阻取标准值 50 时,信号幅值为几毫伏。

大部分噪声幅值大但个数少或幅值很小但数目多。
- 宽度特征:20 ns 左右。
- 计数速率特征:从统计平均结果来看服从如下规律:

$$E(t) = E_0 + I(-\alpha_\lambda)e^{-\alpha R}R^{-2} - 2Ie^{-\alpha R}R^{-3} \quad (6-55)$$

式中:E 为接收能量照度;I 为羽烟辐射强度;α_λ 为大气衰减系数;R 为探测距离。

2. 信号处理算法

信号处理分模拟处理和数字处理两部分,其过程如图 6-29 所示。

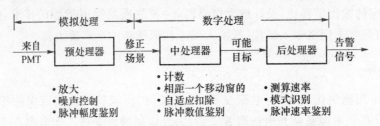

图 6-29 信号处理过程

告警系统需要在自然现象、非威胁的人工事件及可能的威胁环境中完成威胁源的识别。算法在充分利用目标光谱辐射特性、运动特性、时间特性等的基础上,采用数字滤波、模式识别、自适应阈值处理等方法,从大量可能存在目标的信息中抑制背景杂波、改善信噪比、提取目标特征,低虚警地探测目标并在规定时间内做出实时判决。

自适应统计处理算法包括滑动平均滤波、光子速率模式识别及自适应阈值等算法,完成信号统计判决、辐射源类型识别及威胁等级排序、方位确定等功能。

信号处理采用二重判决,首先利用信号的强度特征进行计数阈值的一次判决,指示出可能目标信号并触发后级处理。由于目标处在统计动态背景中,为了扣除低频缓变和固定背景,有效提高信号信噪比,计数的阈值应为自适应阈值,即先对该时刻原始数据求平均值,实时采得的数据减去该值后若超过某一门限则完成二次判决。图 6-30 为背景计数实时扣除示意图。

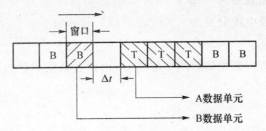

图 6-30 背景计数实时扣除示意图

在计算机内部 RAM 区开辟一原始数据区,数据采集进来后存入原始数据区,并在场景时间域上建立一维窗口。新采入的数据不断动态地刷新原始数据区,即把新数据排入队尾,老数据依次前移,最老的数据被移出。每采入一个数据,系统均进行依次判决。

宽度为 Δt 的窗口沿一维时间轴在场景上移动。无目标时背景计数 N' 存入 B 数据单元,有目标时背景加信号的计数 $S+N$ 存入 A 数据单元,通过运算实时完成 A+B 和 A-B,

$$A-B=S+N-N'\approx S$$
$$A+B=S+N+N'\approx S+2N \tag{6-56}$$

对于泊松分布,标准偏差 $\delta=\sqrt{Rt}=\sqrt{A+B}$ 则

$$\mathrm{SNR}=\frac{A-B}{\sqrt{A+B}}=\frac{S}{\sqrt{S+2N}}=\frac{R_S}{\sqrt{R_S+2R_B}}\sqrt{\Delta t} \tag{6-57}$$

显然,当 $R_S \ll R_B$ 时,对于一定的 SNR,所需观测时间

$$\Delta t=(\mathrm{SNR})^2 \cdot \frac{2R_B}{R_S^2} \tag{6-58}$$

由于目标处于实时动态中,作为距离的函数,光子到达速率呈增长趋势,而背景基本恒定。目标的增长速率是模式识别的重要特征之一。在二次判决中,对扣除固定背景的连续数据进行大小比较,若服从数值递增的规律,则说明该信号对应为不断逼近的目标,在此基础上,判断有导弹来袭。实际上,一次判决中实时采得的数据并非一个,而是多个数据的和。速率增长特征可有效识别静止和低速移动的人工干扰源。

6.3.4 应用方式

紫外告警设备在飞机上的安装分为内装和吊舱两种形式。内装时紫外传感器嵌入飞机蒙皮适当位置,各传感器在同一平面内的相邻夹角为 90°。处理器安装于机舱内。图 6-31 所示为欧州"虎"式直升机内装的 AAR-60 紫外告警设备。吊舱安装时,传感器分别安装在吊舱左前右前、左后和右后 4 个位置。系统可自动连续工作,快速判明威胁并引导对抗措施,紫外告警系统的基本要求是实时、可靠。

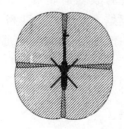
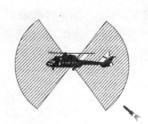

图 6-31 紫外告警的典型应用

紫外告警系统可与激光、红外告警综合应用,两种具体方式如下:
(1) 紫外、激光综合告警
紫外告警可以通过机电一体化方式与激光告警综合,其优点是:
① 可区分来袭的光电制导导弹是红外制导还是激光制导;
② 可对激光驾束制导导弹进行复合告警,通过数据相关降低激光告警的虚警率。
(2) 紫外、红外综合告警
紫外告警和红外告警综合协同工作,一种形式的告警对威胁目标的进行探测和截获,引导另一种形式的告警继续跟踪,两者数据相关可大大降低虚警率,完成对导弹的高可靠、高精度探测。

6.4 天基紫外预警系统

6.4.1 工作原理

天基预警作为反弹道导弹武器的重要手段,用于早期发现导弹、测定弹道参数、判定导弹将要攻击的目标,为国家战略防御决策提供预先警报。位于太空的预警卫星不受地球曲率的限制,居高临下,覆盖范围广,能及早发现在空间运动的弹道导弹或其他飞行器。紫外预警系统利用洲际弹道导弹(ICBM)助推器羽烟发出的紫外辐射,对发射的弹道导弹从大气层外进行探测,提供早期预警,其工作原理如图6-32所示。

在海拔50 km以上,紫外波段的大气传输良好,大气层外或高空大气层中若出现导弹,其发动机尾焰的中紫外辐射因不受大气衰减的影响而信号传输得以大幅增强;同时,由于臭氧层对太阳紫外的强烈吸收,地球白天半球的紫外辐射(200~300 nm)比可见光和红外波段的辐射低几个数量级,所以在地球大气层外观察到的以地球为背景的辐射光谱曲线中,中紫外波段的背景辐射非常

图6-32 天基紫外预警系统工作原理

微弱且比较均匀。而导弹发动机尾焰光谱辐射亮度高于地球背景辐射(图6-33),利于对弹道导弹等高温飞行物体的监视和识别,因此预警系统可对敌方来袭弹道导弹进行可靠的预警与跟踪,同时可防止把高空云层反射的太阳光、地球上的火灾等误认为是导弹尾焰而造成虚警。

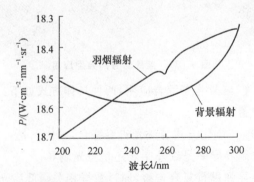

图6-33 弹道导弹尾焰的辐射与白天地球背景辐射强度的比较

利用紫外探测技术对弹道导弹进行预警具有下述优势:

① 弹道导弹的紫外羽烟比IR羽烟体积小且出现在喷嘴附近,探测跟踪系统可对其精确定位;

② 紫外预警工作波段位于日盲区且紫外气辉均匀,系统可低虚警探测弹道导弹较强的紫外辐射。

③ 紫外传感器可有效抗激光系统摧毁。

④ 由于工作波长较短,光学系统的衍射效应小,加上探测器内噪声水平低,无须低温冷却,有利于天基紫外预警系统降低成本和小型化。

系统由紫外传感器、信号预处理、控制及数据处理等单元组成,其中前三者位于卫星平台,完成对 ICBM 的探测与跟踪,并把有关数据由星上通信系统传到地面的数据处理单元,进行弹道预测和拦截点、拦截时机的决策。

系统采用高分辨率成像型体制,探测中紫外光谱区的辐射。光学系统以大相对孔径对空间紫外图像进行高分辨率接收,把视场内空间特定波长紫外辐射光子经光学窄带滤波后,入射到紫外面阵光电转换单元,转换后形成数字图像信号,然后送入信号处理单元。信号处理器通过空间滤波等预处理完成可能目标的初级判断,再利用信号的时间特征和帧相关等算法对输入信号做出有无导弹威胁的判定。导弹发射后,可根据其飞行经过的地区所对应不同位置的探测阵元的反应,计算出导弹的轨迹和速度。由于导弹羽烟紫外辐射较弱及大气衰减等因素,紫外辐射达到导弹预警接收机时已离散为光子状态,高空间分辨率和高灵敏度的紫外成像光学检测技术是天基紫外预警的关键。

多目标跟踪时,虽然传感器视场内真正目标的实际数量可能非常少,但需要庞大的处理能力完成对弹道导弹的探测与跟踪,进行弹道预测和拦截点、拦截时机的预计。目标信息进行综合分析、处理和数据融合后向导弹拦截系统快速传递相关数据。由于紫外预警系统接收数据量大、处理实时性要求高,数据的采集处理难度大,因此可采用片上系统(SOC)、软件优化程序和 FPGA 现场可编程门阵列硬件处理等技术,实现对大容量数据的高速并行处理,此外,对光电转换面阵器件输出信号的读出和预处理也需特别关注。

不同于机载或地面平台应用的紫外传感器,星载紫外传感器在空间面临真空、失重和强太阳辐射照射等问题,其环境适应能力及加固措施要加强,同时由于在星上的占位空间受限,传感器小型化设计非常关键。星载紫外传感器地面测试评估也非常重要,因为项目完成后的准确评估可避免将来应用中发生故障所带来的巨大经济损失和国防安全防御的削弱。

6.4.2 主要性能分析

1. 主要性能

配置在 36 000 km 地球同步轨道的弹道导弹预警卫星上,可在几秒内探测到弹道导弹强烈的紫外辐射,将导弹发射情况和导弹跟踪数据传递给弹道导弹预警地面指挥控制中心和导弹拦截系统。

2. 性能指标分析

(1) 弹道导弹飞行辐射特性

弹道导弹的飞行弹道分助推段、后助推段、中段和末段(图 6-34)。各阶段特点如下:

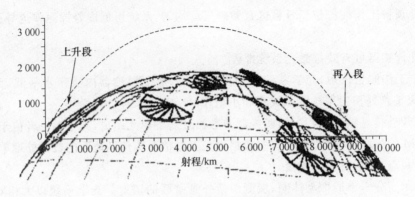

图 6-34 弹道导弹的飞行弹道的分段

1) 助推段

从助推器发动机点火加速上升到燃烧完毕。导弹在这一阶段飞行 3~5 min,飞行高度 55~115 km,速度 6 000 m/s。助推器发动机燃烧温度在 3 000 ℃以上,高温尾焰产生极强的紫外辐射。

2) 后助推段

从助推器熄火脱落,弹头母舱仍在继续飞行并投放弹头。导弹在这一阶段飞行 6~8 min,飞行高度 400 km,仍有断续的中等程度的特征信号,可进行监视、跟踪和弹头识别。

3) 中　段

导弹靠惯性自由飞行,在这一阶段紫外辐射信号消失。

4) 末　段

弹头重返大气层直到命中目标。导弹在这一阶段飞行约 2 min。此时,导弹子弹头重返大气的磨擦后呈火球状,紫外辐射极强,易于识别和捕获。

天基紫外预警系统利用战略洲际弹道导弹助推段、后助推段羽烟发出的紫外辐射,从空间对发射的弹道导弹提供早期预警,如图 6-35 所示。弹道导弹的速度越高,尾焰炽热的"火球"越大,温度也越高,紫外辐射越强。在海平面上射程 1 000 km 的导弹,尾焰长度一般在 200 m 以上,而且随着导弹飞行高度的增加而增加,在真空时其尾焰长度可达 300 m 以上。ICBM 助推段持续时间及燃尽高度在发射探测和跟踪方面很重要。首先,从防御角度看,非常希望 ICBM 一发射即被探测到并把它消灭在助推段。其次,助推段的 ICBM 羽烟紫外辐射很强,最可能被探测到。

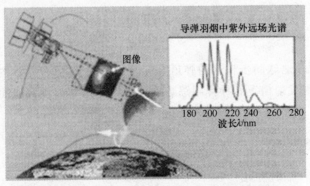

图 6-35 基于导弹羽烟紫外辐射的预警探测

(2) 视场的计算

由图 6-36 所示,传感器覆盖半球所需视场为

$$\theta = \arctan(R_e/r) = 8.75° = 0.15 \text{ rad}$$

(3) SNR 的计算

SNR 的计算公式为

$$\text{SNR} \approx (I_T/e)(T_d)^{1/2}/(I_T/e + I_B/e)^{1/2} \quad (6-59)$$

式中:

$$I_T = eA_r/hcL^2 \int I_\lambda \tau_o \tau_a G \eta \lambda \, d\lambda \quad (6-60)$$

$$I_B = eA_r \Omega_i/hc \int L_\lambda \tau_o \tau_a G \eta \lambda \, d\lambda \quad (6-61)$$

T_d 取决于系统分辨率和目标速度。

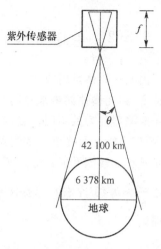

图 6-36 传感器半球视场覆盖

6.5 紫外超光谱成像探测系统

6.5.1 概 述

信息对抗各方在可见、红外光谱区进行的伪装与反伪装、侦察与反侦察等电子斗争已旷日持久,各种手段和措施发展已日益成熟,因此,采用更先进的手段,以更充分地挖掘和利用目标的特征信息,成为光电侦察发展趋势之一。尤其随着现代战争战区战情的日益复杂化,各类新型光电武器及装备的不断投入使用,各种隐身技术的不断采用,需要发展先进的侦察手段来进行准确的情报获取。

超光谱技术是一种基于方位和光谱三维信息探测(方位 x,y 两维,波长一维)的技术,是新一代"图谱合一"的光电探测技术,可在获取观测对象的二维空间信息同时,对每个空间像素色散,形成几十到几百个带宽为 10 nm 左右波段的连续光谱覆盖,从而在连续光谱段上对同一目标既能得到空间图像,又能得到每个像素对应的光谱曲线,直接反映被观测物体的光谱特征,识别各种伪装目标,比传统相机或成像仪更能详细地探测出目标辐射或反射的能量(图 6-37)。

超光谱探测是光学探测技术在经历了单波长、多波段后发展的新技术。工作于紫外波段的超光谱成像侦察作为新型的战场支援手段可对特定区域进行战情详查,进行军事装备的识别和侦察,丰富情报获取手段,强化战术或战略决策的优势。

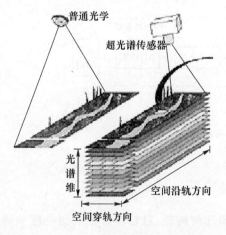

图 6-37 常规光学侦察与超光谱侦察的比较

6.5.2 工作原理

由某一物体反射或辐射到传感器的各种不同波长能量的总量,在理论上唯一确定了其光谱特征,超光谱侦察将来自同一光源不同波长的辐射依时域或空域散开,通过光学系统将其聚焦在探测器阵列的不同位置,产生一个数据立方体,如图 6-38 所示,其中两个维度是空间位置,第三个维度是光谱。探测器将其光电转换后形成数字图像,经采集、存储和处理后,获得目标光谱特征数据并通过分析所获得的光谱图像及光谱图像的变化,提取有关信息(光谱信息精度达 $\frac{\Delta\lambda}{\lambda}\approx 0.01$ 左右),以探测或确认军事目标的存在,并根据具体应用场合进行信息的合成处理。

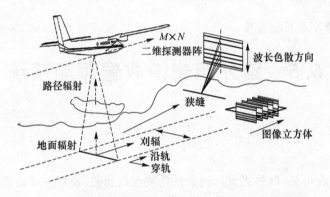

图 6-38 超光谱侦察原理

6.5.3 系统模型及内涵

紫外超光谱系统主要由场景扫描、分光部件、成像组件以及信号信息处理等组成,其系统模型如图 6-39 所示。

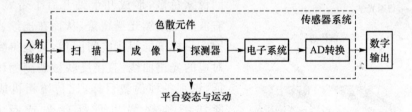

图 6-39 紫外超光谱系统模型

1. 场景扫描

(1) 扫描方式

超光谱侦察接收并分析目标的位置和形状等空间几何特征、目标与背景的谱亮度差别等辐射特征以及表面材料的光谱特征,数据包括空间、辐射和光谱三重信息。超光谱侦察需要利用机械、电子的方法及平台的运动来实现,其图像获取常用的模式包括掸扫、推扫和凝视 3 种,如图 6-40 所示。

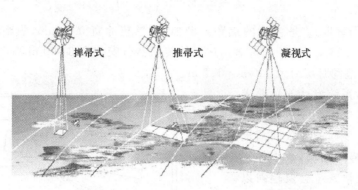

图 6-40 超光谱图像空间信息获取模式

1) 掸帚扫描

以瞬时视场连续扫描场景。掸帚式扫描的优点是定标辐射性能较好，因为视场确定。缺点是数据收集效率较低，面积覆盖率较低（或空间分辨率比较差），系统的扫描机构较复杂。

2) 推帚扫描

对二维场景中的一行像素进行穿轨扫描，飞机等主平台的移动提供沿轨扫描。推帚式扫描比掸帚式扫描更有效，因为它可以瞬时收集场景的一行数据。推帚扫描大多不需要机械扫描器，以降低系统的成本和复杂性。图 6-41 为推帚扫描示意。

3) 凝视扫描

是一种电子扫描方式，包括劈形成像和可调谐成像等，它同时探测二维空间视场，对应阵列探测器的两个维度。入射辐射通过线性滤波器时，探测器得到与空间一一对应的图像。

超光谱成像系统的特点是在具有一定空间分辨率情况下，系统的工作谱段宽、谱段连续、位置重叠，因此设计时需综合考虑图像分辨率和光谱分辨率的高清晰共存问题。

(2) 基于推扫体制的光机扫描实例

基于推扫体制的光机扫描结构如图 6-42 所示，包括光学窗口、扫描镜、望远镜和入射狭缝。望远镜采用离轴抛物面把入射辐射会聚到狭缝上，入射狭缝尺寸的设

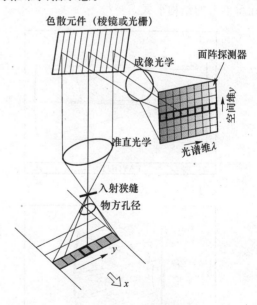

图 6-41 推帚扫描示意图

计取决于许多因素，其高度需与探测器表面对应，宽度要与光学系统的光学分辨力对应，狭缝与抛物面一起限制了达到后续部件光的范围。狭缝范围内所有点构成的光线集合形成的矩形锥体，称为瞬时视场（IFOV）。水平瞬时视场（IFOV）可通过调节狭缝宽度来调节，其关系表达式为

$$\theta_h = 2 \times \arctan\left(\frac{w}{2 \times f}\right) \tag{6-62}$$

式中：W 是狭缝的宽度；f 是主镜的焦距。例如，如果狭缝宽 0.1 mm，焦距 $f=250$ mm，则 IFOV 对应 $\theta_h=0.023°$。IFOV 为 $2°\times0.023°$ 的传感器若安装在 3 000 m 高度飞行的飞机上，则地面目标面积范围对应约为 100 m×1.2 m。

传感器光学系统设计的总要求是：在满足像质、确保系统信噪比与光谱分辨率等主要性能参数的前提下，尽量采取紧凑的结构，减小体积和重量。前置光学系统会聚辐射以产生一定的信噪比，其设计决定了系统结构形式及最终像质。传感器中体积和质量比重最大的是由光学件、光学结构件和机械部件等组成的光机主体，如果采用传统的同轴 R-C 形式，则光学系统的透射比低，光学系统轴向尺寸大，为此应采用特殊设计的光学系统。图 6-43(a)~(d) 为几种参考的结构形式。

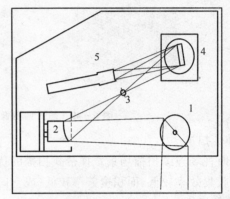

1—扫描镜；2—望远镜；3—入射狭缝；4—分光器；5—探测器

图 6-42 基于推扫体制的光机扫描结构

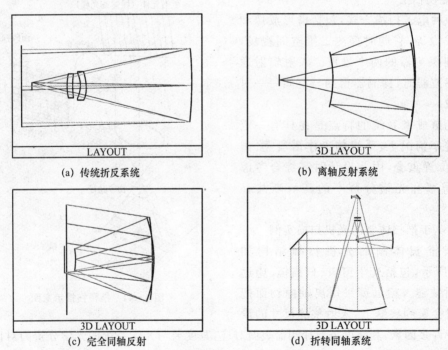

图 6-43 光学系统结构示意图

图 6-43(a) 为传统的折反系统。系统主要由一主反射镜和两块透镜组成，其优点在于结构简单，加工装调容易。缺点是系统的遮拦太大，系统总体结构的布局比较困难，成像质量较

难满足要求。

图 6-43(b)为离轴反射系统。系统主要由 3 块非球面反射镜组成,是特殊的离轴设计,其优点在于成像质量好,系统结构简单,材料较易选择;缺点在于元件均为非球面离轴反射镜,加工和系统的装调困难,而且整个系统的布局也比较困难。

图 6-43(c)为完全同轴反射系统。系统主要由一主反射镜和一次反射镜组成,光线两次入射主反射镜,其优点在于结构简单,材料较易选择,像质好,元件的加工和系统的装调容易;缺点在于遮拦大,而且整个系统的布局也比较困难。

图 6-43(d)为折转后的同轴系统。系统主要由 3 块非球面反射镜和 3 块平面反射镜组成,优点在于结构简单,材料较易选择,遮拦较小,摄像质量好,整个系统的布局也比较容易;缺点在于元件的加工和系统的装调有一定困难。

扫描镜由步进电机驱动的平面镜构成,电机机械带动平面镜在不同的时间和角度对单位长度的场景采集,产生一维光谱图像,图像被存储处理后,计算机控制电机驱动平面镜对空间相邻的另一个单位场景进行采集,获取连续的空间光谱信息。随时间和角度的线性增长,平面镜运动的范围形成了第二维光谱图像,进而构成图像立方体,如图 6-44 所示。平面镜的运动角度范围为系统的光学视场,通常为 20°左右。

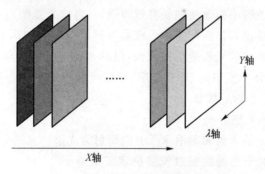

图 6-44 场景扫描的连续帧输出

2. 光谱分光

光谱分光方式包括色散系统(包括衍射光栅和棱镜)、时畴博里叶变换光谱仪、空间畴傅里叶变换光谱仪、劈形滤光器以及可调谐滤光器等多种,体制的最终选择取决于灵敏度、空间分辨力、光谱分辨力和视场之间的折衷。

(1) 光谱分光的几种方式

1) 色散方式

色散方式包括衍射光栅系统和棱镜系统两种方式,通过光栅或棱镜将来自同一个光源的不同波长光色散开来,送入不同的角度后聚焦在探测器阵列的不同部位,收集光谱图像。

光栅方式基于平行线条(或沟槽)进行分光。光束遇到光栅的周期性结构时会发生衍射,不论是透射还是反射的衍射光束都发生相互干涉,形成干涉图样。结果是在固定位置形成特定波长光的迭加极值,达到光束按波长分开的效果。光栅分光的优点是,分光后波长分布的线性较好,分光级数多。其光谱分辨本领可用 $\Delta\lambda/\lambda=1/kN$ 表示。式中的 N 为光栅沟槽的条数,k 为干涉级数。

2) 傅里叶变换光谱仪方式

傅里叶变换光谱仪基于麦克尔逊双光束干涉仪原理,可得到精细的光谱信息。

麦克尔逊干涉仪利用光束半透半反片将一束光分裂成两束后到达两个反射镜,其中一个为微动镜,镜面移动会改变反射光束的光程。当两光束再度相遇时因光程差发生干涉。在干涉条纹处放置探测器,便可得到表征干涉图样的信号,傅里叶变换后可将干涉图样转换成光谱图样。在麦克尔逊干涉仪内,动镜引起的光程差间隔(d_{max})与光波长间隔 Δv 关系是:$\Delta v = 1/d_{max}$,即光程差取样间隔决定了最小可分辨的波长间隔,分辨本领可达到 0.01 cm^{-1} 水平且与波长无关。

傅里叶变换光谱仪包括时畴成像仪和空畴成像仪两种类。时畴光谱仪的优点是光谱分辨率高、入光比值比同样大小的其他成像光谱仪大、光学设计比色散光谱仪简单以及在探测器噪声受限制的条件下性能优良等。空畴傅里叶变换光谱仪是一种空间调制的推扫式成像方式,干涉仪沿焦平面阵列的一维方向产生光程差变化。

3) 基于滤光器的方式

包括可调谐滤光器和空间可变滤光器方式,用光学带通滤光器把来自场景光谱的一个窄带辐射投射到单个探测器或者焦平面探测器上。可调谐滤光器包括声光和液晶两种,声光可调谐滤光器通过改变声波频率而改变波长有效间隔,并将滤光器调到不同波长,对于给定的声频只有很窄的光波范围满足相位匹配条件。液晶可调谐滤光器利用双折射效应,通过改变寻常入射光和非常入射光之间的光程差选择波长,但其调谐速度慢。典型的空间可变滤光器是劈形滤光器。作为精细分光使用的窄(或超窄)带滤光器仅透过中心波长 λ_c 附近很窄波段的辐射,其光谱分辨本领用 $\Delta \lambda / \lambda$ 表征。

(2) 基于反射光栅的光谱分光

反射光栅把从狭缝来的入射辐射沿水平方向衍射为光谱。光谱分辨率取决于光的入射角和光栅常数,探测器相对于光栅的安放位置决定了采集波段,最小可探测波长和最大可探测波长分别对应于光栅光线的最小和最大出射角,旋转光栅可改变这两个值,但光谱带宽基本保持不变。系统的光谱带宽是光栅常数和探测器孔径的函数。

因为系统的焦距比光栅常数大得多,入射和出射光线可看做波前各自平行,如图 6-45 所示。

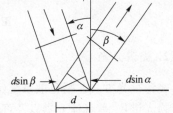

图 6-45 平面衍射光栅原理示意图

由图 6-45 可导出光栅方程:

$$n\lambda = d\sin\alpha - d\sin\beta_n \quad (6-63)$$

式中:n 为谱线级数;λ 为波长;α 为入射角;β 为出射角。

如果在保证 α 不变的同时,把光栅转动一个角 ϕ,则 $\theta'_i = \phi - \alpha$ 代表了入射角,$\theta'_e = \phi + \alpha$ 代表了出射角,则光栅方程变为

$$n\lambda = d\sin\theta'_i - d\sin\theta'_e = d[\sin(\phi-\alpha)+\sin(\phi+\alpha)] \quad (6-64)$$

三角变换得

$$n\lambda = d[(\sin\phi\cos\alpha - \cos\phi\sin\alpha) + (\sin\phi\cos\alpha + \cos\phi\sin\alpha)] = 2d\sin\phi\cos\alpha \quad (6-65)$$

解得

$$\phi = \arcsin\left(\frac{n\lambda}{2d\cos\alpha}\right) \qquad (6-66)$$

因为单色仪系统仅处理一级光谱,因此 $n=1$。一旦 ϕ 已知,代回到光栅方程,可得到对应的最大和最小探测波长。例如,对于 1 200 l/mm 的光栅,当 $\phi=6.3°$ 时,$\lambda_{min}=193$ nm,$\lambda_{max}=328$ nm,系统带宽 135 nm;对于 600 l/mm 的光栅,带宽显著增加。当 $\phi=3°$ 时,$\lambda_{min}=200$ nm,$\lambda_{max}=476$ nm,系统带宽 276 nm。光谱分辨率主要由光栅常数和入射狭缝宽度决定。光栅常数减少两倍,光谱分辨率也相应减少两倍。目前,标准规格的平面衍射光栅有 600 l/mm、1 200 l/mm、2 400 l/mm,这些为系统指标的设计选取提供了较宽的范围。表 6-4 概括了各光栅常数情况下的带宽和分辨率。从表中看出,带宽和分辨率变化时,光谱通道数(带宽/分辨率)不变。

表 6-4 不同光栅常数情况下的带宽和分辨率

光栅常数/(l/mm)	系统带宽/nm	分辨率/nm
600	276	2
1 200	135	1
2 400	64	0.5

基于平场反射式凹面光栅的的超光谱成像装置如图 6-46 所示。

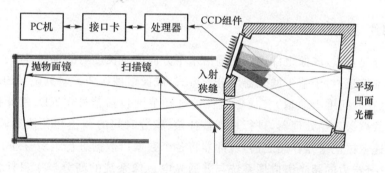

图 6-46 基于平场反射式凹面光栅的的超光谱成像装置

(3) 基于声光滤光器的光谱分光

基于声光滤波器(AOTF)的光谱分光部件由声光滤光器、射频控制、检测和反馈控制等部分组成,如图 6-47 所示。通过调节外加射频来选择衍射光的波长,可适用于目标和背景快速变化的情况,具有宽的光谱通带、较高的电调谐速率以及良好的光谱分辨率,同时在非临界相位匹配时具有较大的视场角,不需要进行光谱扫描就能对较大视场进行光谱分析,尤其是其光谱可调谐特性可根据使用环境和监测对象进行调节,在数据率、灵敏度和识别力等几方面获得优化。

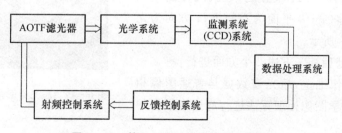

图 6-47 基于 AOTF 的光谱分光部件

基于 AOTF 的分光部件具有结构简单、体积小、坚固、对振动不敏感和可程控等特点,所有的光学器件作为一个整体安装在可精确调整校准的支架上,在调整校准好后,用环氧树脂或销子形成一个牢固的部件。

基于 AOTF 的分光原理如图 6-48 所示,整个视场(FOV)中的所有光线经 AOTF 衍射成像在凝视焦平面上,如果以一定步长调节声光可调谐滤波器的衍射波长,便构成了以物空间平面二维和波长的三维像体,实现图谱合一。采用精细分光元件和面阵器件的像素合并技术,系统光谱分辨力可进行智能化的粗细调节。

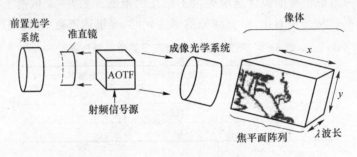

图 6-48 基于 AOTF 的超光谱系统工作原理

3. 成像组件

对于色散分光方式,成像组件记录光栅沿水平方向依波长反射的辐射,同时获取垂直方向场景空间的一维信息;对于基于滤光器的分光方式,成像组件在任一时刻记录的均为空间二维图像(光谱信息在时间维上获取)。成像组件的选择范围包括紫外 ICCD、紫外扩谱 CCD 等。探测器的像素数据送入预处理器,进行总增益补偿、积分时间的调整和补偿量调整并数字化。图像在送到高速数据记录器存储之前,缓冲器将各个数据口数据进行组织整理。

中、低光谱分辨力的超光谱成像系统与普通光电成像系统的高分辨率目标识别能力相结合,可兼得两种系统的优点。例如,一旦中、低分辨率超光谱成像装置发现目标,则实时超光谱探测算法产生提示信号,触发高分辨率分幅相机,然后将拍摄的目标图像通过数据链路实时传给地面站,用于目标识别,实现自主、实时的传感器探测。

4. 信号与信息处理

超光谱探测信号处理系统接收的是三维数据。从超光谱数据结构看,如果将对应坐标的每一幅窄波段二维图像按探测波长 λ_i 重叠起来,就可得到超光谱图像数据立方体($x-y$ 平面为空间维,z 方向为光谱维),如图 6-49 所示。

信号与信息处理基于下述 2 个方面进行:

① 在空间图像维上,超光谱数据与普通图像相似,可用一般的光学图像处理算法进行超光谱数据的目标信息检测。

图 6-49 超光谱图像数据的立方体

② 在光谱维上,超光谱图像的每一个像素可以获得一个连续的光谱曲线,基于光谱数据库的光谱匹配滤波技术可以实现对目标的识别。

光谱匹配滤波利用目标和背景间存在着的光谱差异进行数据处理,按照最佳的波段选择方法选择波段集,判别并消除景像中的主要背景光谱成分,增强背景成分中的目标信号。由于目标的反(辐)射光谱很大程度上可以决定其类型,通过测试光谱(像素光谱)与参考光谱二者间的匹配性可确定目标属性。参考光谱是数据库中的先验知识。

设输入像素的光谱信号 $\boldsymbol{\alpha}$ 为 n 维向量($i=1,2,3\cdots$),背景光谱库中某一背景的光谱信号 $\boldsymbol{\beta}$ 亦为 n 维向量($i=1,2,3\cdots$),应用线性代数理论,由许瓦兹不等式知,两向量的内积的平方小于等于向量各自内积后的乘积,即

$$|\langle \boldsymbol{\alpha},\boldsymbol{\beta} \rangle|^2 \leqslant |\langle \boldsymbol{\alpha},\boldsymbol{\alpha} \rangle \langle \boldsymbol{\beta},\boldsymbol{\beta} \rangle| \qquad (6-67)$$

变换得:

$$\left| \frac{\langle \boldsymbol{\alpha},\boldsymbol{\beta} \rangle}{\|\boldsymbol{\alpha}\| \|\boldsymbol{\beta}\|} \right| \leqslant 1 \quad (当 \|\boldsymbol{\alpha}\| \|\boldsymbol{\beta}\| \neq 0 \text{ 时}) \qquad (6-68)$$

式中:$\|\boldsymbol{\alpha}\|$ 为向量 $\boldsymbol{\alpha}$ 的范数;$\|\boldsymbol{\beta}\|$ 为向量 $\boldsymbol{\beta}$ 的范数。

定义 n 维向量 $\boldsymbol{\alpha}$ 与 $\boldsymbol{\beta}$ 的夹角为 θ,则有:

$$\theta = \arccos \frac{\langle \boldsymbol{\alpha},\boldsymbol{\beta} \rangle}{\|\boldsymbol{\alpha}\| \|\boldsymbol{\beta}\|} \qquad (6-69)$$

θ 表示两个光谱信号向量的夹角,称为光谱角,相应地定义 $\rho = \cos\theta$ 为相似因子。θ 越趋近于 0,相似因子越趋近于 1,表示两光谱信号越相似,反之,光谱角 θ 越大,则说明两个类别间的可分性越好。分析像素中的光谱特征与背景光谱是否吻合,可消除景象中的主要背景成分,进一步探测或确认军事目标的存在。

光谱匹配滤波可采用硬件运算方式和片内多运算部件并行处理每个空间位置上的光谱信息,产生一幅经滤波后的图像,设置阈值后实现目标的初级判断,从杂波背景中检出哪些是可能目标。数据采集处理部分可控制系统工作模式数据流及波段选择,用于控制向存储器传输数据并记录。信息转换把光电侦察信息转换为统一格式存储于数据库;信息相关把原来数据库中的一部分数据同新来的信息相关;信息组合与推理把相关后的报告和数据综合起来,实现优化配置、功能相互支援及任务综合分配,提高决策的准确度。

信号信息处理要在对目标源及环境光谱特性的大量研究基础上,建立包括对主要目标源波长、强度特征及经自然界物体反射、散射特性的分析,对各种人造光源(如战场燃烧建筑物、闪光灯等)及自然光源在光学通带内的背景辐射特性分析。

5. 典型系统设计

基于衍射光栅和推扫光机扫描的典型紫外超光谱成像探测系统设计原理如图 6-50 所示。场景中目标的紫外光子通过系统传感器扫描镜反射后,入射到滤光器和主物镜,经会聚和带外杂光滤除到达入射狭缝、准直透镜。反射式光栅对入射辐射的光谱色散为分立波长后,经由传感器光学系统聚焦成像到 UV ICCD 组件,探测组件接收辐射并光电转换成一定图像质量和格式的数字图像,输出至中心处理控制器,中心处理控制器根据预定算法对其进行处理,并根据中间结果对系统进行过程控制。

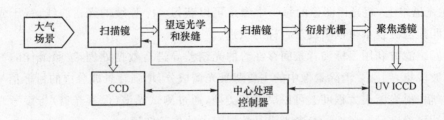

图 6-50 典型的紫外超光谱成像探测系统设计原理框图

基于上述原理的光学布局如图 6-51 所示。

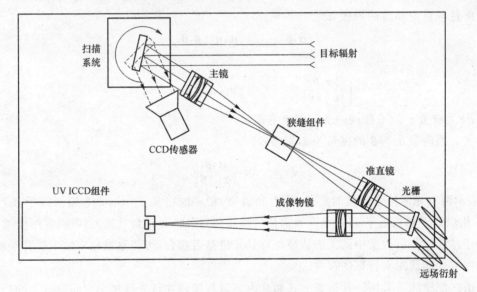

图 6-51 紫外超光谱成像探测系统光学布局

6.6 紫外通信系统

6.6.1 工作原理及特点

紫外通信系统工作于日盲区并基于中紫外辐射极强的散射特性,可实现"非直视"(NLOS)通信,如图 6-52 所示。紫外通信系统的发射机以水平方向辐射信号,接收机则朝上收集散射到视场内的紫外辐射信号。紫外发射机的辐射与接收机视场空间相交于大气空间,紫外辐射由大气层的微小颗粒散射到接收机的视场并被接收,从而实现非视距通信。

紫外通信基本原理就是把紫外辐射作为信息传输的载体,把需传输的信息加载到紫外辐射上,以实现信息的发送和接收,如图 6-53 所示。常用的紫外通信系统信息调制方式采用电流内调制,辐射源一般选用标准低压汞灯,数字信号经过编码后形成数据脉冲编码流,电平转换后进行调频调制,或者数字信号直接调频调制;语音信号在声电转换后直接进行信息调频调制,不管传输的是数字信号还是声音信息,被调制后的信号通过驱动电路控制光源的发光频率,把信息以光的形式发射出去。携带信息的紫外辐射信号经近地低空大气传输,由紫外接收

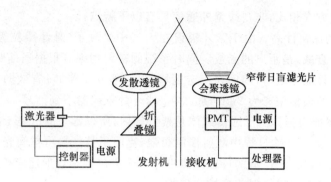

图 6-52 紫外通信系统工作原理

机接收后,进行处理、解调以及数据或语音传输判别,最后转换还原成数据,语音信号则通过相应电声设备还原成语音。

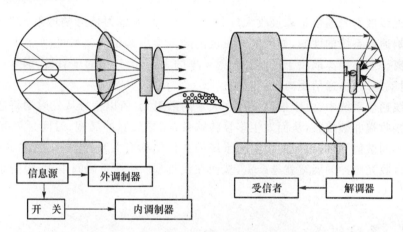

图 6-53 紫外通信系统原理

紫外通信系统信息加载方式也可采用外调制方式,如图 6-54 所示。外部频率调制方式中,紫外辐射源光强恒定,要传输的数据或语音信号通过调频转换成相应频率的信号,通过控制晶体开关来控制紫外辐射的闪烁频率。这种方式的辐射源一般采用紫外激光器和会聚透镜,以便能更好实现通信。但是由于大气信道对调制速率的限制和系统采用的光学元件较难集成且抗震动性能不好,不太适合进行战场上的通信联络。

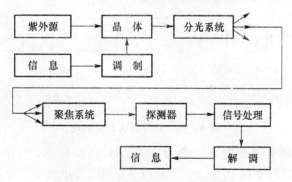

图 6-54 外调制紫外通信系统原理

与传统的通信方式相比,非视线紫外通信具有以下特点:

① **数据传输的保密性高**。由于紫外辐射在大气中受分子、悬浮微粒等的吸收和散射,信号能量按指数规律衰减,是距离的函数。同时系统的辐射功率可根据通信距离的要求来调整,使其在通信范围之外减至最小,因而在一定区域外(一般几千米)可有效防截获、侦听。比如,一个紫外通信系统的通信距离为 2 km,那么在 3 km 处就探测不到信号。

② **系统抗干扰能力强**。由于通信载体是紫外辐射,所以常规的电磁干扰对其无效。

③ 紫外辐射在大气传输过程中散射作用很强,克服了其他自由空间光通信系统必须工作在视线方式的弱点,因而具有"低的位置探测率"和"全方位性和地形适应性"的工作特点,发射端和接收端之间允许有阻碍辐射传输的障碍物。

④ 紫外散射通信具有一定的全向性,系统的光束对准、捕捉和跟踪实现容易;另外,紫外散射通信光源发射和接收均基于日盲工作波段,接收到较少的紫外光子信号就可以获得相对较高信噪比。

由于非视线散射光通信是靠接收大气分子和气溶胶对辐射信号的散射来工作的,大气状况会直接影响通信系统的性能,如大气能见度的降低会引起消光系数的增加从而限制系统的最大通信距离。通信距离取决于气候和辐射功率的大小,大气中的臭氧量、烟雾量和含尘量越高,光的散射就越严重,通信距离也就越短。

在非视线通信系统中,由于信道中存在大量的散射元,所以信号从发射端将通过多条不同的路径到达接收端并被接收,从而发生多径传输效应,导致脉冲展宽、时间延迟和码间串扰等现象。信道中的散射元(散射元的多少与系统的几何结构有关)对传输辐射的散射越强,多径时间延迟和接收光脉冲的展宽就越严重,从而在接收端产生严重码间串扰,限制系统的最大可用带宽。

6.6.2 系统组成

紫外通信系统基本组成包括紫外发射机和紫外接收机,主要构成方式有收发结合式、收发分离式和收发合一式。紫外通信系统组成如图 6-55 所示。发射机把信息调制到紫外辐射源上并经由空间传输到接收机。由于空间开放,背景辐射与所传输信息的光场同时被收集到。光接收机采用灵敏度极高的光电倍增管,对接收到的辐射进行光子计数检测。探测器输出表现为泊松分布过程,该过程的计数强度与收集到的瞬时功率成正比,接收机在光电检测后需进一步处理恢复信号波形,把接收到的已调信息解调出来。

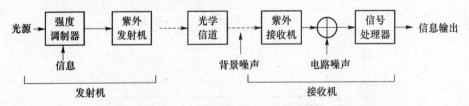

图 6-55 紫外通信系统组成

紫外通信系统的语音通信频率一般为 192 kHz,在距离为 2~10 km、数据传送速率为 4 800 bit/s 时,系统的误码率优于 1×10^{-6},其通信距离主要取决于气象及辐射功率的大小。

1. 发射机

紫外发射机由发射光学系统、紫外声光外调制器、高重频紫外辐射源(含微会聚系统)、触发电路及电光转换电路等组成,如图 6-56 所示。电光转换电路把话音或数字数据信号转换成曼彻斯特自同步脉冲数据编码流,输出给放电灯管,传话音时调制频率平均为 20 kHz,传送数字则低些。采用脉冲氙灯频率调制技术,可实现对输出辐射的脉冲调制;采用组合光源定向发射技术,可实现一点对多点的通信。对于基于激光器的发射机,其激光脉冲输出由计数电路记录并触发数据采集程序,给激光脉冲打上时标,作为真值用来与接收机记录的数据比较。

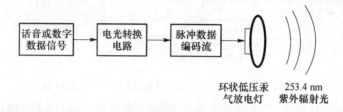

图 6-56 紫外通信发射机

发射机的辐射源性能应满足下述要求:

① 波长须满足日盲区要求。目前辐射波长主要在 280 nm 附近。

② 大功率。由于紫外辐射易被大气吸收和散射,传输过程存在着严重损耗。发射与接收信号能量差一般达 9 个数量级。为建立可靠的低误码率通信线路,功率应足够大。

(1) 紫外辐射源

1) 非相干源

非相干源主要指低压汞灯(把 20% 的电能转换成 253.6 mm 的辐射光)。通过设置适当的反射镜可增强辐射源亮度,实现对某个位置的定向辐射。低压汞灯可以制成不同的大小和形状,以满足多种规格的要求。如果做成环状(环中央为反射面),大部分能量就会辐射到很宽的范围。环状低压汞灯加上反射镜后可提高发射信号的方向性。

为避免大气信道中湍流、灰尘等对光束的阻碍,可选择光学透镜阵列,由多个微会聚系统将发射光束发散角压缩为 1°,以提高发射功率。发射透镜(发射天线)能把截面很小的激光束变成截面较大的激光束,便于接收透镜(接收天线)调整方位并接收信号。

低压汞灯尽管具有小型、低成本的特点,但由于温度的敏感性、易碎性及有限的调制带宽,其应用一直受到限制。

2) 半导体紫外辐射源

大功率半导体激光辐射源体积小、重量轻、功耗小、寿命长、可直接调制、响应速度快。鉴于目前系统一般要求数十微弧度,所以大功率 LD 阵列必须以衍射限输出。半导体激光源是以前所使用光源中输出功率最高的,它要求高功率的调制器并保证波形质量。发射机也可采用激光二极管泵浦的紫外微芯片激光器。激光器发射的紫外束耦合到一套发散透镜组,然后大范围地发射。图 6-57 是目前国外 274 nm LED 的 24 单元阵列的测试性能,可通过多重阵列集成,配置成大功率辐射源,达到 50 mW。

可调频的 Ti:Sapple 紫外激光器和四分频的 Nd:YAG 紫外激光器是两种改进的激光源,可发出 500 Hz/5 mJ 脉冲和脉冲宽度为 10 ns 的激光脉冲,制冷为循环水方式。

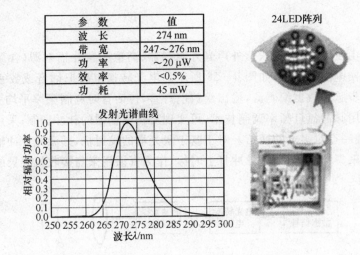

图 6-57 国外 274 nm LED 的 24 单元阵列的性能

紫外激光器用于紫外通信,在不同程度上存在一些问题。Nd:YAG 调制困难;Ti:Sapple 激光器可调制,但是需要激励激光和足够的电源;铜蒸气激光器同样也有电源供应的问题。对于较高速率的通信来说,多路时间扩散限制了高速率激光通信的应用。

(2) 紫外声光调制器

声光调制器是信号的调制载体,与辐射源的电调制相比属外调制方式,它通过声光调制器控制光源发出的紫外辐射,将信息加载到出射辐射中。外调制比内调制具有较高的带宽和调制速率。

紫外声光调制器由器件和驱动电源两部分组成,其工作原理如图 6-58 所示。驱动电源输出的电信号加到换能器上,换能器转化为超声波传输到声光互作用介质 5 内,在介质内形成折射率光栅 2,激光通过时发生衍射,形成紫外辐射脉冲。器件结构为布拉格衍射形式,以使一级衍射光光强最大。根据参量互作用理论,如把某个频率的电信号加到换能器上,则一级布拉格衍射光所具有的频率是入射辐射频率和电信号频率之和,而紫外辐射的幅度按电信号幅度正比例变化(入射辐射强度不变),因此在器件带宽范围内可以完成 2 Mbps 的脉冲调制。

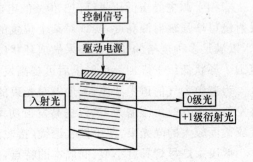

图 6-58 紫外声光调制器原理

(3) 调 制

大部分光通信系统中普遍采用强度调制/直接检测(IM/DD) 技术。在有色散延时存在的大气信道中,选择合适的调制解调方式可以有效地降低误码率,提高系统可靠性。对于战场环境下机动性要求高的通信终端,低功耗也是选择调制方式和系统设计需要考虑的因素。应用于紫外通信系统中的调制方式有多种,比如开关键控(OOK)、脉冲位置调制(PPM)、差分脉冲位置调制(DPPM)、数字脉冲间隔调制(DPIM)以及在 DPPM 调制技术基础上改进的差分脉冲位置调制(IDPPM)。最简单的方式是采用 OOK 强度调制,但由于紫外辐射在传输过程中的吸收和散射特性,距离和天气的变化将对紫外辐射信号的幅度产生较大影响,且辐射传输的环境有噪声和多径现象,OOK 调制方式受影响较大,对应的接收灵敏度同样受影响较大,PPM 方式的接收灵敏度受影响较小,同时由于光源的电光转换过程中的非线性,用脉冲方式要比正弦波好,所以脉位调制方式可完成信息的加载,实现紫外辐射信息传输中的高速数字编码调制。由于语音信号经过采样、量化、编码后输出标准的 TTL 电平信号,因此可以通过用二进制移频键控(2FSK)的方法实现对信号的有效调制。

IDPPM 较其他调制方式,在带宽效率、功率效率以及利用软判决解码以改善 IDPPM 调制系统性能等多方面都具有优势。其性能对比见表 6-5。

表 6-5 几种调制方式的比较

调制方式	优 点	缺 点
OOK	调制简单,速率为 9.6 kHz	功率效率低,双工通信困难
PPM	功率效率高,速率为 0~10 MHz	同步难,带宽效率低
DPPM	功率效率和带宽效率较好折中	无法软判决,长连'1'
IDPPM	功率效率和带宽效率较好折中	可软判决,易同步,收发需要缓存设置

下面介绍两种典型的基带调制方法。

1) 开-关键(OOK)

开-关键是一种位序列调制,其中"1"代表脉冲,"0"代表没有脉冲。持续时间 T_b 的固定时间间隔赋值到每位,位率为 $R_b=1/T_b$,脉冲宽度 $T_p=xT_b$(x 是位间隔)。如果 $x<1$,则位序列传输中的周期跳变滤波后产生一个时间参考。开-关键系统解调器包括一个集成滤波器,阈值设置为 50%脉冲能量。开-关键系统的误码率由下式给出:

$$\mathrm{BER_{OOK}} = \frac{1}{2}erfc(\mathrm{SNR});$$

$$\mathrm{SNR} = \frac{P_r}{\sqrt{(P_b+P_r)P_n}}$$

(6-70)

式中:P_r 为探测器接收的信号功率;P_b 为探测器接收到的背景功率;P_n 为探测器的暗电流。

背景太阳光辐照度是波长的函数,在小于 270 nm 的中紫外波长范围可以忽略。探测器发射噪声功率由下式给出:

$$P_n = \frac{hcB}{\eta_{qe}\lambda}$$

(6-71)

式中:h 为普朗克常量;η_{qe} 为量子效率;B 为接收机带宽。

调制的带宽效率由位率和所需传输带宽之比给出。开-关键带宽效率由下式给出:

$$\mathrm{BE_{OOK}} = \frac{R_b}{B} \equiv x$$

(6-72)

式中:x 是分式脉冲宽度,$0<x\leqslant 1$。当 $x=1$ 时,对应不归零制(MRZ)开-关键,带宽效率最大化。

2) 脉冲位置调制

脉冲位置调制(PPM)是常用的调制方式,且由于 PPM 的较高功率效率而在空间光通信系统中得到了广泛应用。在脉冲位置调制中,lb L 代表在 L 帧中单个脉冲的位置,如

图 6-59 所示。相对于 OOK 的脉冲相位调制,带宽效率和传输功率见图 6-60。位率为 $R_b = \text{lb} L / T_F$,其时间参考如同开-关键方法也可由信号导出。帧内脉冲位置的确定及帧范围识别同步工作。

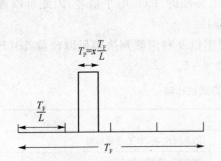

图 6-59 脉冲位置调制帧时间的辐照度 T_F 和脉冲宽度 T_{P0} 用于 $L=4$ 的情况

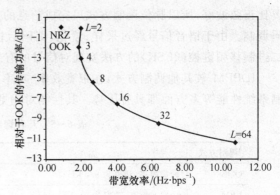

图 6-60 脉冲相位调制带宽效率和传输功率

脉冲位置调制的带宽效率由下式给出:

$$\text{BE}_{\text{PPM}} = \frac{x \text{lb} L}{L} \tag{6-73}$$

分别对比等式(6-72)和(6-73)中开-关键和脉冲位置调制的带宽效率($L/\text{lb}L$),脉冲位置调制效率较低,$L/\text{lb} L$ 需要比开-关键更大的带宽。然而,对于给出的 BER,脉冲位置调制需要比开-关键更小的功率,约为 $1/2L\text{lb} L$。例如,$L=4$ 脉冲位置调制需要的带宽是开-关键的 2 倍,但是传输功率仅需一半。对于更大的 L 值,脉冲位置调制的功率优势超过了开-关键,如图 6-60 所示。对于约束能量、低速分布的传感器,有足够的通道带宽来适应功率的抑制。就功率最小化而言,L 的最佳值的选择取决于所期望的最大通信距离和接收机电路的效率。

接收端检测到的功率的强弱直接决定了系统的性能,同时发送功率过高会对人体安全造成损伤。因此,在选用调制方式时,应考虑调制方式的效率,并最大限度地对手持端提供防护。

2. 接收机

紫外接收机主要由大口径会聚光学系统、带通滤光器、光电倍增管和处理电路等组成,如图 6-61 所示。其中,250~270 nm 带通滤光器用于提供探测器工作的有限带宽。光电倍增管工作于光子计数状态,将紫外信号转换成电信号,灵敏度可达 10^{-15} W。近距通信时,光电倍增管和滤光器可以直接使用,远程通信时需要通过光学系统增强对空间紫外的接收。接收机用解码器把收到的信号转换成明文或音频输出。接收端采用紫外声光外调制器技术以及软判决解调技术、综合纠错和均衡等技术,可克服信号失真的影响。

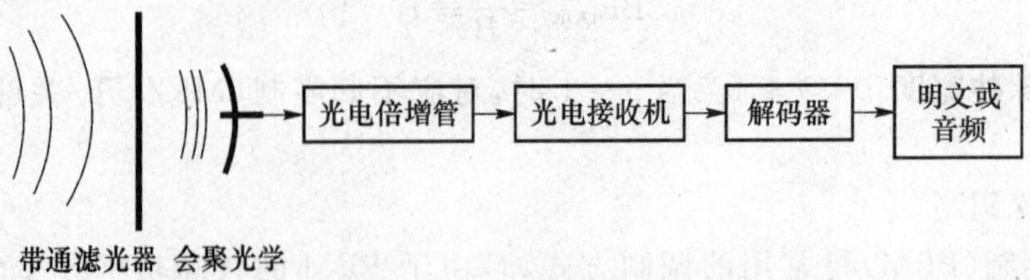

图 6-61 紫外通信接收机

光子计数电路能检测极微弱的信号,以对应更远的探测距离。脉冲计数电路采集 PMT 的输出,并把模拟信号转换为数字计数,同时为帧采集卡提供时间信号以积累数字信号,建立数据帧,并在打上时标后与发射站的输出比较。

(1) 关键部件

1) 光学系统

较远距离通信时,接收机可采用大口径光学系统实现系统的高灵敏度,以增加系统通信距离。光学系统主要作用如下:

① 提高光学系统的光学增益,增加通信距离。利用大口径的反射式和透射式光学系统,增加紫外接收的光学能量,从而提高系统光学增益。

② 增大光学系统的视场,以达到全方位信号接收的目的。

③ 接收天线由透镜构成,也可采用阵列接收,以增加接收面积。对于大气信道传输特性随机变化对通信造成的不利影响,可采用自适应变焦技术消除。

④ 通带位于 250～270 nm 的滤光器滤除非日盲区的光学辐射,以降低背景噪声,提高光学系统接收信噪比,另外系统设计时可采用近似"日盲"材料的光学系统与日盲滤光器组合来增强系统的光谱选择性能。图 6-62 为某 UV LED 光源探测器/滤光器的合成光谱带通曲线。

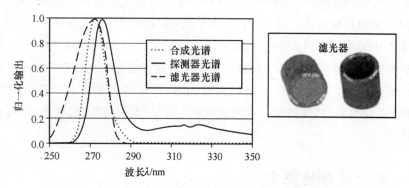

图 6-62　探测器/滤光器的合成光谱带通

图 6-62 中右为日盲滤光器(透射波段为 240～280 nm;峰值透射比为 15%;带外截止为 50 dB),作用是截止 290 nm 以上的辐射,抑制系统通带外可见光及日光近紫成分。由于入射角增加,中心波长向短波方向移动,不影响日盲特性,故不需考虑入射角效应。

光学系统能够实时自适应调整光学变焦系统,以解决大气信道造成的影响,提高系统的光学增益。由于在日盲区中的背景辐射通量可忽略掉,即使对宽视场光学器件,光子探测也是可行的。

2) 探测器

紫外探测器的主要功能是完成紫外信号到电信号的转换,对于非直视的紫外通信,理想的探测器应该有较大的探测面积、高增益、高响应率、极低的暗计数和良好"日盲"特性。可选用具有"日盲"特性的光子计数型紫外光电倍增管作为光电探测器,通过对离散光电子脉冲计数来进行辐射接收,实现极微弱信号的检测。并联使用 N 只光电倍增管,可增大接收视场角,提高接收灵敏度。

在尺寸、功率及成本方面,半导体探测器要优于光电倍增管。因此,利用半导体探测器替代光电倍增管是目前国内外活跃的研究领域。而且,半导体探测器量子效率比光电发射材料的要高。然而宽带隙半导体光电探测器的高暗电流阻碍了其在光子计数器方面的应用。在Geiger模式中产生暗电流的雪崩光电二级管(APD)有望成为折衷选择。

(2) 解调软件

DPPM调制方式规则中定义"00, 01, 10, 11"为"1, 01, 001, 0001",差分脉冲位置调制(IDPPM)是DPPM的一种改进。与DPPM类似,IDPPM在DPPM的基础上加了一个"0"位,规则中定义"00, 01, 10, 11"为"01, 001, 0001, 00001",用2个连续的光脉冲间的时隙数来传递信息,可保证一个无误码的IDPPM序列中不会有连"1"的情况发生。

在PPM,DPPM和IDPPM中,接收端解码器需要作出符号判决。目前可采用的判决方式有硬判决和软判决两种。当采用硬判决方式时,解码器通过阈值检测简单地将采样到的信号量化为"高电平"或"低电平"。而软判决方式则不是将采样值简单量化。在PPM调制中,硬判决解码方式实现起来比较方便。但在同等误码率条件下,硬判决的辐射功率需求较软判决方式高出约1.5 dB。

由于DPPM,IDPPM编码方式的信号码长不确定,使得在解码时,任何一个时隙的错误都会对相邻时隙的判断产生影响。又因为在DPPM序列中有可能会有长连"1"的出现,所以在DPPM解码时无法使用软判决。而IDPPM则不然,在IDPPM的比特序列中,每个"1"的两侧总是"0",如"…01001000100010…",故它可以运用软判决来进行解码。由于硬判决方式会将所有高于阈值的信号判决为"1",在噪声和码间串扰的影响下,用硬判决方式来解码可能会将很多"低"判为"高"。而在对信号进行软判决时,则是将大于前后采样值的信息位判为"1",以减小将"0"误判为"1"的概率。虽然并未减小将"1"误判为"0"的概率,但可有效增强判决的可靠性。

6.6.3 紫外通信的应用

非视线紫外通信作为一种新兴的通信方式,克服了无线通信易被监听的弱点,大大减少了通信设备和线路的开设及拆除时间,非常适合于近距离、地形复杂的保密通信。尽管各种紫外通信系统存在共性的技术要求,但由于用途不同,其要求和技术指标也不一样,基本上可分为大功率远距离和小功率近距离两种。前一种主要应用于固定安装,后一种则强调轻便和移动性。

近距通信可满足小团队无线通信、局部干线通信和宽带连接等的需要。应用方案有:

① 发射系统按水平方向从地面平台发射紫外辐射,接收机则朝上收集光信号。

② 空中平台的接收机朝上安装,以收集散射在大气层中的编码脉冲信号;发射机发出的紫外辐射具有散射和同播特性,可照射平台下方的一定区域。

早在20世纪70年代,美国还提出过基于紫外辐射的外层空间通信。随着对通信系统性能要求的不断提高,激光通信已成为紫外通信的发展方向,基于Nd:YAG紫外激光器的紫外通信系统采用脉冲相位调制,其体积较小,适合野外环境。

6.7 紫外制导系统

随着探测器从单元到多元、从单色到双色的发展,以及信号信息处理由模拟方式向数字化方式的发展,导弹的性能不断提高,其中利用目标、背景和干扰在不同波段的不同光谱特性,可区分真假目标,增强抗干扰能力。紫外制导是以红外/紫外双色联合形式实现的,是多模制导中的一种,其主要优点如下:

① 紫外波段是鉴别红外诱饵光谱的有效途径。根据目标、诱饵的红外/紫外辐射能量的比值不同,导弹处理系统应用光谱鉴别法可自适应识别红外诱饵,提高抗红外诱饵能力。

② 紫外可与红外协同工作以增加探测、跟踪及抗干扰能力,也可独立工作来实现对目标的全向攻击,且在白昼的作用距离要比中红外远。

③ 玫瑰线扫描大大提高了对远距离目标的探测能力及抗干扰能力。

6.7.1 工作原理

1. 双光谱比率鉴别

飞机尾喷的紫外波段(0.3~0.5 μm)能量较少,该波段的特征主要来源于飞机蒙皮对天空紫外的反射;背景的紫外分量主要是天空的紫外散射;而以镁粉、特氟伦等材料制成的MTV红外诱饵弹,燃烧时生成高温固态粒子,温度高达2 000 K以上,其辐射特性近似灰体,因而紫外辐射能量较大,辐射强度比飞机尾流高1~2个数量级,远远超过了背景及目标等其他的紫外辐射能量,且二者在红外、紫外波段范围内的光谱辐射分布差异很大。因此,通过红外、紫外两个通道对目标、诱饵进行探测后比较其光谱和能量等特征,可区分出目标和诱饵,从而实现有效跟踪。

寻的器光学系统焦平面上的红外探测器和紫外探测器接收到入射辐射后,经转换可得到反映目标辐射强度和光谱的红外、紫外两路信号脉冲。根据普朗克定律,目标光谱辐射亮度L_λ依赖于该点的温度,当双色探测器的瞬时视场扫过辐射源上相同温度的区时,产生的红外、紫外信号之比为

$$\frac{U_{\text{IR}}}{U_{\text{UV}}} = \frac{\lambda_2^5 [\exp(c_2/(\lambda_2 T_t)) - 1]}{\lambda_1^5 [\exp(c_2/(\lambda_1 T_t)) - 1]} \tag{6-74}$$

式中:T_t为目标的温度;λ_1为红外辐射波长;λ_2为紫外辐射波长。

红外与紫外信号之比随温度单调变化。对给定温度的物体,它是一个常数。如果将飞机尾流温度作为鉴别温度T_D,相应的信号比作为给定的门限,则当辐射强度大大超过飞机的诱饵信号进入双色探测器视场时,导弹上的计算机可根据探测器输出的电平,经相应的逻辑判断,实现对目标和诱饵的鉴别。

2. 波段的选择

探测距离是寻的器进行波段选择设计时需着重考虑的因素,它是当目标辐射为寻的器系统噪声等效功率(NEP)10倍时,系统能够探测到目标的距离。实际工作中的紫外波段延伸到

了可见光范围。为了选择能够准确探测要对抗的目标(如诱饵)的紫外波段,需分析大气传输率和目标发动机的辐射能量。图 6-63 是对红外/紫外制导模拟分析的结果。

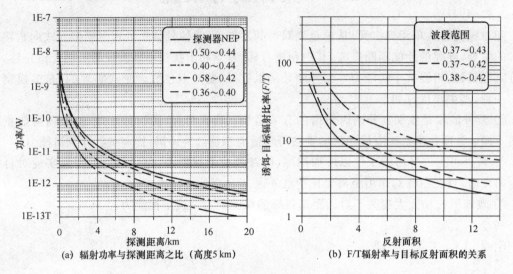

(a) 辐射功率与探测距离之比 (高度5 km)　　(b) F/T辐射率与目标反射面积的关系

图 6-63　紫外波段选择模拟分析结果

图 6-63(a)为紫外波段辐射功率与探测距离的函数关系。表 6-6 是对给定波段计算的探测距离。结果表明,有效选择紫外波段能够为寻的器提供 3～7 km 的探测距离。图 6-63(b)是诱饵与目标(F/T)的辐射比率,该比率在紫外波段依目标的反射面积改变。例如,当诱饵在目标以外时,$0.37～0.42~\mu m$ 和 $0.38～0.42~\mu m$ 波段的比值分别为 2.7 和 3.8。在相同区域内,$0.37～0.43~\mu m$ 的比率为 8.7。在紫外波段,随着 F/T 比率的增加,导弹能更精确地探测到诱饵。结果表明,可以减少诱饵影响的最佳紫外波段为 $0.37～0.43~\mu m$。目前红外/紫外双色制导中的紫外工作波段一般为 $0.3～0.55~\mu m$,该波段有最佳的大气传输效率和最佳的目标/背景对比度。

表 6-6　给定波段计算的探测距离　　　　　　　　　km

起始波长	选定的波段							
	~0.37	~0.38	~0.39	~0.40	~0.41	~0.42	~0.43	~0.44
0.36	0.7	1.35	1.91	2.42	3.03	5.3	6.4	7.7
0.37		1.08	1.66	2.27	2.90	5.27	6.3	7.6
0.38	—	—	1.32	2.02	2.75	5.2	6.2	7.5
0.39				1.60	2.46	4.9	5.9	7.3
0.40					1.97	4.1	5.5	6.9
0.41						3.2	4.9	6.5
0.42							3.8	5.7
0.43								4.4

3. 多瓣玫瑰线扫描图形

在寻的器常用的卡塞格林光学系统中,若两组相对于系统光轴稍有偏斜的光学元件(例如主镜与次镜)以不同的转速沿相反的方向绕光轴转动时,就可以在物方形成"多瓣玫瑰线"扫描图形，如图 6-64 所示。玫瑰线扫描图案为探测器对应的瞬时视场中心在物理空间的扫描轨迹，也可理解为目标像点在焦平面上的运动轨迹。玫瑰线的平面方程为

$$\left.\begin{array}{l}x=\rho[\cos(2\pi\omega_1 t)+\cos(2\pi\omega_2 t)]/2\\ y=\rho[\sin(2\pi\omega_1 t)-\sin(2\pi\omega_2 t)]/2\end{array}\right\} \tag{6-75}$$

式中：x,y 分别为目标位置的坐标；t 为玫瑰扫描的时间。

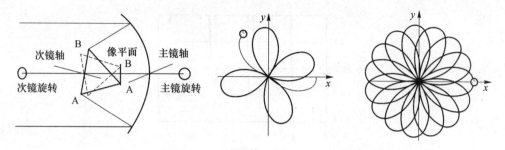

图 6-64　"多瓣玫瑰线"扫描的机构与图形

采用玫瑰扫描寻的器的优点是：瞬时视场小、灵敏度高、可实现准成像跟踪。玫瑰扫描体制下目标信号的特征为：非周期性、多脉冲特性、目标信号的可区分性和归一性。

4. 实例分析

在玫瑰线扫描寻的器的瞬时视场(IFOV)内分析目标、诱饵和晴空的辐射特征。假定会聚透镜口径为 10 cm，探测器 IFOV 为 0.34°(6.25 mrad)，目标发动机的温度和表面温度分别为 300 K 和 1 200 K，表面积是诱饵的 50 倍。诱饵的温度和表面积为 2 000 K 和 1 035 cm²。

图 6-65(a)是紫外波段探测的目标、诱饵和背景辐射情况，图 6-65(b)为诱饵/晴空、目标/晴空的功率比。当目标和寻的器间的距离小于 2 km 时，紫外探测器的输出表明晴空辐射小于诱饵，而飞机发动机的紫外能量小于晴空辐射，因此诱饵与晴空辐射功率之比总是大于目标与晴空辐射之比，这些辐射特性是目标紫外探测的重要依据。

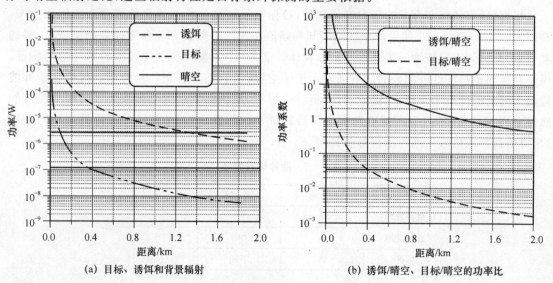

(a) 目标、诱饵和背景辐射　　　　(b) 诱饵/晴空、目标/晴空的功率比

图 6-65　紫外波段探测到的辐射和能量系数

当目标、诱饵和背景的辐射由玫瑰线扫描寻的器转换成脉冲信号时,晴空输出的直流背景标准可作为参考标准。图 6-66 为无噪声情况下,目标或诱饵与晴空的功率比。图 6-66(a)是寻的器在目标后方并正对发动机时的功率比(只能看到发动机);图 6-66(b)是寻的器在目标侧向时的功率比,图中可见,无论视角如何改变,目标特征都弱于晴空;图 6-66(c)则表明诱饵的紫外信号特征强于晴空。

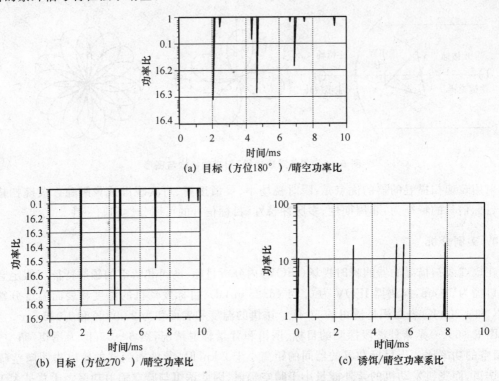

图 6-66　紫外和红外波段的信号对比

根据目标、诱饵和背景的辐射特征差异,目标信号可从位标器输出信号序列中提取出来。在图 6-66(a)和(b)中,如果两个波段的脉冲幅值在相同时刻具有与参考标准相反特征,寻的器则判为目标,否则判为云等其他非目标物体。表 6-7 为紫外和红外波段的脉冲信号特征。由于目标和诱饵在红外波段的辐射强度大于晴空,所以它们具有正(+)特征。目标在紫外波段信号辐射的能量小于晴空,因此,具有负(-)特征,而诱饵发出的能量较大。当两个波段的脉冲具有相反信号时,抗干扰电路提取出目标脉冲。相反,当两个波段的脉冲具有相同信号时,寻的器判该信号序列为诱饵等假目标。

表 6-7　脉冲信号特征

	目　标	诱　饵	云
红外脉冲	+	+	+
紫外脉冲	-	+	+
特征	能	不能	不能

6.7.2 寻的器

紫外/红外双色制导系统——寻的器由位标器和电子舱两部分组成,其结构如图 6-67 所示。

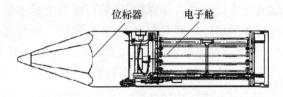

图 6-67　紫外/红外双色制导寻的器

1. 位标器

位标器为动力随动式陀螺系统,其主要特点是结构简单紧凑、光学系统通光孔径大,其核心部件是光学系统和探测器。

(1) 光学系统

作为位标器的重要组成部分,光学系统的作用是接收扫描视场内目标的光辐射能量,将其调制、聚焦后传递给探测器,同时给出光轴的空间方向。

光学系统一般为球面光楔型折反射系统,其主镜和次镜采用非球面构型(一般为二次旋转抛物面),以减小光学系统的像差。光楔为两个不同球面构成的偏心透镜。探测器置于偏心透镜的球心处,其光敏面与光学系统的焦平面重合。次镜的法线相对于主反射镜的光轴倾斜一定角度,并通过万向支架的旋转中心。

位标器中的陀螺带动光学系统中的主镜和次镜旋转。偏心镜由电机带动旋转。两者的旋转方向相反,实现玫瑰线扫描,其光机系统如图 6-68 所示。图中,α_1 为次镜相对几何中心轴的偏角;α_2 为偏心镜相对几何中心轴的偏角。探测器置于光学系统的焦面上,接收由光学系统会聚、调制的能量。

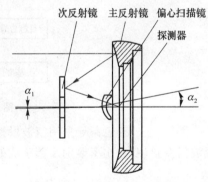

图 6-68　位标器的光机系统

(2) 探测器

用于把光学系统所接收的目标能量转换成电信号。探测器一般选用可透红外的 CdS。GaP 光电二极管作为新型的紫外探测器也是理想的选择。GaP 的典型指标为:光谱响应范围 $0.19 \sim 0.55\ \mu m$,峰值响应波长 $0.44\ \mu m$,$NEP < 1.1 \times 10^{-14} (W/Hz^{1/2})$。

2. 电子舱

电子舱由信号处理、稳速跟踪、电机控制和计算机处理等电路组成。其中信号处理电路完成目标信号的提取、滤波、放大与自动增益控制(AGC);稳速跟踪电路完成电机稳速控制并驱动陀螺跟踪目标;电机控制电路实现对电机的启转、定位与稳速;计算机处理电路是寻的器的中枢,通过对目标信息的处理、分析和逻辑判断等,最终实现对寻的器的有效控制。

导弹上计算机完成信号信息的采样处理、目标位置的计算、抗干扰逻辑判断、自动增益控制和发控信号的输出等工作,实现玫瑰扫描分时相关控制、自动增益控制、大动态无级数模混合控制、跟踪通道的非线性控制和惯性环节校正等功能。各种控制算法可灵活方便地实现。

(1) 信号信息处理

探测器接收到经光学系统调制、聚焦的能量后,输出一系列反映目标位置的脉冲信号。信号经过前置放大、低通滤波等预处理送入计算机,计算目标的坐标位置。弹上计算机对脉冲信号进行采样,根据获得的脉冲幅度输出调宽信号,滤波后形成一个直流电压信号。当脉冲幅度较低时,此直流电压较高;而当脉冲幅度较高时,此直流电压较低。将此电压信号送入脉冲放大器,其信号幅度保持在一个合适的水平。信号信息处理过程如图 6-69 所示。

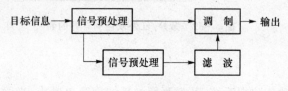

图 6-69 信号信息处理

(2) 跟踪信号的形成

由式(6-75)可计算得到反映目标位置信号的 x,y 值,然后对 x,y 进行非线性处理后输出,以保证陀螺跟踪的稳定性和寻的器的抗干扰特性。信号受基准信号调制后得到驱动陀螺进动的信号,如图 6-70 所示。

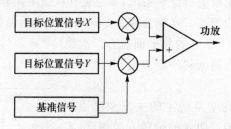

图 6-70 跟踪信号的形成

紫外/红外双色制导采用双波段探测器、玫瑰扫描方式获取目标信息,并采用脉冲鉴别、位置波门控制、双色比率鉴别及数字式处理,可靠性高、抗干扰性能好。

第7章 仿真测试与试验评估

紫外探测系统的仿真测试与试验评估是系统研发过程中的必备环节,常用的方法有:数字及半实物仿真、内场测试和外场试验等。

仿真测评是指采用计算机数字式硬件回路仿真系统产生紫外场景,并通过建立仿真模型对探测系统进行实时的测试与评估。

内场性能测试采用专用测试仪器,在实验室或某种特定的条件下,对被试设备的性能和各种参数进行检查,以确定设备的功能和技术指标。常用于对设备验收而进行的测试、评估或维护。

外场试验测试是指在野外或试验靶场进行的实弹测试或模拟测试。通过不同条件下装载平台的靶场试验测试,获得大量的测试数据和性能分析评估。

7.1 数字仿真评估

7.1.1 探测系统仿真模型

探测系统仿真模型包括目标/场景产生、探测/跟踪模拟、运动模拟、仿真分析/评估,仿真控制与形象化显示等组成部分,通过计算机网络相连接,用规定的协议标准实现异构系统的通信,并由仿真节点的实时数据交换构成时空一致环境。仿真过程需要系统参数、模型结构参数和规则等大量数据,运行时需要有仿真数据库支持。图7-1为紫外探测系统仿真模型结构图。对移动的平台,探测系统对应的入射辐射是动态的,因此系统可按动态和静态两种方式建模。而光学系统、探测器及模数转换等可认为是静态的,参数可设定。

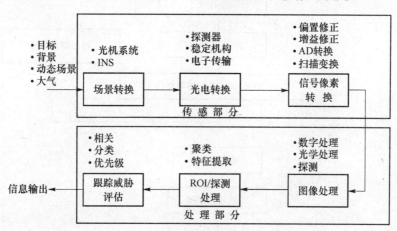

图7-1 紫外探测系统的模型结构图

模型的核心由3个主要的模块构成:

① 传感器激励模块,包括目标的状态、大气的传输与散射,本机状态及景像编译;

② 传感器模块,包括光机系统、探测器和邻近电路、简单的处理传递函数;
③ 性能计算模块,包括距离和视场、拦截时间、信噪比、探测距离和判明距离等。

7.1.2 传感器性能模型

1. 性能模型

传感器模型包含了光学系统、探测器和电子线路等的数学处理特征。用户通过设置一组参数可实现对特定传感器的建模,并通过改变传感器的某些基本参数值来分析其灵敏度或者对其设计进行评估,该模块的主要输出是信噪比,用于性能评估处理模型。

性能模型需对光学调制传递函数(MTF)、噪声、增益和数字处理等性能作出评估。同时考虑传感器的失真、图像蜕变等现象,可模拟强辐射入射时光斑饱和并光子扩散到邻近像素等过程。用于 ICCD 传感器实际性能参数评价的基本模型如图 7-2 所示。

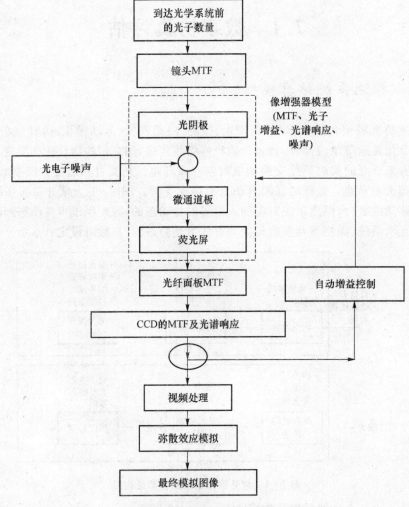

图 7-2 传感器的模型结构

2. 建模中的重要特性

(1) 光电转换的失真

探测器输入/输出响应的特性如图 7-3,近似表示为

$$D_{ij} = L_{ij} \times G - C \tag{7-1}$$

式中:D_{ij} 是探测器第 (i,j) 个光敏元的输出;L_{ij} 是空间辐射在探测器 (i,j) 处的照度值;G 是与探测器响应度有关的增益;C 是暗信号的偏移量。

在许多面阵传感器中,探测器存在明显的不均匀性,不能简单用式(7-1)中增益和偏移值来表述输入输出,需通过对每个探测器光敏元赋值来对不同响应建模。由于每个探测器光敏元增益和偏移值的规定较复杂,所以通常以统计的形式来对二者进行随机分配、合理赋值,模型相应地简化为偏移值为零,增益值相近。

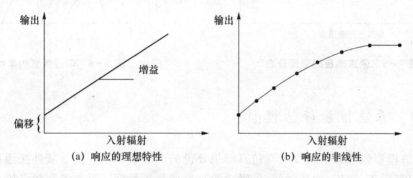

图 7-3 探测器输入/输出响应

探测器输出的响应模型是场景辐射向采样图像的转换,采样图像表征了探测器的输出/输入关系。由于存在固定模式噪声,探测器的不均匀性通过规定单个探测像素的不同增益和偏移值来建模。

场景在光学入瞳处的辐射值经光学系统后发生衰减,在到达焦平面后也会产生一定的畸变,但这些变化都是固定的,可以通过预先对光学系统的分析和测量来得到一些固定的参数,并在仿真开始前输入,而在仿真过程中保持不变。

(2) 图像质量的蜕变

1) 探测器的弥散圆落点位置误差

入射辐射经过光学系统会聚后并不是一个点,而是一个能量呈高斯分布的弥散圆,弥散圆落在探测器上的位置不同也会产生不同的影响。如图 7-4 所示,一个点目标经光学系统后形成的弥散圆,是完全覆盖在像素上还是只遮住一部分,会对像素的灰度值直接产生影响。即使是完全遮住仍要损失一部分能量。

2) 像素响应的空间分布

点源能量变化的分布特性既不是高斯的也不是对称的,它在很大程度上取决于点扩散函数(PSF)的形式、每个像素内响应度的空间分布以及图像的形成过程。图 7-5 所示为一个焦平面阵列响应度的空间分布变化

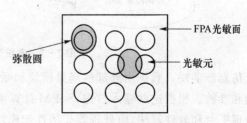

图 7-4 探测器上的弥散圆

图。其中,高斯形 PSF 的 $\sigma=7.5\ \mu m$,(即 80% 的 PSF 能量包含在 80% 的像素区域中)。

3) 图像模糊

在光敏元对入射辐射积分的时候,光线缓慢移动导致邻近的像素也会收到部分入射能量(图 7-6 中虚线),产生图像模糊;平台移动及扫描运动也可造成图像模糊。在对设备的分析与测量基础上,通过设定参数可对这些误差建模。

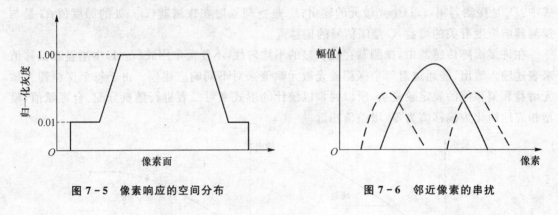

图 7-5　像素响应的空间分布　　　　图 7-6　邻近像素的串扰

7.1.3　系统性能评估模型

性能评估模型包含数字仿真及对仿真结果评价的两类数据。一类是紫外探测系统参数与性能数据(探测距离、视场、截获时间、信噪比等),目标背景数据。另一类是数字仿真及对仿真结果评价建立的数学模型参数,特别是采用智能建模技术所形成的大量模型结构参数。

系统性能模型(SPM)由传感器性能模块(SnPM)和处理器性能模块(PPM)等组成,二者是实现仿真器运行流程的核心,如图 7-7 所示。

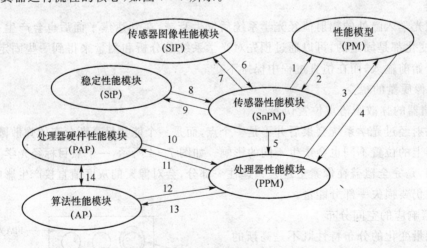

图 7-7　系统性能模型(SPM)

仿真器的输入数据由外部的场景模块和系统概念模块来提供,它定义了场景并且描述了架构和参数。根据这些输入数据,SnPM 计算系统的性能指数(即品质图的值)。PPM 包含硬件处理平台和软件算法,由处理器架构性能模块(PAP)和算法性能模块(AP)组成。SnPM 包含光学系统、扫描系统和探测器等,由传感器图像性能模块(SIP)和稳定性能模块(StP)组成。

为计算以品质图表示的系统性能,性能模型(PM)调用传感器性能模块和处理器性能模块,并向这两个模块提供必要的信息(箭头2,4),PM利用系统概念模块向SnPM和PPM提供参数。PM收集来自SnPM和PPM的结果(箭头1,3)并计算所需的品质图值。箭头5显示了数据(场景信息、目标信息、背景特征)从SnPM流向PPM。类似地,SnPM调用SIP和StP两个子模块,PPM调用PAP和AP两个子模块,子模块需要必要的信息以计算品质图的值(箭头7,9,11,13),参数的提供仍由系统概念模块来完成。通过收集来自各个子模块的数据(品质图值)可以计算出与传感器和处理器模块相关联的品质图。箭头14表示PAP和AP之间交换数据。

性能评估主要目的是求出给定场景的光电系统的一整套输出品质图,内容有:
- 目标探测概率;
- 目标跟踪概率;
- 目标告警概率;
- 探测距离;
- 指向精度;
- 漏警率;
- 跟踪失效率;
- 虚警率;
- 有效目标分辨力;
- 系统能跟踪目标的最大数目。

仿真器可以对不同的系统进行性能比较,也可以对同一系统内采用了不同技术后的性能进行比较。

7.1.4 仿真评估途径

1. 仿真方法

(1) 解析法

仿真链中流动的是作为品质图的数值。在系统的每一个阶段,输入输出间的联系都由数学工具来建模。

(2) 统计法

仿真链中流动的是数字图像(数字化的图像序列)或大量从每一幅图像中抽取出来的信息(图像由系统中的算法模块处理)。因此在大量图像的基础上,仿真系统的响应可在系统的整体行为中得出统计结果,输入输出间的关系可用统计工具来建立,不需前提和假设,但需要有海量数据处理能力。

(3) 混合法

每个解析的功能模块、每种特定的输入都对应一个经验性的输出,其结果源自真实或者仿真的图像。采用这种方式建立的输入/输出间的关系,其主要优点是不需要海量数据的处理能力并且是模块化的。缺点是仿真器的功能、对特定场景的灵敏度及目标特性等描述复杂。

混合法包含了解析法和统计法中的一些因素,包括了带有部分图像流的解析模块:第一个模块是子系统性能的解析法描述。品质图以及它们间的联系可从文献、实验和技术工作中得到;第二个模块采用局部数据流统计法,其数据来自于处理过的图像(品质图、段和质心位置等)。

为了使系统性能评估更加准确和真实,仿真链中每一模块的输出并不是由解析平面来完成,而是由"拇指规则"的经验规则来执行完成,并由经验得出传递函数(类似于一种专家系统)。可由经验或对仿真数据持续的观察而推断出结果,并通过分开研究系统的每一部分而得到。

例如:经验公式(7-2)可对使用了惯导(INS)的系统稳定性能进行评估:

$$\delta_a \leqslant \delta_{INS} + 0.5 \text{ IFOV} \tag{7-2}$$

式中:δ_{INS}为惯导系统的误差(输入);IFOV 为瞬时视场(输入);δ_a为角误差(输出)。

这种方法的主要优点是可将测试结果直接植入仿真器,并在仿真器外部进行包括光学系统、扫描系统、探测器和图像处理算法等的评估。

2. 仿真器的要求

① 能对主要部件的性能进行仿真(光学系统、扫描系统、探测器和处理系统等)并能够综合这些结果以评估全系统的性能。

② 应在不同条件和不同场景下对系统的整体设计概念及分系统进行评估,包括天气、杂波、大气条件、目标、传感器特性、潜在非目标类干扰物和平台运动等要素。仿真器还应包含参照系统,以进行新系统在相同场景下的比较。

③ 便捷的用户界面(易设置仿真系统内的所有参数:目标、场景、波段等)、数据输入功能(从数据库中提取图像序列)、数据和结果的演示功能(易对不同的系统概念和技术进行比较)易操作。

④ 结构灵活,便于把数据从图像流中抽取出来传送到解析模块;模块化和可扩展性设计,可植入新的模块、概念和技术。

3. 仿真器的运行

包含传感器数字仿真及对仿真结果评价两类。传感器性能模型包括光学系统、扫描系统和探测器等内容,性能数据模块包括图像、噪声、光电转换、探测距离和信噪比等,是仿真器运行的核心,如图7-8所示。

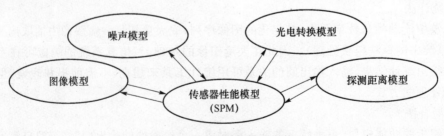

图7-8 系统性能模型评估

仿真器功能和性能的信息输入可按需求形式输入到仿真器并存入系统需求清单。仿真器可以插入不同权值以表示用户对品质图中某些量的关注程度,并反映不同的输入场景所对应的权重,得到特征全系统分值,与品质图一并输出,便于对不同的系统进行性能比较。仿真器提供人机接口操作品质图和场景权值,包括数据链中代表真实或合成场景的图像,性能链中的信号特征,图像内部的杂波。目标尺寸、方向角、信噪比、背景杂波的统计特性、大气特性等场景特征信息存入仿真器外部的文件中。

在不同输入参数、不同技术或者不同系统概念下,传感器性能模型可计算出功能模块的品质图,并通过求全系统分值进行快捷比较。用户在将权值输入到仿真器时,可增大感兴趣的品质图中的某个权值,以观察该权值对输出产生的影响,并得到一个全系统分值。同样,也可以评估不同的场景对系统产生的影响,即用户改变感兴趣的场景参数的权值,并分析输出的结果。参数在预先定义好的范围内由小到大重复输入,当全系统分值最大时,便可认为输出的品质图是最佳的,记录下此时的有关参数。

7.2 半实物仿真测试

传感器观察目标时所接收的辐射能量是多种辐射因素的综合,如目标、太阳、大气和地物等的辐射,因此在光谱带宽内场景必须包括物体的固有辐射、背景辐射、大气传输影响、天空和太阳光散射及反射等辐射分量。开发新型的紫外探测系统要求对紫外环境进行仿真,以对传感器系统研制、测试与综合进行评估。测试可以实时、硬件回路仿真器的形式来进行紫外环境仿真,启动硬件回路测试,并使用户能够快速生成不同的仿真以便对场景进行评估。

7.2.1 紫外场景仿真的要求

紫外环境仿真的各个部分建立在传感器光谱灵敏度范围内传感器特性和自然以及人工现象基础之上。在低空,工作在日盲区的紫外传感器系统不会有较大的背景辐射,即使是微弱的紫外辐射源也极易被探测到。日盲紫外传感器可接收到的紫外辐射源主要有威胁辐射源(导弹羽烟等)、人工非威胁源(各种高温工业和城市辐射源)。因此,对日盲区紫外环境进行精确仿真就必须再现源及其散射和吸收特性。紫外场景仿真的实时建模过程如图7-9所示。

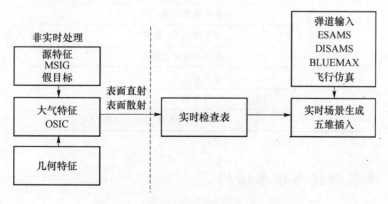

图7-9 紫外场景仿真的实时建模过程

1. 紫外辐射源建模的要求

以导弹为例,在发射、助推以及续航各阶段,羽烟紫外辐射均呈现不同特征。其特征幅度依赖于导弹固体火箭、姿态、助推、羽烟区域、视场角以及昼夜条件等。在空中,大气衰减相对较小,羽烟辐射传输因此较强,能获得可供探测的紫外信号。

2. 紫外大气特征建模的要求

紫外在大气中传输时,会由于吸收和散射而受到衰减。散射是辐射从其始发通道通过大气中的分子和悬浮微粒直接相互作用而重新定向的过程。对入射光吸收和散射造成影响的因素包括大气中气体与悬浮微粒压力、密度和温度。这些特性在传输通道上具有非常重大的变化,并随季节、地理环境的变化而不同。

实时硬件回路方法中最重要的设计是对目标的空间散射建模。

仿真计算数据库空间几何图形的选择原则有二:一是须能覆盖任何可能场景。二是须选择不同规格几何样式,达到实时插入的逼真度要求。源的建模需利用目标特征数据库,包括工作阶段、视角、速度、高度、波长和时间等内容。目标的固有特征、紫外杂波源的固有特征、大气散射等内容应实时精确仿真。在确定对固定威胁和大气条件生成数据库时,要考虑目标特征、几何图形和大气作用等全部条件,散射计算中有 15 种不同变量起重要作用(表 7-1)。

表 7-1 散射依据表

参数分类	参数编号	参数描述
几何描述	1	传感器高度
	2	传感器俯仰角
	3	与威胁之间的距离
	4	源"方位";LOS 视角
	5	源"俯仰";LOS 视角
散射分布	6	△角
	7	ϕ 角
	8	波长
大气描述	9	臭氧 GL 浓度
	10	臭氧垂直剖面
	11	悬浮微粒 GL 浓度
	12	悬浮微粒垂直剖面
	13	能见度
威胁特征	14	导弹类型
	15	工作阶段(发射、点火、助推、飞行)

7.2.2 半实物仿真体系结构

半实物仿真体系结构由操作者、实时光电场景生成、测试单元及场景生成与测试单元接口

4部分组成,如图7-10所示。

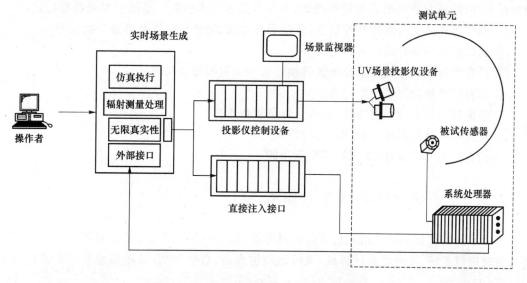

图7-10 实时紫外场景仿真硬件回路结构

仿真系统主要包括下述3个部分:
① 控制计算机,进行非实时数据库和场景建立;
② 实时紫外场景生成;
③ 向受试传感器投影紫外辐射,或向紫外信号处理器直接注入处理后的场景数据。

紫外探测半实物仿真可以产生高保仿真环境,用于测试和评估硬件在回路配置和人在回路配置的模拟系统(图7-11),支持紫外导弹逼近告警、紫外成像系统等的开发、测试。在试验过程中,转台的动态运动代表了导弹飞行的角度。目标仿真器模拟导弹寻的器攻击的飞行。多个紫外辐射源代表相应波段上的飞行多目标。大型的背景叠加在紫外辐射源光路的后面,产生紫外杂散背景。

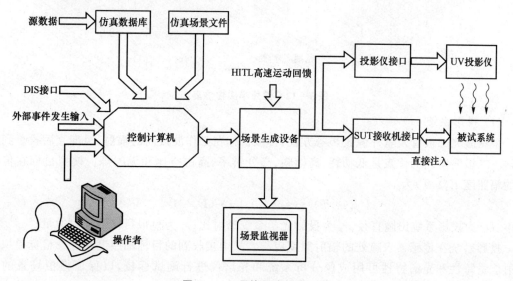

图7-11 硬件回路仿真系统

紫外仿真测试系统为紫外探测设备提供不同天候、各种复杂背景、接近实战条件下的紫外辐射信号环境,满足紫外装备的仿真测试,验证其战术技术性能。系统主要功能有:
① 模拟生成测试所需的紫外场景(包括紫外背景、紫外目标以及紫外干扰信号);
② 具有紫外场景合成功能;
③ 具有将计算机生成的紫外场景转换成紫外辐射图像的功能;
④ 具有紫外辐射图像投影功能;
⑤ 依据目标的紫外辐射特性,形成目标场景数据库;
⑥ 可模拟被试品载体平台的动态特性;
⑦ 具有在线光谱特性、成像质量监测功能。

7.2.3 半实物仿真的基本组成

紫外半实物仿真的基本组成包括组合投影仪、动态景象产生器、综合靶场数据库(威胁环境)、实时接口系统、实时仿真计算机、飞行运动仿真器、数据采集/显示单元和分布式仿真等,如图7-12所示。

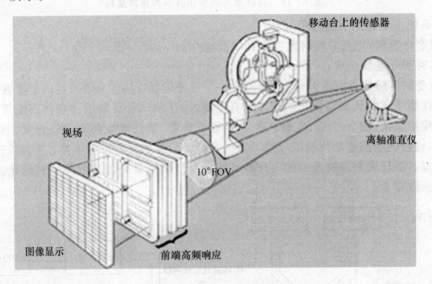

图7-12 紫外半实物仿真

(1) 投影系统

采用激光二极管及紫外源投影等方式,模拟目标在工作波段内的辐射,经准直后投影到传感器。二极管阵列的优点是低功耗、高帧频、高分辨率、高占空比和无闪烁。模拟目标在传感器的辐照度 $E(\lambda,T)$ 为

$$E(\lambda,T)=(\phi_s \cdot \tau_p)/[\pi \cdot (D_p/2)^2] \quad (7-3)$$

式中:D_p 为投影系统出瞳直径;τ_p 为投影光学系统透射比;ϕ_s 为模拟目标的辐射通量。

投影系统在传感器入瞳处的辐射照度应与实战中接收到的目标辐照度相等。目标模拟的辐射能量特性和光谱特性可用成像分析系统和光谱仪进行测试标校,以保证模拟场景的逼真性。

(2) 动态实时紫外景象生成器

以"电影"播放模式对预先记录的一定帧频的紫外景象进行回放,实现紫外传感器的硬件闭环测试,确保在复杂背景、目标、假目标和大气环境条件下,运行仿真的可重复。

① 再现某一特定波段的辐射能量的空间分布特性(几何形状和大小)。
② 再现某一特定频段的辐射源光谱分布特性。
③ 再现辐射源的空间运动动态特性。

景象生成计算机接受仿真计算机指令,根据各种模型或数据库,实时产生实战场景图像,并传给目标再现发生器。

(3) 数据库

包括目标、物体、背景以及相应波段大气效应的信号特征。数据库使用预测编码(如光学信号特征码、合成景象模型等),也可以使用其他编码。典型的战术导弹数据库来源于靶场收集。

(4) 实时接口系统

包括实时仿真计算机、半实物仿真设施和导弹硬件之间的信号接口电路和控制软件。

(5) 实时仿真计算机

提供开发和运行环境,进行平台动力学及平台与目标相对运动学的实时计算,将当前环境状态命令发布到各分系统,同时接受分系统当前信息,实现实时和非实时仿真功能,完成仿真总控、场景想定、各种数据库模型库调用、数据传输通信、进程显示、数据显示和结果显示等,完成各个单元的协调和控制。

仿真计算机是实时仿真系统的核心部分,它通过对动力学系统和环境的数学模型的解算,获得仿真环境的各种参数。这些参数通过接口变换后驱动相应的物理效应设备生成光电探测系统所需要的测量环境,从而构成完整的闭环仿真系统。主控实时仿真计算机应具有实时运算能力、大量的不同类型的实时 I/O 通道、方便灵活的 I/O 接口配置以及丰富的支持软件等。

(6) 飞行运动仿真器

飞行模拟器提供实时的平移和旋转目标运动。作为被测系统和紫外场景投射器的安装平台,实时模拟目标的姿态和装载平台的运动特性,模拟目标的姿态和装载平台的运动特性,用于被测系统和紫外场景投射器的安装承载。由于目标机动性高,活动范围大,为了使目标角位置在仿真系统中准确地复现,其频响、位置重复精度、稳定性需作特别要求。

(7) 数据收集和演示

仿真及视频数据的采集记录工作由共享存储系统、PC 机以及大量的存贮盘实时完成,并由 Matlab,PVW ave 和用户分析软件包分析、压缩各种输出的数据。实时 3D 演示计算机可进行实时半实物仿真和硬件操作、仿真运行及事后处理中的绘图和动态"电影"的播放。

(8) 分布式仿真

分布式仿真把紫外投影仪与 5 轴飞行运动仿真器集成,把多通道靶场数据库与相应的信号处理器硬件结合。

7.2.4 仿真测试的应用

应用在紫外告警等系统的仿真测试可支持其电子控制单元进行直接信号注入仿真,支持系统的研制与作战测试研究。电子控制器向系统提供准确的告警和威胁数据,如图7-13所示。根据建模、仿真与验证程序的特殊要求,主要功能包括:

① 电子控制单元与传感器同步帧频的实时仿真;
② 不同视场多传感器同时仿真;
③ 特定光谱范围实时紫外场景生成;
④ 精确的空间散射再现;
⑤ 威胁时间特性复制;
⑥ 多威胁环境(包括虚假威胁);
⑦ 传感器效能实时模拟;
⑧ 与电子控制器直接信号注入接口;
⑨ 有效的大容量实时运行执行。

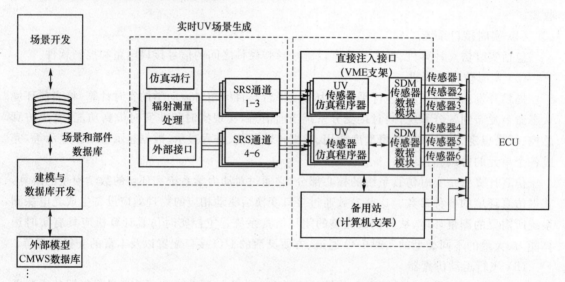

图7-13 硬件回路测试台

仿真测试系统并行支持多传感器激励,支持紫外传感器系统多路间的同步,并由通用控制计算机确保环境模型的一致。

例如:面空导弹和缆车目标之间交战的仿真过程如下:
① 启动面空导弹模拟器,确定作为时间函数的导弹位置和方向。
② 利用MODTRAN模型计算作为高度、俯仰角和距离函数的空间传输特性。
③ 启动羽烟紫外强度模型,计算包括被导弹弹体和控制面遮挡的羽烟部分。
④ 启动散射模型,确定作为传感器离轴散射视角函数的散射紫外辐射度,用于计算作为点源角函数的散射辐射。

7.3 内场性能测试

系统内场测试手段对验证新型紫外探测装备能否保持和发挥高的作战效能以及大幅度降低外场试验费用具有重要意义。内场测试评估具有灵活、可控、节省资源(包括经费、时间等)、效费比高、重复性好等优势,可以全面检验装备的主要战术技术指标,是贯穿于系统研发、试验及交付检验全过程始终的重要手段。成像品质、灵敏度、视场、空间分辨率、反应时间和探测概率等是多数紫外探测设备需要测试的主要指标。

7.3.1 成像品质

图 7-14 为紫外传感器成像品质测评系统。

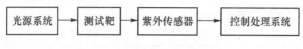

图 7-14 传感器性能测评系统

系统主要由光源、控制处理等部分组成。光源系统包括光源、照明光学镜头等,其中光源发出的辐射以小孔成像方式入射到被测对象,当光源与小孔距离较远时,近似平行光。控制处理系统主要包括供电单元、图像处理及控制单元。软件系统通过对光学系统最佳像面上的光斑求偏心、大小,求能量和、差并比较,生成光斑能量分布的三维图,以此判定传感器成像质量的好坏。最佳和具有离焦效应的光斑能量分布如图 7-15 所示。

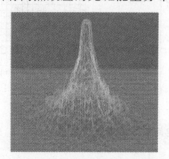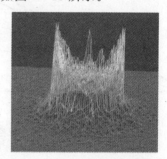

图 7-15 最佳及具有离焦效果光斑能量分布三维图

成像品质评价算法具体包含以下过程:

(1) 检测位置的确定

光学系统可能产生各种像差,而轴向球差表现为宽光束成像时边缘光线像点与近轴光线像点的轴向距离,垂轴球差则表现为近轴光线像面上光斑的大小。因此选定近轴光线焦点与边缘线光焦点进行测量。

(2) 光斑成像质量的检测

1) 灰度截取

由 CCD 的暗电流等确定光能量计算的阈值,灰度值(光强)高于阈值的为有效信号,参与计算,并以此减小计算量、提高精度。

2) 光斑中心的确定

计算光斑灰度值的重心,以此作为光斑中心。

3) 光斑大小的计算

以光斑中心为圆心,以等距离圆环逐渐向外扩展,直到圆内所有点的光强之和满足条件:圆内所有点的光强和/总光强=预定的能量比(80%～90%),以此理想圆的直径表示光斑大小。对于光斑中心的光强过饱和部分进行适当的加权求和,以使计算结果最大程度地逼近真实值。

(3) 传感器光学系统的畸变检测

传感器光学系统的畸变可引起目标像在探测器面阵上的空间失真。测试空间失真的简单方法是采用点辐射源扫描成像传感器的视场,确定扫描移动和像面角位移是否相等,如图 7-16 所示。另外,可以通过成像传感器的固定像素和移动光源进行失真测试。这些方法需要从阵列边缘位置绘制两条位移对角线。第一个位移应是到边缘距离的一半,第二个距离边缘最远。

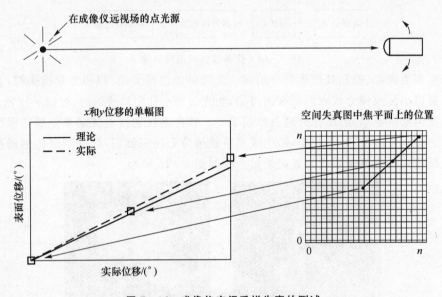

图 7-16 成像仪空间采样失真的测试

7.3.2 灵敏度及视场

灵敏度是系统探测距离的内场等效度量,是系统对最小信号的探测能力,与系统的信号响应、信噪比等有关。最小可探测信号需要超过噪声等效输入(NEI)。紫外探测系统灵敏度测试装置如图 7-17 所示。

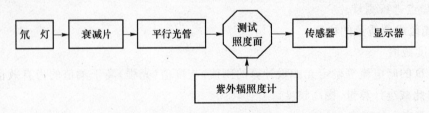

图 7-17 紫外传感器灵敏度测试装置

图中,辐射源由带有衰减片的氘灯和紫外平行光管组成。平行光管的出射辐射在某一照度面的值由紫外辐照计标定,传感器接收标定后照度值的辐射,输出信息至显示器。

测试步骤如下:

① 紫外辐射源开启后调节其强度,观察紫外辐射计的读数,当紫外辐射计读数为规定值

时，停止调节。光路中可插入一定倍数的衰减片；

② 紫外辐射计移开后把传感器放置在该位置；

③ 被测系统工作后，观察计算机显示器对目标的显示情况（此时紫外辐射源保持工作状态）；

④ 传感器分别左右转动到不同视场处，显示器所显示目标信息应正常。

视场的测试步骤基本与灵敏度测试相同。测试时，传感器置于精密旋转台上，精密旋转台以一定度数为步距、以传感器中心垂轴为中心线，在大于规定视场的水平范围从一个边缘移动到另一个边缘，记录设备所能接收响应的角度范围。

7.3.3 空间分辨力

空间分辨力是成像系统观察物体细节的能力，是成像系统可以分辨的最小空间差异，即可区分两物体的最小距离。分辨力决定于每幅图像的像素数（分辨单元）和视场。空间分辨力测试可采用如图7-18所示的专用系统进行。系统包括可变角双源投射机构、嵌入式控制系统等。其中可变角双源投射机构由平行光投射系统、角度和水平调整机构、测距、光学准直、水平调整等单元模块，可以实现测试的瞄准、测距、水平调整，以及平行光产生和相交角度调整等。

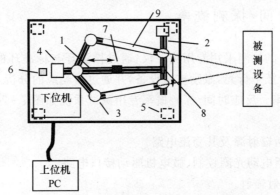

1，2—滚珠丝杠； 3—铰链； 4—角度控制电机1(实线矩形)；
5—水平和高度控制电机2(虚线矩形)； 6—激光瞄准器；
7—水平倾斜仪； 8—测距； 9—平行光管

图7-18 分辨力测试系统组成

平行光投射系统由两套平行光管、光源和电动光阑构成。双源投射系统发射的两平行光束以不同的角度投射至被测设备时，其交点保证不变。如图7-19所示，α为两束平行光的夹角，L为两平行光管前端连线中点与被测设备之间的距离，L_f为两平行管出口中心的连线长度，L_b为两平行光管后端出口中心的间距。当L不变时，分别调整L_f，L_b，保证α在一定范围变化（与距离有关）。

测试采用双源可变角度投射源发出一定特性的两束相交平行光，根据测试距离、水平倾角、用户给定的程控角、光源强度特征等进行。具体测试过程如下：

① 双源投射系统按照加载的发射曲线和投射次数要求，同步发射两束调制的、呈一定夹角的平行光。

② 以被测设备的测试点为靶心，两束平行光相交于靶心，系统控制两平行光间的夹角至

预定值。

③ 加载辐射源的控制曲线。根据用户输入的"光强-时刻($I-t$)"表,拟合出光强变化曲线。

④ 调整瞄准及水平,实现仪器与被测设备间的定位、对准和调整。

⑤ 根据输入参数或上位机下载数据,调整双源投射系统的位置、姿态和角度,然后控制模拟源工作。

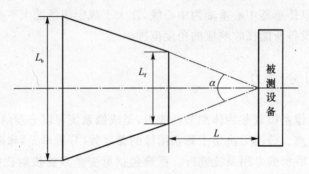

图 7-19　机械机构调整示意图

7.3.4　反应时间/探测概率

反应时间/探测概率的检测采用专用测试仪,通过检测环与标准环的双环比较,按照发射曲线,发出一定次数的特征平行光,激励被试设备,并通过对响应的分析,测试被试紫外探测系统的反应时间及探测概率。反应时间/探测概率专用测试系统如图 7-20 所示,主要包括下述几个部分:

① 辐射源系统,包括辐射源及其稳流电路。

② 辐射源控制,包括电动光圈控制、微电机驱动接口电路。

③ 平行光管准直发射辐射。

④ 光电探测及接收,包括光电探测组件及信号处理电路。光电探测组件的灵敏度、精度、准确度以及前端调理电路的抗干扰性能应高于被测设备同项技术指标至少 1 个数量级,以保证检测结果的正确性及有效性。

⑤ 计算机控制与处理系统。

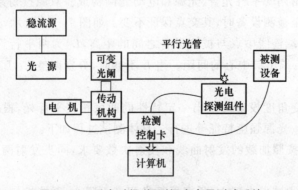

图 7-20　反应时间/探测概率专用测试系统

通过电动光圈控制平行光管的输入光强,在其输出端产生强度可变的平行光束和任意次的发射;光管内出口处放置一个半透半反镜,其中反射光束被光电探测组件接收后转换为脉冲,由检测电路计数后送入计算机,拟合出 I-t 曲线。测试方法如下:

① 反应时间的测试。分析发射信号的波形,确定反应时间的起始时刻 t_1;接收被试设备的响应信号,确定反应时间的终止时刻 t_2,求 $\Delta t = t_2 - t_1$ 即为反应时间。

② 探测概率的测试。按照一定时间间隔,进行 100~500 次发射(根据规定),统计发射次数和被试设备的响应次数,确定 P_d(P_d=响应次数/发射次数)。

③ 辐射源的控制曲线加载。用户通过输入"光强-时刻"表格,拟合出光强变化曲线。

④ 根据计数电路输入的脉冲-时间数据,拟合光强时间变化曲线 $I(t)$,输出到计算机显示或存储于数据库中。

7.4 外场试验评估

外场试验是对紫外告警系统等功能、性能最直接、最接近实战的测试,包括装载在靶机上、空基和陆基平台上、真实的作战环境和高杂波的环境中以及对空空、地空和地地导弹实弹发射等各种情况的试验。外场试验对测试设备、条件和环境都有较高要求。

紫外告警设备通过探测导弹发动机羽烟的紫外辐射来进行告警。由于设备的告警对象——导弹处于动态发射状态,且载体多属高价机动平台,以实弹进行本机打靶试验既给实际工作带来人、财、物方面的极大消耗和风险,也由于时统、测距等参数得不到准确的数据,难以付诸实施,因此基于模拟与实弹相结合、高空与地面相结合、动态与静态相结合、定量测试与定性试验相结合的试验成为国内外紫外告警设备性能评估的主要途径。

7.4.1 地面静态外场试验

地面静态外场试验基于固定地面信号源,在地-地和地-空方式下,测试告警、探测/跟踪距离以及警戒视场角度等战技指标。地面试验采用模拟等效的方法,由若干种互为补充的试验组合而成,从不同侧面共同评价被试设备的工作距离等性能指标,并同时评估其使用功能和效能。

1. 试验原则

模拟等效的原则如下:

(1)模拟源等值替代真实导弹源

以光谱特性、辐射强度、运动辐射特性均与导弹固体火箭发动机等效的模拟源作为试验对象,对被试设备进行规定项目的测试。

模拟源测试具有以下优点:

① 现场编程控制,模拟产生不同光谱特性、时间特性、空间特性的导弹紫外辐射,可逼真模拟真实导弹的发射特性。

② 在积累实弹发射测试数据和实际测试数据的基础上可不断完善数据库。

③ 测试设备可重复使用。

(2) 地面试验值等效高空规定值

由于大气紫外辐射传输特性差,在海拔较低的地面测得的告警距离值与高空实际值存在较大差距,因此需通过地面大气透射比的实测和大气软件对指定高度大气的计算来折算,得到实际工作高度的告警距离值。从而把地面实测值等效折算到指定工作剖面的规定值。

2. 试验流程

告警对象基于远场紫外模拟源,首先进行地面大气衰减系数的现场测定,并结合高空大气衰减系数,把设备规定的告警距离指标从给定高度等效换算到地面,依此数值,在直视距离大于地面等效值的开阔场地选择测试点,然后分别布放远场紫外源和被试设备,按照如图7-21所示的试验流程进行。

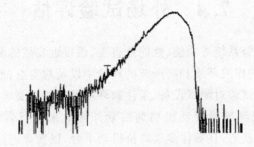

图 7-21 地面静态模拟试验流程

3. 试验原理

以导弹模拟源为对象,通过地面逼真的模拟试验进行设备外场告警距离的指标测试,然后折算为实际距离值。测试时,紫外传感器置于接收点,导弹模拟源置于发射点,接收点与发射点间保持通视,前者固定,后者移动,以获得不同试验距离的测试值。测试前,需预先对当地大气透射比、能见度进行测量计算。

(1) 大气衰减系数测量与计算

远场紫外源和紫外辐射计相向分别置于近距和远距的两点,分别测试,得:

近距点 L_1 处的照度值为

$$E_1 = I \times \tau_{a1} / L_1^2 \tag{7-4}$$

远距点 L_2 处的照度值为

$$E_2 = I \times \tau_{a2} / L_2^2$$

则

$$E_1 / E_2 = (\tau_{a1} / \tau_{a2}) \times (L_2 / L_1)^2 \tag{7-5}$$

即

$$(\tau_{a1} / \tau_{a2}) = (E_1 / E_2) \times (L_1 / L_2)^2$$

又

$$\tau_a = e^{-\alpha \times L} \quad (7-6)$$

代入式(7-5)得:

$$e^{-\alpha \times L_1}/e^{-\alpha \times L_2} = (E_1/E_2) \times (L_1/L_2)^2$$

式两边取对数并整理,得计算大气衰减系数。

$$\alpha = \frac{1}{L_2 - L_1} \ln\left[\frac{E_1}{E_2} \cdot \left(\frac{L_1}{L_2}\right)^2\right] \quad (7-7)$$

则大气透射比为

$$\tau_a = e^{-\alpha \times L} \quad (7-8)$$

(2) 地面-高空告警距离的等效

地面试验时,地面目标在告警传感器 L_1 处的辐照度值

$$E_1 = I \times \tau_{a1}/L_1^2 \quad (7-9)$$

式中:I 为目标的紫外辐射强度;τ_{a1} 为地面大气透射比;L_1 为地面告警距离值。

实际应用时,高度 H 的导弹在距同高度传感器 L_2 远处的辐照度值

$$E_2 = I \times \tau_{a2}/L_2^2 \quad (7-10)$$

式中:τ_{a2} 为高空大气透射比;L_2 为高空告警距离值。

由于告警传感器的接收灵敏度恒定,即 $E_1 = E_2$,因此

$$I \times \tau_{a1}/L_1^2 = I \times \tau_{a2}/L_2^2$$

变换后得地面-高空告警距离的关系式为

$$L_2 = (\tau_{a2}/\tau_{a1})^{1/2} \times L_1 \quad (7-11)$$

式中:τ_{a2} 可由 LOWTRAN7 计算得到;L_1 直接测得;试验场地大气衰减系数 α 测量后由式(7-7)计算得到。

(3) 高空紫外大气透射比计算

表 7-2 是由 LOWTRAN7 计算得到的 250~290 nm 波段内 5 km 高度上不同传输距离的单色紫外大气透射比表。紫外告警设备在此高度所接收紫外辐射的大气透射比,可根据工作通带的范围对表中相应数据计算得到。

由于设备工作通带有一定范围,因此根据 6.1.2 小节的理论,先明确几个特定波长以及它们的相对光谱权重,然后据此进行系统工作通带内的大气透射比计算。以 10 nm 为间隔,在系统工作峰值波长 $\lambda = 270$ nm 左右各取两点,即 $\lambda = 250$ nm,260 nm,270 nm,280 nm,290 nm,共 5 点,其相对响应值分别为

$$W_{250} = 0.08, W_{260} = 0.33, W_{270} = 1, W_{280} = 0.55, W_{290} = 0.16$$

按波长对应关系,以相对响应值为权重,对相应数据进行加权可得:

$$\tau_a = 1/5(W_{250} \times \tau_{a250} + W_{260} \times \tau_{a260} + W_{270} \times \tau_{a270} + W_{280} \times \tau_{a280} + W_{290} \times \tau_{a290})$$

实例:当系统探测距离为 4 km 时,大气透射比

$$\tau_a = 1/5(0.08 \times 0.009 + 0.33 \times 0.02 + 1 \times 0.06 + 0.55 \times 0.2 + 0.16 \times 0.45) \approx 0.05$$

表 7-2 5 km 高空紫外大气透射比表

高度：$H=5.0$ km；
臭氧：中纬度，冬天；
波数：$V_1=34\,300.0$ cm^{-1}（0.29 μm）；
波数：$V_2=40\,000.0$ cm^{-1}（0.25 μm）；
波数间隔：$DV=300.0$ cm^{-1}

波长/nm L/km	250.00	251.89	253.81	255.75	257.73	259.74	261.78	263.85	265.96	268.10
3.0	.2857E-01	.2973E-01	.3304E-01	.3596E-01	.4241E-01	.5066E-01	.5611E-01	.6496E-01	.7542E-01	.9409E-01
3.2	.2254E-01	.2352E-01	.2632E-01	.2881E-01	.3435E-01	.4153E-01	.4630E-01	.5413E-01	.6348E-01	.8038E-01
3.4	.1778E-01	.1860E-01	.2097E-01	.2308E-01	.2783E-01	.3404E-01	.3821E-01	.4511E-01	.5343E-01	.6866E-01
3.6	.1403E-01	.1472E-01	.1671E-01	.1849E-01	.2254E-01	.2790E-01	.3154E-01	.3760E-01	.4497E-01	.5865E-01
3.8	.1107E-01	.1164E-01	.1331E-01	.1482E-01	.1826E-01	.2287E-01	.2603E-01	.3133E-01	.3786E-01	.5010E-01
4.0	.8733E-02	.9209E-02	.1060E-01	.1187E-01	.1479E-01	.1875E-01	.2148E-01	.2611E-01	.3186E-01	.4280E-01
4.2	.6890E-02	.7285E-02	.8447E-02	.9510E-02	.1198E-01	.1537E-01	.1773E-01	.2176E-01	.2682E-01	.3656E-01
4.4	.5436E-02	.5763E-02	.6729E-02	.7619E-02	.9704E-02	.1260E-01	.1463E-01	.1813E-01	.2257E-01	.3123E-01
4.6	.4289E-02	.4559E-02	.5361E-02	.6104E-02	.7860E-02	.1032E-01	.1207E-01	.1511E-01	.1900E-01	.2668E-01
4.8	.3384E-02	.3606E-02	.4271E-02	.4890E-02	.6367E-02	.8463E-02	.9964E-02	.1259E-01	.1599E-01	.2279E-01
5.0	.2670E-02	.2853E-02	.3402E-02	.3918E-02	.5158E-02	.6937E-02	.8223E-02	.1050E-01	.1346E-01	.1947E-01
5.2	.2106E-02	.2257E-02	.2710E-02	.3139E-02	.4178E-02	.5686E-02	.6786E-02	.8747E-02	.1133E-01	.1663E-01
5.4	.1662E-02	.1785E-02	.2159E-02	.2515E-02	.3384E-02	.4661E-02	.5600E-02	.7290E-02	.9538E-02	.1420E-01
5.6	.1311E-02	.1412E-02	.1720E-02	.2015E-02	.2741E-02	.3820E-02	.4622E-02	.6075E-02	.8028E-02	.1213E-01
5.8	.1034E-02	.1117E-02	.1370E-02	.1614E-02	.2220E-02	.3131E-02	.3814E-02	.5063E-02	.6757E-02	.1036E-01
6.0	.8161E-03	.8838E-03	.1092E-02	.1293E-02	.1799E-02	.2567E-02	.3148E-02	.4219E-02	.5688E-02	.8854E-02
6.2	.6438E-03	.6991E-03	.8698E-03	.1036E-02	.1457E-02	.2104E-02	.2598E-02	.3516E-02	.4787E-02	.7563E-02
6.4	.5080E-03	.5531E-03	.6929E-03	.8300E-03	.1180E-02	.1725E-02	.2144E-02	.2930E-02	.4030E-02	.6461E-02
6.6	.4008E-03	.4375E-03	.5520E-03	.6650E-03	.9559E-03	.1414E-02	.1769E-02	.2442E-02	.3392E-02	.5519E-02
6.8	.3162E-03	.3461E-03	.4398E-03	.5328E-03	.7743E-03	.1159E-02	.1460E-02	.2035E-02	.2855E-02	.4714E-02
7.0	.2495E-03	.2738E-03	.3503E-03	.4268E-03	.6272E-03	.9497E-03	.1205E-02	.1696E-02	.2403E-02	.4027E-02
7.2	.1968E-03	.2166E-03	.2791E-03	.3420E-03	.5081E-03	.7785E-03	.9945E-03	.1413E-02	.2023E-02	.3440E-02
7.4	.1553E-03	.1713E-03	.2223E-03	.2740E-03	.4115E-03	.6381E-03	.8208E-03	.1178E-02	.1703E-02	.2939E-02
7.6	.1225E-03	.1355E-03	.1771E-03	.2195E-03	.3334E-03	.5230E-03	.6774E-03	.9817E-03	.1433E-02	.2510E-02
7.8	.9666E-04	.1072E-03	.1411E-03	.1759E-03	.2700E-03	.4287E-03	.5590E-03	.8181E-03	.1206E-02	.2144E-02
8.0	.7626E-04	.8481E-04	.1124E-03	.1409E-03	.2187E-03	.3514E-03	.4613E-03	.6818E-03	.1015E-02	.1832E-02
8.2	.6017E-04	.6709E-04	.8956E-04	.1129E-03	.1772E-03	.2881E-03	.3807E-03	.5682E-03	.8546E-03	.1565E-02
8.4	.4747E-04	.5307E-04	.7135E-04	.9043E-04	.1435E-03	.2361E-03	.3142E-03	.4735E-03	.7193E-03	.1337E-02
8.6	.3745E-04	.4199E-04	.5684E-04	.7245E-04	.1163E-03	.1935E-03	.2593E-03	.3946E-03	.6054E-03	.1142E-02
8.8	.2955E-04	.3321E-04	.4528E-04	.5804E-04	.9417E-04	.1586E-03	.2140E-03	.3289E-03	.5096E-03	.9753E-03
9.0	.2331E-04	.2627E-04	.3607E-04	.4650E-04	.7628E-04	.1300E-03	.1766E-03	.2741E-03	.4290E-03	.8331E-03

续表 7-2

波长/nm L/km	270.27	272.48	274.73	277.01	279.33	281.69	284.09	286.53	289.02	291.55
3.0	.1170E+00	.1463E+00	.1821E+00	.2259E+00	.2789E+00	.3387E+00	.3941E+00	.4539E+00	.5143E+00	.5669E+00
3.2	.1014E+00	.1287E+00	.1625E+00	.2046E+00	.2561E+00	.3152E+00	.3704E+00	.4306E+00	.4920E+00	.5459E+00
3.4	.8787E-01	.1133E+00	.1451E+00	.1852E+00	.2352E+00	.2932E+00	.3481E+00	.4085E+00	.4707E+00	.5256E+00
3.6	.7616E-01	.9964E-01	.1295E+00	.1678E+00	.2160E+00	.2728E+00	.3271E+00	.3876E+00	.4503E+00	.5061E+00
3.8	.6601E-01	.8766E-01	.1156E+00	.1519E+00	.1984E+00	.2538E+00	.3074E+00	.3677E+00	.4308E+00	.4873E+00
4.0	.5721E-01	.7711E-01	.1032E+00	.1376E+00	.1822E+00	.2361E+00	.2889E+00	.3488E+00	.4121E+00	.4692E+00
4.2	.4958E-01	.6784E-01	.9213E-01	.1246E+00	.1673E+00	.2197E+00	.2715E+00	.3309E+00	.3942E+00	.4518E+00
4.4	.4298E-01	.5968E-01	.8224E-01	.1128E+00	.1537E+00	.2044E+00	.2552E+00	.3140E+00	.3771E+00	.4350E+00
4.6	.3725E-01	.5251E-01	.7341E-01	.1022E+00	.1411E+00	.1902E+00	.2398E+00	.2978E+00	.3608E+00	.4189E+00
4.8	.3228E-01	.4619E-01	.6553E-01	.9252E-01	.1296E+00	.1769E+00	.2254E+00	.2826E+00	.3451E+00	.4033E+00
5.0	.2798E-01	.4064E-01	.5850E-01	.8378E-01	.1190E+00	.1646E+00	.2118E+00	.2681E+00	.3302E+00	.3884E+00
5.2	.2425E-01	.3575E-01	.5222E-01	.7587E-01	.1093E+00	.1532E+00	.1991E+00	.2543E+00	.3158E+00	.3739E+00
5.4	.2102E-01	.3145E-01	.4661E-01	.6871E-01	.1004E+00	.1425E+00	.1871E+00	.2413E+00	.3021E+00	.3601E+00
5.6	.1822E-01	.2767E-01	.4161E-01	.6222E-01	.9219E-01	.1326E+00	.1758E+00	.2289E+00	.2890E+00	.3467E+00
5.8	.1579E-01	.2434E-01	.3714E-01	.5634E-01	.8467E-01	.1233E+00	.1653E+00	.2172E+00	.2765E+00	.3338E+00
6.0	.1368E-01	.2141E-01	.3316E-01	.5102E-01	.7776E-01	.1147E+00	.1553E+00	.2060E+00	.2645E+00	.3214E+00
6.2	.1186E-01	.1884E-01	.2960E-01	.4621E-01	.7141E-01	.1068E+00	.1460E+00	.1954E+00	.2531E+00	.3095E+00
6.4	.1028E-01	.1657E-01	.2642E-01	.4184E-01	.6558E-01	.9933E-01	.1372E+00	.1854E+00	.2421E+00	.2980E+00
6.6	.8909E-02	.1458E-01	.2358E-01	.3789E-01	.6023E-01	.9241E-01	.1289E+00	.1759E+00	.2316E+00	.2869E+00
6.8	.7722E-02	.1283E-01	.2105E-01	.3431E-01	.5532E-01	.8598E-01	.1212E+00	.1669E+00	.2215E+00	.2763E+00
7.0	.6692E-02	.1128E-01	.1879E-01	.3107E-01	.5080E-01	.7999E-01	.1139E+00	.1583E+00	.2119E+00	.2660E+00
7.2	.5800E-02	.9928E-02	.1678E-01	.2814E-01	.4666E-01	.7442E-01	.1070E+00	.1502E+00	.2028E+00	.2561E+00
7.4	.5027E-02	.8734E-02	.1497E-01	.2548E-01	.4285E-01	.6924E-01	.1006E+00	.1425E+00	.1940E+00	.2466E+00
7.6	.4357E-02	.7684E-02	.1337E-01	.2308E-01	.3935E-01	.6442E-01	.9452E-01	.1352E+00	.1856E+00	.2375E+00
7.8	.3776E-02	.6760E-02	.1193E-01	.2090E-01	.3614E-01	.5993E-01	.8883E-01	.1283E+00	.1775E+00	.2287E+00
8.0	.3273E-02	.5947E-02	.1065E-01	.1892E-01	.3319E-01	.5576E-01	.8349E-01	.1217E+00	.1698E+00	.2202E+00
8.2	.2837E-02	.5232E-02	.9508E-02	.1714E-01	.3048E-01	.5188E-01	.7846E-01	.1154E+00	.1624E+00	.2120E+00
8.4	.2459E-02	.4602E-02	.8488E-02	.1552E-01	.2799E-01	.4827E-01	.7374E-01	.1095E+00	.1554E+00	.2041E+00
8.6	.2131E-02	.4049E-02	.7576E-02	.1405E-01	.2571E-01	.4491E-01	.6930E-01	.1039E+00	.1487E+00	.1965E+00
8.8	.1847E-02	.3562E-02	.6763E-02	.1273E-01	.2361E-01	.4178E-01	.6513E-01	.9856E-01	.1422E+00	.1893E+00
9.0	.1601E-02	.3134E-02	.6037E-02	.1153E-01	.2168E-01	.3887E-01	.6121E-01	.9351E-01	.1361E+00	.1822E+00

4. 试验设备配置

主要由实装模拟平台和目标模拟平台组成。为了灵活布局，2个模拟平台可采用半机动运输方式。设施主要有飞行模拟器、光电数据录取与跟踪系统、大气效应评估设备、开环跟踪设备等。工作方式如下：

- 方式一　固定地面信号源与固定实装模拟平台间的试验；
- 方式二　固定地面信号源与实装飞行平台间的试验。

试验手段包括导弹模拟源、紫外辐射计、紫外成像仪、强紫外源、外场图像监视系统、多传感器辐射计、可升降监控云台、能见度仪和测高测角仪等,如图7-22所示。

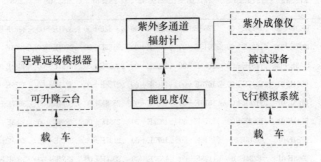

图7-22 告警距离、视场等外场测试的配置

(1) 远场紫外模拟源

远场导弹紫外模拟源建立在导弹测试基础上,模拟导弹发射时羽烟的紫外辐射特性,其产生信号的光谱、强度与规定型号的导弹一致,并通过出射光束的控制,产生与逼近导弹相似的时间及运动辐射等特性。采用紫外模拟器代替实弹测试是简便而有效的测试方法,能以很低的测试成本达到与实弹测试相近的结果,并且在时间、地点和人员等方面便于操作实施。

(2) 目标阵列模拟器

目标阵列模拟器可由多个车载液体丙烷焰源等组成,通过一定形式顺序的开启来模拟导弹特征,高置信度地产生威胁导弹的光谱、时间和空间特性,向被试设备提供导弹威胁激励信号,如图7-23所示。模拟器可在几公里外遥控。

图7-23 目标阵列模拟器

(3) 飞行航姿模拟系统

紫外告警的战术效能大都是在机动平台(飞机、直升机等)上实现的,其战术效能须在装机前通过适当的模拟系统进行验证。飞行航姿模拟系统能提供飞行器的姿态模拟和捷联惯性系统的物理输出,主要功能如下:

① 模拟评估被试设备在实际装机后动态环境下的效能,并对设备的优化改进提出建议。

② 设计并检验紫外告警设备数字图像处理与惯导信息的实时融合。飞行航姿模拟系统的惯性测量单元可为系统上的告警设备的信号处理器提供惯导信息,可与系统外的威胁模拟器配合,评估单元处于运动状态下设备的告警信息正确与否。

飞行航姿模拟系统由三轴飞行航姿模拟转台、惯性测量单元和飞行器飞行动力学特性实时仿真器组成,其组成如图7-24所示。

图7-24 飞行航姿模拟系统结构原理

飞行仿真计算机提供设定航线飞行过程中的全部飞行数据。电动三轴转台接收来自飞行航姿模拟计算机输出的信号,按实际飞行过程中的三轴角运动参数实现三轴姿态的物理运动。安装在三轴转台上的捷联式惯性测量组件产生实际运动过程的三轴角位置信号、三轴角速率信号和三维线加速度信号,其输出数据可提供飞行航姿模拟计算机用做反馈信号,也可以向被试设备提供航姿或角速率信号。

(4) 数据采集和回放系统

数据采集和回放系统由主机上运行的应用程序、电子数据采集和传输模块等组成,用于记录传感器的信号和威胁告警数据,并向告警系统处理器回放实时或合成数据信号(图7-25)。数据采集和回放系统用于外场测试时,可在不影响被试系统正常工作的情况下采集传感器数据。

在外场,数据采集和回放系统能够采集威胁信号或虚警源信号,合成后可在实验室环境下卸载给紫外告警处理器。

(5) 辅助设备

前向散射能见度仪是用于测量气象能见度的辅助设备。它依据光的大气散射理论来测量计算消光系数,

图7-25 数据采集和回放系统

从而得出能见度。仪器采用光能量监控措施,可提供稳定可靠的光源,其测量范围一般在10~30 000 m,测量精度10%(在500~1 500 m范围)。

7.4.2 地面动态外场试验

1. 试验方法

建立动态试验测试环境及手段,在一定范围内改变技术参数并模拟各种作战环境,可对不同作战场景下系统的效能进行模拟与效果检测,用于紫外告警设备综合一体化设计、验证及评估,支持系统探索性研究、工程研制、技术验证与鉴定等。

紫外战术环境动态外场试验评估系统由固定平台和可滑动的运动平台组成,通过配置目标特性模拟器、飞行模拟转台及各种测量手段,并利用导弹滑撬或空中吊索等装置可模拟真实战场环境,模拟导弹及飞机的实际运动,从而进行紫外告警效能分析和评定,如图7-26所示。

紫外战术环境动态外场试验评估系统可验证系统针对不同导弹推进系统的被动探测与跟踪性能,工作方式如下:

图 7-26　空中吊索和导弹滑撬装置模拟导弹及飞机的实际运动

方式一　飞机模拟转台固定,紫外信号模拟源在轨道车上快速移动,形成目标的静对动测试环境;

方式二　威胁模拟源固定,被试设备在轨道车上快速移动,形成目标的动对静测试环境;

方式三　威胁模拟源在轨道车上快速移动,被试设备固定在钢缆索道的缆车上移动,形成载机对目标的动对动测试环境。

图 7-27(a)是安装了紫外告警设备的飞机模拟转台,图 7-27(b)是一个快速移动的滑橇,模拟紫外信号源目标运动。试验中,固定在滑撬上的导弹模拟器沿轨道快速运动,在对输入导弹特征幅值进行速度修正和大气修正的基础上,所形成的模拟数据与实际发射试验非常接近。

(a) 飞机运动模拟转台　　　　　　(b) 快速移动的滑橇

图 7-27　导弹滑撬装置的导弹告警模拟试验

2. 试验设备配置

紫外战术环境动态外场试验评估系统由多种威胁模拟器和实装系统配置而成,主要包括运动模拟系统、紫外成像仪、紫外辐射计、开环跟踪设备、试验环境评估系统、时间、空间和位置信息参照系统、遥测设施以及数据处理设施、大气效应评估系统、高速摄影机、光电数据录取与回放系统等,监视和记录动态试验情况及数据。系统的一般配置如图 7-28 所示。

主要设施及手段分述如下:

① 导弹运动模拟系统　采用导弹滑撬或多组程控喷灯等形式,模拟导弹高速运行状态下导弹光谱运动-辐射特性,测试及验证紫外告警设备对导弹动态告警与跟踪能力;

② 环境模拟系统　模拟战场典型紫外辐射源,检测紫外告警设备的抗环境干扰能力;

③ 被试平台模拟系统　模拟飞机运动特性,并通过装载模拟器,模拟飞机运动辐射特性;

④ 紫外辐射计　测量环境模拟系统和导弹辐射模拟器的紫外辐射强度,用于系统测试定标;

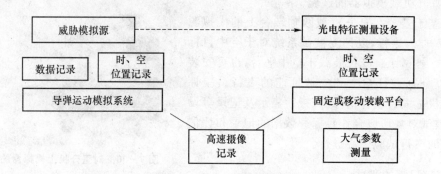

图 7-28 紫外战术环境外场动态试验评估系统框图

⑤ 紫外成像仪 采集环境模拟系统和导弹辐射模拟器的紫外辐射图像,用于紫外告警设备性能测试分析比照;

⑥ 时间、空间和位置信息(TSPI)参照系统 通过时间匹配、空间匹配等数据处理来得到告警时间、告警距离等测试数据;

⑦ 监视、摄像及辅助保障 包括试验过程视频记录、环境条件实时测量、供电电源保障等内容;

7.4.3 飞行试验

飞行试验的主要目的是在各种真实背景杂波环境中,测评告警系统在实际应用平台对典型对象的探测能力并评价其在特定场景下的虚(误)警及抗干扰能力。

1. 对典型威胁对象探测能力的评价

(1) 制动导弹模拟器动态试验

制动导弹模拟器是一种能模拟典型地空导弹助推段特征的非制导试验火箭。在动态飞行试验中,飞机按预定航线飞行,当进入导弹发射范围后,制动导弹模拟器发射,其仰角指向飞机,方位角按导弹实际发射的前置角指向飞机前方,如图 7-29 所示。制动导弹模拟器飞行主动段结束后,其空气制动系统自动激活,导弹形成自由落体,避免击中飞机。

(a) 发射架　　　(b) 发射过程　　　(c) 靶机

图 7-29 对制动导弹模拟器的飞行试验

试验时,被试紫外告警系统处于"测试"模式,在探测到地面信号源和来袭的制动导弹模拟器后,将方向数据上报。

(2) 直升机载模拟器的试验

试验基于安装在直升机载两轴转台上的模拟源系统(图7-30)进行,以评测被试系统对于空中目标源的性能。被试系统既可装载于空中平台,也可安装于地面,以分别进行空空和空地性能的飞行试验评估。直升机上安装紫外信号源、视频显示及记录等设备,以与被试对象形成合作目标。数据的记录和评估可在地面的飞行试验中心进行。

图7-30 对直升机上模拟器的试验

2. 虚(误)警的测试

虚(误)警是设备不期望的错误告警。虚警是设备在无人工干扰源或规定环境中,每小时发生的错误告警次数。虚(误)警对工作环境高度依赖,因此考核被试系统时,对典型测试环境应作出相应规定。典型测试环境一般分地面和空中两种。

(1) 地面环境

试验对象包括森林火灾、燃烧的建筑物、车辆和战场爆炸物等。发生于乡村、城市工业区的大面源火大多不可控、难量化,因其在燃烧面积、强度以及遮挡火焰的烟不断变化。试验可用航空燃油桶组按照一定布局来模拟各种燃烧场景。比如,按照30 m间隔、$n\times m$格式来布放。航空燃油桶由专用装置点燃后,飞机低空过顶飞行,按规定次数穿越飞行日结束后可升至上空,进一步采集图像。爆炸物布设也可按照一定当量和格式类似进行;对于森林火灾,可与基地靶场的燃烧试验结合进行。

(2) 空中环境

测试对编队飞行友机或红外干扰弹投放的抗干扰能力。对于合作飞机机动飞行或飞机以各种设定功率(最大至巡航)编队飞行以及投放红外干扰弹等状态,被试系统载机在距测试飞机上下一定范围内保持最小距离飞行,飞行中进行高度变换,检测被试系统的告警状态。在高空还可进行武器发射测试来检验告警设备的响应情况。

7.5 紫外目标模拟器

紫外模拟器基于计算机控制的紫外辐射源,按照一组辐射曲线来调制光强,模拟常见导弹及虚警源等,廓线为强度-时间曲线。它易于用户自定义特定目标的数据曲线,大气、导弹速度和距离等参数可变。根据辐射功率和应用场合,紫外模拟器分远场和近场两种,前者用于导弹紫外告警设备试验和训练,如空勤训练、飞行在线测试等。后者用于内场小范围测量,最大限度提供紫外告警器系统对威胁响应的条件,如可在外场随时随地进行系统检测,满足研制过程中不同阶段的各种需要。

7.5.1 设计要求

1. 波长特性

在模拟器220~300 nm的工作波段,高温黑体或灰体源具有连续的辐射能,可以对大多数威胁或非威胁源产生高保真度模拟;带有特殊 UV 发射罩的钨卤灯作为模拟源可提供所需范围的光谱覆盖。在许多应用中,模拟器光谱特征可在光通道中利用滤光片来调整。

2. 接收辐照度

模拟器必须为每个紫外传感器提供较大动态范围的接收辐照度,因此辐射源的光强要足够,并能通过不同的光学衰减片,产生不同范围的输出。

模拟器源调制特性的变化导致传感器所接收辐照度的变化,时间信号特征应满足光学通道中程控快门高速开、关的要求,满足在每个通道中可变衰减片以较慢辐照度变化来模拟低频信号特征变化的要求。可变衰减片应在 0.5 s 内从最大至最小或从最小到最大改变输出到传感器的辐照度。

3. 模拟源图像大小

对于成像传感器,必须为分立的紫外传感器提供单独的威胁或非威胁图像,其图像大小应满足面源特征要求。

4. 模拟图像运动

对于成像传感器,相对角运动是许多紫外告警系统应用中的一个重要特性,以便对威胁和非威胁源加以区分,对攻击传感器平台的威胁和其他威胁加以区别。因此应能在传感器视场中提供不同威胁和非威胁源的动态特征。

5. 威胁和非威胁数据接口要求

数据接口要便于不同类型传感器和设备的数据记录。实际测试中,用于数据采集的设备往往工作在不同波段或方式;一些在研的实际装备也往往参试,以便在测试完成后对系统的性能进行分析,还有一些辅助设备提供光谱、飞行动力学、威胁图像和标定信息,这些数据可以生成模拟器所需的交战文件。因此记录数据的接口格式应包括数字、模拟等多种,有时需采用合适的转换程序和技术。

威胁及非威胁源数据可利用高灵敏度紫外成像仪采集。利用紫外告警系统的数据记录能力也可大量收集数据。

7.5.2 紫外辐射源的模拟

导弹紫外羽烟模拟器利用数学模型和实测数据,通过调制的辐射源可在时间和空间上逼真模拟导弹(空空、地空导弹等)紫外辐射的强度特征、时间特性和空间特性等,匹配导弹的发射、助推、逼近等过程,并符合大气条件、导弹速度和距离等引起的参数改变。

1. 动态特性

导弹在向目标运动过程中,紫外辐射在目标处的辐照度动态变化,其辐照度值与距离平方成反比,与大气透射比成正比。根据大气透射比与衰减系数的关系:$\tau_a = e^{-\alpha \times L}$,可导出导弹运

动至任意一时刻,在目标(即传感器)处产生的照度值为

$$E=\frac{I}{L^2}e^{-\alpha \times L} \tag{7-12}$$

对于给定的工作高度,α 为常数,因此,E 是 L 的一元函数,并由此可作出导弹的动态时间响应,即目标处紫外传感器的输出。不同体制的接收方式,其最终输出结果的形式不同。

(1) 光子计数非成像型紫外告警

对于光子计数非成像型紫外告警,其输出的离散光子信号呈现单位时间内光子数随时间不断增加的特性。

导弹紫外告警系统评估通常针对远、近距两种导弹发射典型场景。近距离发射场景的特点是,信号迅速上升、亮度很高;远距离发射场景的特点是,导弹具有发射峰值和助推特征。图 7-31 为导弹远距动态时间曲线,即紫外告警传感器对来袭导弹的时间响应输出。

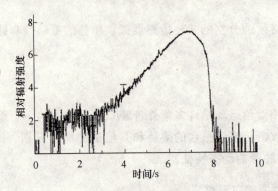

图 7-31　导弹紫外动态 $I-t$ 曲线

(2) 光子计数成像型紫外告警

对于光子计数成像型紫外告警,其输出光子图像的光斑面积随时间不断增大(图 7-32),即光子数随时间不断增加,对应设备接收到的导弹紫外辐射不断增强。

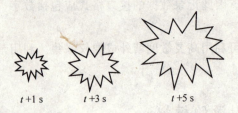

图 7-32　导弹紫外辐射动态图像

2. 静态特性

图 7-33 为导弹静态 $I-t$ 曲线。导弹在发射后,其辐射强度瞬间上升至最高值,然后脱离发射器,弹内燃料迅速燃烧,推动导弹达到一定的飞行速度,这个过程中导弹尾焰维持一定的辐射强度。在导弹达到一定飞行速度后,导弹进入被动段或次级推力段,尾焰辐射消失或减小。导弹紫外模拟源通过加载该曲线,调制输出辐射,可产生与其一致的静态 $I-t$ 曲线。

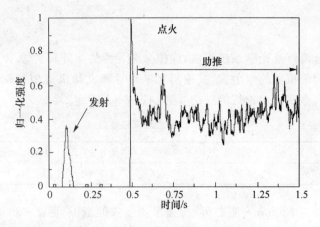

图 7-33　导弹紫外静态 $I-t$ 曲线

3. 光谱特性

紫外模拟器光谱范围应涵盖被试设备工作波段内与导弹匹配的紫外辐射,短波限应在 230 nm 以上,可采用某些高色温的真空电光源来实现。

4. 辐射模拟的实现途径

导弹紫外辐射模拟器采用模块化设计,由受控辐射源及控制器等组成,它基于计算机控制的紫外辐射源,按照规定的时空调制规律,控制出射光束,并通过特殊的光学会聚向大气中发射紫外辐射,模拟各种导弹特征,产生与逼近导弹相似的时间及运动辐射等特性,如图 7-34 所示。

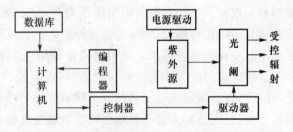

图 7-34　导弹逼近紫外动态辐射特性实物模拟

根据远、近距两种导弹发射场景的模拟需求,导弹紫外辐射模拟器通常分远、近两种。

7.5.3　远场紫外模拟器

远场紫外模拟器由辐射器、控制器和电源等部分组成,综合了 GPS 和视频跟踪系统,可与其他用于训练和试验的设备同步使用。GPS 可与多个模拟器配合使用,形成"导弹阵地"仿真场景。在标准配置下,远场紫外模拟器安装在操纵杆控制的底座上,并与视频跟踪系统交联,可快速、准确地跟踪目标。

1. 紫外辐射源

辐射器一般由金卤灯及光学系统组成，模拟来袭导弹的紫外辐射输出。选择色温 3 200 K 的金属卤化物灯作为模拟器的辐射源，其输出光谱与导弹发动机近似匹配，具有高光通量、寿命长、体积小等特点，金属卤化物灯的规格参数如表 7 - 3 所列。

表 7 - 3 金卤灯规格参数

电压/V	功率/W	色温/K	平均寿命/h	光通量/lm	灯泡全长/mm	玻壳直径/mm
95	575	5 600	250	49 000	135	21

金卤灯光谱范围为 230 nm～近红外，覆盖了所要求的范围（图 7 - 35）。特殊的 UV 发射罩可提高输出辐射强度，以满足在远场测试条件下所需要的辐射强度指标要求。

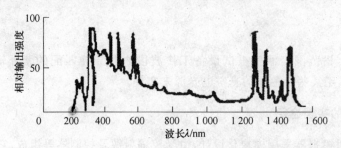

图 7 - 35 金属卤化物灯光谱范围

2. 调制机构

导弹紫外辐射模拟器必须以较大的动态范围提供输出辐射，位于辐射出射口处的机械调制机构实时接收来自控制器发出的机械运动指令，控制紫外辐射的强度随时间迅速连续变化，以满足导弹紫外辐射强度动态变化的模拟需求。调制机构可采用电动光阑的外调制方式，利用光栅叶片开合控制金卤灯出射窗口的大小来控制辐射能量，以模拟导弹来袭时由于远近不同导致的辐射能量变化，并以高细分精度使辐射器的紫外辐射变化呈准连续，从而在短时间内完成由最小至最大辐射强度变化，保证对来袭导弹辐射特征微弱变化的高精度模拟。

3. 程序控制器

程序控制器控制辐射调制机构，按照一组辐射曲线来调制输出辐射强度。程序控制器可采用高速 MCU，产生导弹曲线，并能够由操作人员选择期望的目标。导弹模拟特征曲线需要的数据量大，模拟辐射强度连续变化需要快速的运算。

4. 自动编程选择单元

由于模拟器输出曲线参数需根据距离和大气条件改变，因此对于运动状态的飞机，需测量其距离进而选择正确曲线，一旦距离确定了，模拟器就可自动选择曲线并自动发射。自动编程选择单元的核心是微控制器的 $1.54\ \mu m$ 的眼睛安全激光测距机，其作用是实时测得受试对象的距离，模拟器进而据此更加方便地自动修正输出。

5. 辅助单元

① 可见光 CCD 摄像跟踪器能够对飞机等机动平台始终自动准直,确保测试期间对平台的连续照射。

② GPS 用于记录时间和位置,用于对不同设备测试时的同步。

国外目前有较多种类的远场紫外模拟器,图 7-36 是国外两种典型的产品。其中,前者为英国 ESL 公司的 MALLINA 紫外模拟器,其性能参数如表 7-4 所列。

表 7-4 MALLINA 远场紫外模拟器性能参数

视场	2°×3°
辐射均匀性	90 %
最大辐射强度	1 W/sr
响应时间	15 ms
可模拟导弹最大速度	1 500 m/s
工作距离	500～5 000 m
底座	±120°(方位角),−20°～40°(仰角)

图 7-36 国外两种远场紫外模拟器

7.5.4 近场紫外模拟器

1. 基本组成

近场紫外模拟器基于小功率辐射源,采用程控紫外辐射的方式,在空间和时间域方面模拟威胁和非威胁紫外信号。图 7-37 为近场模拟器的一般组成,包括调制辐射源、平行光管、控制单元及充电电池等。

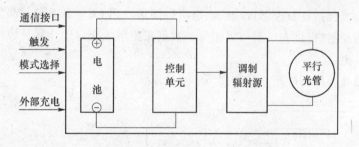

图 7-37 近场模拟器的一般组成

图 7-38 所示为英国 AAI 公司的 Baringa 5.5 近场紫外模拟器,其动态范围≥3OD,调制速度＞4OD/s,过渡时间≤1 ms,调制频率≥200 Hz。通过一系列中性滤光器产生相匹配的辐照度,可测试不同灵敏度的紫外告警系统,测试距离一般为5～30 m。

2. 调制辐射源

程控辐射源由辐射源、辐射调制部件等组成。

图 7-38 近场紫外模拟器

辐射源可采用低压氘灯(弧直径为 0.5 mm),也可采用带有特殊 UV 发射玻璃罩的石英卤素灯。氘灯的光谱范围为 180～400 nm,光源在 250 nm 处发出的光谱辐射强度为 1.0×10^{-4} W/(sr·nm),在 265 nm 处的最大输出光谱辐射强度为 1.3×10^{-4} W/(sr·nm);卤素灯的发射光谱范围为 220～1 200 nm,包括了可见光、近红外等光谱成分,特点是使用寿命长、性能稳定以及功耗较小。

根据辐射源类型,辐射调制可采用内调制或外调制方式。前者适于卤素灯,后者适于氘灯。外调制部件为受控线性可变中性滤光片或程控电子快门,通过迅速开关来模拟导弹接近时火箭发动机工作的瞬时特征。电子快门可由多个相互绞接的薄金属片组成,在电机带动下实现光圈大小的调节,其光圈开口大小与光通量的关系可标定换算。

3. 平行光管

如图 7-39 所示,平行光管采用反射式结构,将点光源的辐射经平行光管发射到被测设备,以获得辐照的远场效应,内装一定光谱特征的滤光片,用于导弹信号受大气影响时的修正(如大气吸收)。

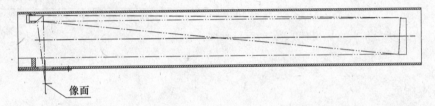

图 7-39 平行光管结构图

4. 处理控制单元

处理控制单元包括核心控制板、电源、电机控制接口和 LCD 显示屏等部分,主要功能是完成对可变光阑的控制、提供人机操作界面等。数据采集单元全自动计算灵敏度,可对紫外告警灵敏度进行单独测量。

紫外模拟器处理控制电路原理如图 7-40 所示。

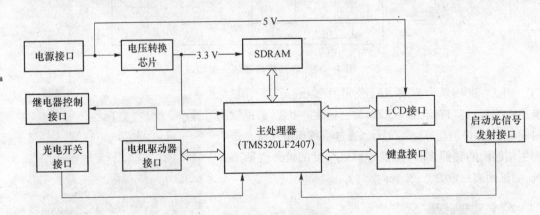

图 7-40 电路结构图

5. 工作模式

根据工作距离的不同,近场紫外模拟器一般有 3 种工作模式:模式 1(0.15~2 m);模式 2(2~15 m);模式 3(校正)。系统能够在可编程闪存卡上储存数十个独立的导弹信号特征。

在对被试设备进行多目标测试时,基于 PC 的多源模拟综合系统可完成对传感器的评价(图 7 - 41)。测试系统不仅能对多个源控制,而且还可通过 1553B 等通信协议来监视、记录所有被试设备的响应,并为飞机对抗演习、导弹发射及传感器响应等模拟测试提供时钟信号,同时允许用户按时间顺序构建想定任务。

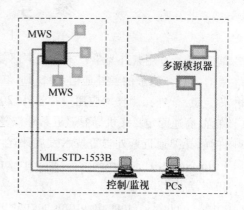

图 7 - 41　传感器综合测试评价系统

7.5.5　性能测试

导弹紫外模拟器的动态辐射特性测试可利用紫外辐射计和紫外成像系统按照图 7 - 42 所示的测试方法进行。紫外辐射计和紫外成像系统均为日盲型,工作波段与告警设备匹配。紫外成像系统以 90°视场广角接收。测试的具体步骤如下:

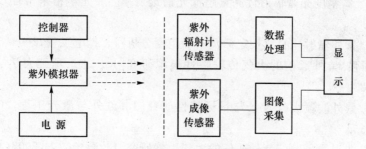

图 7 - 42　紫外模拟源动态辐射性能测试

① 在相距一定距离的两个位置分别放置紫外模拟源和紫外辐射计,辐射计传感器位置处即为照度场,入窗处加衰减片以调节动态范围;

② 导弹紫外模拟器上电开启,程序控制选择为远距发射;

③ 紫外辐射计和紫外成像系统均加电进入等待状态;

④ 导弹紫外模拟器进入正常工作状态后,紫外辐射计采集数据并记录源的 I-t 特性,紫外成像系统采集图像并记录源的图像空间分布特性。

紫外辐射计测得的导弹紫外模拟器的 I-t 特性曲线应与导弹紫外辐射的动态曲线一致,其输出辐射的光谱分布特征应呈连续状况,能量随波长呈上升趋势。

紫外成像系统测得的导弹紫外模拟器辐射的图像空间分布特性应符合图 7 - 32 的特征,$(t+0.1)$s,$(t+0.2)$s,$(t+0.3)$s 这 3 个相邻帧的辐射源光斑大小应能表征接收到的能量强弱变化,体现出输出辐射呈能量随时间连续上升趋势的特点。

参 考 文 献

[1] 刘菊,等. 军用紫外光学技术的发展[J]. 光学与光电技术,2006(6):60-64.
[2] 秉时,边哲. 隐蔽的紫外通信系统[J]. 红外,2000(3):48-49.
[3] 黄翌敏. 紫外探测技术应用[J]. 红外,2005(4):9-13.
[4] 许强. 高速固定翼飞机导弹逼近紫外告警的战术应用[J]. 光电技术应用,2005(4):1-7.
[5] 许强. 导弹逼近紫外告警技术发展评述[J]. 海军装备,1996(2):7-10.
[6] Filip Neele, Ric Schleijpen. Electro-optical missile plume detection. SPIE, Vol. 5075:270-280.
[7] FiliP Neele. UV missile-plume signatures. SPIE, Vol. 4718:370-380.
[8] Paul Schreiber, et al. Solar Blind UV Region and UV Detector Development Objectives. SPIE, Vol. 3629:230-248.
[9] 刘洋,等. 传统紫外光源与新型紫外光源[J]. 光源与照明,2006(6):7-9.
[10] 杨正名,等. 低气压汞灯紫外辐射的物理模型[J]. 照明工程学报,2004(2):10-15.
[11] 凡瑞霞,王永强,曹伟涛. 紫外光源与紫外激光器现状[J]. 焦作大学学报,2006(3):59-60.
[12] 李林,等. 全固态紫外激光器研究进展[J]. 激光杂志,2005(6):1-3.
[13] 薛庆生,等. 高精度光谱辐射计测量超低光谱透射率[J]. 光学精密工程,2007(10):1534-1539.
[14] 王加朋,等. 紫外辐射计的波长定标及不确定度分析[J]. 光电工程,2008(6):43-46.
[15] 蓝天,倪国强. 紫外通信的大气传输特性模拟研究[J]. 北京理工大学学报,2003(4):419-423.
[16] 王淑荣,等. 紫外波段大气背景与目标特性研究[J]. 红外与激光工程,2007(9)[增刊]:433-435.
[17] 陈君洪,等. 非视线"日盲"紫外通信的大气因素研究[J]. 激光杂志,2008(4):38-39.
[18] 王炳忠. 紫外线的测量及其标准[J]. 激光与光电子学进展. 2004(2):13-14.
[19] 张云,等. 超音速状态下整流罩红外窗口的选型问题研究[J]. 红外技术,1999(2):11-14.
[20] 刘石神. 声光可调滤波器及其在成像光谱仪上的应用[J]. 红外,2004(7):12-17.
[21] 靳贵平. 紫外探测技术与双光谱图像检测系统的研究[D]. 西安:西安光机所,2004.
[22] 黄德群,等著. 新型光学材料[M]. 北京:科学出版社,1991.
[23] James Johnson. Selection of Materials for UV Optics. OPTI 521, 2008(12):1-6
[24] 郝瑞亭,等. 紫外探测器及其研究进展[J]. 光电子技术,2004(2):130-132.
[25] 程开富. 新型紫外摄像器件及应用[J]. 国外电子元器件,2001(2):5-8.
[26] 李慧蕊. 新型紫外探测器件及应用[J]. 光电子技术,2000(1):45.
[27] HAMAMATSU PHOTONICS K K, Image Intensifiers, TII 0001E01, DEC. 2000 IP.
[28] 马莹,等. CVD金刚石膜紫外光探测器[J]. 真空科学与技术学报,2006(6):475-480.

[29] 李雪. GaN 基紫外探测器[J]. 红外,2004(5):23-27.

[30] 吴跃波,等. ZnO 薄膜紫外探测器的研制[J]. 传感技术学报,2008,21(7):33-37.

[31] 黄钧良. MAMA 紫外探测器系统与高增益 MCP[J]. 红外技术,1997(3):39-42.

[32] 魏继锋,张凯. 光子成像计数技术及其新进展[J]. 激光与光电子学进展,2007(7):27-32.

[33] 王加朋,等. 空基紫外成像仪关键器件 ICCD 非均匀性校正技术[J]. 光学精密工程,2007(9):1353-1360.

[34] 张宣妮,赵宝升. 一种新型真空型紫外成像探测器[J]. 应用光学,2007(2):159-164.

[35] 张兴华,等. 紫外单光子成像系统的研究[J]. 物理学报,2008(7):4238-4243.

[36] Denvir Donal J. Electron Multiplying CCDs.

[37] Razegh iM, Rogalsk iA. Semiconducto r ultraviolet detectors[J]. J. Appl. phys, 1996, 79 (10): 7433.

[38] Charles L Joseph. Advances in Astronomical UV Image Sensors and Associated Technologies, SPIE Conference, 2999.

[39] Bergamini P, et al. Performance evaluation of a photo counting intensified CCD. SPIE, Vol. 3114, 1997:112-118

[40] 冯兵,等. 多阳极微通道阵列探测器测试平台研制与应用[J]. 真空电子技术,2007,3:56-59.

[41] Carter M K, et al. Transputer based image photon counting detector. SPIE, Vol. 1235: 94-102.

[42] 孙德宝. 红外图像序列运动小目标检测的预处理算法研究[J]. 红外与激光工程,2000(2):12-14.

[43] 沈嘉励. 一种微光电视图像预处理方法的硬件实现[J]. 系统工程与电子技术,2000(11):22-24.

[44] 王恒立,等. 超光谱图像预处理技术[J]. 光电技术应用,2005(1):43-46.

[45] 韩客松. 复杂背景下红外点目标检测的预处理[J]. 系统工程与电子技术,2000(1):52-53.

[46] Wang Zhen. Adaptive spatial/temporal/spectral filter for background clutter Suppression and target detection. OPTICAL ENGINEERING, 1982, 21: 677-681.

[47] Edward. Reconfigurable processor for a data-flow video processing system. SPIE, VOL. 2607:201-207.

[48] Gil Tidhar, Raanan schlisselberg. Evolution Path of MWS technologies: RF, IR and UV, Proceeding of SPIE, 5783:662-672.

[49] 陈晓华,汪井源. 日盲紫外光高速通信机国产化研究[J]. 东南大学学报[自然科学版],2008,38:226-230.

[50] 于天河,等. 紫外成像告警系统信噪比的研究[J]. 光学技术,2006,32:497-498.

[51] 刘新勇,鞠明. 紫外光通信及其对抗措施初探[J]. 光电技术应用,2005(5):7-9.

[52] 张建勇,钟生东. 紫外线技术在军事工程技术中的应用[J]. 光学技术,2000(4):308-315.

[53] 中科院上海技术物理研究所教育中心,高级红外光电工程导论(讲义).

[54] Larry De Cosimo, et al. Passive UV Missile-warning Systems, JED,1999(12): 51-54.

[55] Bill Sweetman, A New Approach to Missile Warning. JED,1998(10):45-47.

[56] Alliant Defense Electronics Systems Inc. AAR-47 Briefing, Ver. 00-S-0516, 1/28/2000.

[57] 许强. 基于导弹羽烟紫外辐射的光电告警技术[J]. 红外技术,1998(4):10-15.

[58] 许强. 导弹逼近紫外告警技术发展现状及关键问题研究[J]. 红外与激光工程,2007,(增刊):476.

[59] 许强. 紫外超光谱探测系统设计分析. 全国光电技术学术交流会论文集. 宁波:2001:393-398.

[60] Michael Anthony Porter. HYPERSPECTRAL IMAGING USING ULTRAVIOLET LIGHT (THESIS)MONTEREY, CALIFORNIA:NAVAL:POSTGRADUATE SCHOOL,2005.

[61] 许强. 星间紫外安全通信技术. 航天高技术青年学术研讨会. 秦皇岛:2000.

[62] Shaw Gary A, et al. Ultraviolet Communication Links for Distributed Sensor Systems,SPIE,5796:171-180.

[63] Shaw Gary A, et al. NLOS UV Communication for Distributed Sensor Systems. SPIE,4126:83-96.

[64] 王伟建,等. 紫外/红外准成像双色导引头技术研究[J]. 上海航天,2003(1):1-6.

[65] Lowrance J L. Image system for the middle ultraviolet. SPIE,VOL. 687:23-31.

[66] 刘扬,等. ICCD 相机遥感模型与仿真[J],航天返回与遥感,2003(3):48-51.

[67] 许强,等. 导弹逼近紫外动态辐射特性分析及物理仿真[J]. 红外与激光工程,2007(3):338-342.

[68] William G Robinson et al. DeveloPment of an IR stimulator concept for testing IR missile warning systems. SPIE,3697:292-302.

[69] William G Robinson. DeveloPment of a UV stimulator for installed system testing of aircraft missile warning systems,SPIE,2000,4029:414-423.

[70] Bernhard Molocher, et al. DIRCM FLASH Flight Tests, Meeting Proceedings RTO-MP-SET-094.

[71] Dario Cabib et al. Missile warning and countermeasure systems in-flight testing, by threat simulation and countermeasure analysis in the field. Optical Engineering,2001,40(11):2646-2654.